"十四五"时期水利类专业重点建设教材（职业教育）
高等职业教育水利类新形态一体化教材

水利工程计价岗位教程

主编 肖 敏

中国水利水电出版社
www.waterpub.com.cn
·北京·

内 容 提 要

本书对标水利工程计价岗位，根据职业院校双高建设项目要求编写而成。全书以工程项目为载体，基于工作过程，从水利工程计价的概念入手，介绍水利工程计价方法、主要依据，系统地阐述全过程造价管理中的投资估算、设计概算、项目管理预算、招标控制价（招标限价、标底）、投标报价和竣（完）工结算、竣工决算等计价活动和造价文件的编制。具体内容包括水利工程计价概念、特点，水利工程造价文件的分类，水利工程项目划分及费用构成，水利工程计价方法及计价依据，水利工程基础价格编制，建筑工程单价编制，设备费及安装工程单价编制，水利工程概（估）算编制，施工图预算和项目管理预算文件编制，发承包阶段造价文件编制，施工阶段合同价款的调整与结算，竣工财务决算的编制和竣工后质量保证金的处理等。

本书既可作为水利工程造价从业人员，高校水利工程专业、工程造价专业、工程管理专业或管理科学与工程专业的学生系统掌握水利工程计价知识的工具书和培训教材，又可作为水利行业从事设计、监理、建设、施工、审计、资产评估和工程咨询等专业人员的业务参考书。

图书在版编目（CIP）数据

水利工程计价岗位教程 / 肖敏主编. -- 北京 : 中国水利水电出版社, 2023.12(2024.12重印).

“十四五”时期水利类专业重点建设教材. 职业教育 高等职业教育水利类新形态一体化教材

ISBN 978-7-5226-2056-5

Ⅰ. ①水… Ⅱ. ①肖… Ⅲ. ①水利工程－工程造价－高等职业教育－教材 Ⅳ. ①TV512

中国国家版本馆CIP数据核字(2024)第012863号

书　　名	“十四五”时期水利类专业重点建设教材（职业教育） 高等职业教育水利类新形态一体化教材 **水利工程计价岗位教程** SHUILI GONGCHENG JIJIA GANGWEI JIAOCHENG
作　　者	肖敏　主编
出版发行	中国水利水电出版社 （北京市海淀区玉渊潭南路1号D座　100038） 网址：www.waterpub.com.cn E-mail：sales@mwr.gov.cn 电话：（010）68545888（营销中心）
经　　售	北京科水图书销售有限公司 电话：（010）68545874、63202643 全国各地新华书店和相关出版物销售网点
排　　版	中国水利水电出版社微机排版中心
印　　刷	北京市密东印刷有限公司
规　　格	184mm×260mm　16开本　17印张　409千字
版　　次	2023年12月第1版　2024年12月第2次印刷
印　　数	3501—6500册
定　　价	**59.50**元

编　写　组

主　　编　肖　敏

副 主 编　肖永丽　廖小龙　江潜成　徐燕星　杨丹丹

　　　　　林新梅

参　　编　周书建　史　尚　李　响　章朝峰　李建端

主　　审　饶奇磊　李海滨

QIANYAN

前言

党的二十大报告指出——**必须坚持守正创新。我们从事的是前无古人的伟大事业，守正才能不迷失方向、不犯颠覆性错误，创新才能把握时代、引领时代。我们要以科学的态度对待科学、以真理的精神追求真理**。

本教材编写组本着“守正创新”的原则，采用“校企双元”“现代学徒制”等模式，校企共创“项目资源库”和“思政资源库”，“校企双师”共同针对水利工程“造价师”“建造师”“预算员”“施工员”等岗位所需要的水利工程计价技能进行编写。

在课程内容设计上，本教材同时兼顾了造价工程师职业资格考试中有关工程计价的部分内容。

党的二十大报告指出——**必须坚持问题导向。问题是时代的声音，回答并指导解决问题是理论的根本任务**。

本教材项目一和项目二均为工程实例，概预算编制依据均参照实际发生年份的文件。本教材中任务1～任务8和任务12以某水利枢纽工程（项目一）工程计价编制为主线，解决编制设计概算、工程投资估算、竣工决算等相关任务。任务9～任务11以某中小河流河道治理工程（项目二）工程计价编制为主线，解决编制施工图预算、招标工程量清单、投标报价、施工阶段合同价款调整、工程合同价款支付与结算等相关任务。

教材中每个任务点的解决均采用项目引入、工作任务驱动的方式，即“提出工作任务—知识专项—解决工作任务”。

党的二十大报告指出——**必须坚持系统观念。万事万物是相互联系、相互依存的。只有用普遍联系的、全面系统的、发展变化的观点观察事物，才能把握事物发展规律**。在解决实际工作任务时，涉及“水利工程施工”“水工建筑物”“建筑材料”“工程地质”等课程的相关知识，编写组跨越课程边界，补充了部分密切相关的、各课程交叉的知识点与技能点。

本教材使用方法建议如下：

【讨论与分析】用于课前发布预习作业，由学生独立完成，分组讨论并互评。课中项目引入后，教师总结并引出本节课的工作任务。

【课堂小练兵】结合各任务点的核心技能进行设计，考虑到课中时间有限，只要求学生列出部分关键信息，不需要全面展开计算。

【知识拓展】补充新工艺、新技术及与工程计价有关的国家新规定。

【课后作业】课后练习以客观题为主，学生可通过扫描二维码获取。技能综合实训则在配套的《水利工程造价综合实训工作手册》上完成。

本教材包括《水利工程计价岗位教程》及配套《水利工程造价综合实训工作手册》，由江西水利职业学院水利工程造价课程组与中国水利水电第八工程局有限公司、云南水利水电职业学院、福建水利电力职业技术学院、四川锦瑞青山科技有限公司共同开发，由江西水利职业学院副院长、高级工程师饶奇磊和中国水利水电第八工程局科研设计院高级工程师、国家级试验室主任评审员李海滨主审。

本书在编写过程中参阅了许多相关书籍和资料，在此对有关作者表示感谢。由于编者水平有限，加之时间仓促，书中难免疏漏，恳请广大读者批评指正。

编写组

2023 年 12 月

“行水云课”数字教材使用说明

“行水云课”水利职业教育服务平台是中国水利水电出版社立足水电、整合行业优质资源全力打造的“内容”＋“平台”的一体化数字教学产品。平台包含高等教育、职业教育、职工教育、专题培训、行水讲堂五大版块，旨在提供一套与传统教学紧密衔接、可扩展、智能化的学习教育解决方案。

本套教材是整合传统纸质教材内容和富媒体数字资源的新型教材，它将大量图片、音频、视频、3D动画等教学素材与纸质教材内容相结合，用以辅助教学。读者可通过扫描纸质教材二维码查看与纸质内容相对应的知识点多媒体资源，完整数学教材及其配套数字资源可通过移动终端App、“行水云课”微信公众号或中国水利水电出版社“行水云课”平台查看。

内页二维码具体标识如下：

- ▶为知识点视频
- Ⓟ为知识点文本
- ⊜为课件
- Ⓣ为习题，可下载
- ⊕为青山计价软件表格，可下载
- ⊗为Excel表格，可下载

线上教学与配套数字资源获取途径：

手机端：关注“行水云课”公众号→搜索“图书名”→封底激活码激活→学习或下载

PC端：登录“xingshuiyun.com”→搜索“图书名”→封底激活码激活→学习或下载

数 字 资 源 索 引

续表

MULU

目录

项目一

某水利枢纽工程概况

（配合本教材任务1～任务8和任务12，主要解决设计概算、工程投资估算、竣工决算编制）

某水利枢纽工程位于江西省××村，该枢纽工程建筑物主要由混凝土溢流坝、混凝土非溢流重力坝、河床式电站厂房和斜面升船机等组成（图0－1）。

图0－1　某水利枢纽工程概貌

一、枢纽建筑物布置

拦河建筑物沿坝轴线呈"一"字形布置，坝顶全长为360m，坝顶高程为225m，从左至右依次为：左岸非溢流混凝土重力坝段（长60m）、混凝土溢流坝段（长128m，布置8孔溢流堰，单孔净宽15m）、厂房坝段（长92m，河床式发电厂房，上游为挡水坝段，其后布置主厂房，安装2台单机容量为4万kW的灯泡贯流式发电机组）、右岸非溢流混凝土重力坝段（长50m）。

在厂房坝段下游右岸布置开关站及厂区其他附属建筑物。

斜面升船机布置在大坝左岸，升船机过船吨位为50t，采用QPQ－630kN斜拉式卷扬机提升船只。

二、水文地质概况

水文气象：工程所在流域属于副热带季风气候区，气候温和，雨量充沛，阳光充足，无霜期长。多年平均气温为19.4℃，多年平均降水量为1586mm。降水量在年际之间分布极不均衡，3—6月降雨量占全年降雨量的53.5%。

坝址区工程地质：坝址区为构造剥蚀丘陵的基岩狭谷地形。左岸为基岩山坡，坡度较陡；右岸为阶地坡，山坡较平缓。河床宽为165～200m，河床高程为102.7～104.0m，河床中大部分为砂层覆盖，两岸山坡不良物理地质现象不发育。发育地层主要为现代河床砂卵石、砾石层，厚度变化较大，一般为1.0～6.5m，河床中间最深可达9.1～11.6m；基岩均为燕山早期中粒、中细粒及细粒花岗岩，新鲜岩石坚硬。

三、对外交通条件及主要材料来源

工程对外交通以公路为主，三级公路至坝址左岸，右岸8.0km为乡村公路，本工程对外交通便利。本工程所需钢筋、水泥、柴油均由发包人采购。钢筋由发包人在工地总仓库中供货；水泥由发包人送至承包人在工地设置的总仓库。承包人应在工地总仓库建有散装及袋装水泥仓储设施。除砂卵砾石及土料自采外，其余材料均采用外购。

自采当地天然建筑材料：

(1) 砂卵砾石料。坝址附近河床漫滩发育，堆积有大量的砂卵砾石料。根据设计用量及施工情况，在坝址上、下游3.0km范围内共勘察了5个料场，砂卵砾石料均宜采用船舶或车辆运输，开采及运输均较方便。

(2) 土料。根据坝址枢纽布置要求和设计用量，共详查4个土料场，左岸1个，右岸3个。

料场详细布置情况详见任务4.5及任务5.4。

四、施工总体布置及施工进度安排

1. 施工导流

本工程采用分期导流方式，一期围右岸4孔溢流坝、厂房坝段及右岸非溢流坝段，此时由左岸束窄河床导流；二期围左岸4孔溢流坝段及左岸非溢流坝段，此时由右岸已建4孔溢流坝导流。

2. 施工进度

根据进度安排，工程从第一年7月初正式开工，第三年9月30日第一台机组发电，第四年4月工程完成建设。总工期为34个月。

3. 施工供电、供水

发包人在右岸修建35kV施工变电站，承包人可从该变电站电源点接线引入电源。本工程生产用水考虑取用河水，生活用水考虑取用当地泉水。

施工供电、供水布置将在任务4.4中详细阐述。

五、本工程施工特点、难点及其对策

(1) 本工程大坝为河床式闸坝，建筑物高度不高，呈线形布置。混凝土施工工期较紧，浇筑强度较大，特别是二期工程混凝土浇筑施工。厂房结构较复杂，施工难度较大，采取先进设备进行混凝土浇筑，加大设备投入，科学管理，精心组织施工。

(2) 本工程的防渗帷幕从右到左，跨越右岸挡水坝、电站厂房、溢流坝、左岸挡水坝。基础固结灌浆、帷幕灌浆、排水孔均在露天混凝土面上进行，干扰大，每一个部位施工工期均较紧张。固结灌浆、帷幕灌浆等受混凝土浇筑工艺制约，且分两期施工，部位分散、零星，故很难组织规模施工。实际施工中，应组织充足的资源配置，利用精良的技术装备与先进的工艺工法和科学的管理，做好协调与调配，合理安排各工序间的衔接关系，确保施工全过程处于有序的受控状态。

混凝土拌合系统、钢筋、模板加工厂布置、主体工程施工方法等将在教材相应的任务点详细阐述。

项目二

某中小河流河道治理工程概况

（配合本教材任务9～任务11，解决施工图预算、招标工程量清单、投标报价、施工阶段合同价款调整、工程合同价款支付与结算问题）

一、建设内容

某中小河流河道治理工程，建设内容包括：河道清淤疏浚15km、岸坡整治工程10km。治理范围内，现状河道两岸大部分为自然河岸（图0－2）。从实地调查情况看，所护岸坡段大部分岸坡侧向侵蚀严重，岸线不稳，局部地段有倒塌现象，河岸顶高程不满足防洪标准要求。本次治理仅对有重要保护对象且河岸不稳定段的河岸进行护岸及河道清淤疏浚。

图0－2　现状河道

二、水文气象

本次治理区域为鄱阳湖水系一级支流，本工程地处江西省北部，属于亚热带湿润季风气候区，气候温湿，四季分明，雨量丰沛，光照充足。据本次治理工程附近区域内气象实测资料统计：年平均气温为17.5℃，最高气温为40℃，最低气温为

−13.4℃；年平均相对湿度为80%，年平均蒸发量为1460mm；最大风力为9级，最大风速为22.6m/s，风向多为东北风；多年平均降水量为1901mm；年日照时数为2000小时；年无霜期为240～260天。

三、工程地质

（1）工程区位于扬子准地台之下扬子—钱塘台陷穹断束构造单元中。区内地震动峰值加速度为0.05g，相应地震基本烈度为Ⅵ度。

（2）工程区地表水系发育，地下水类型主要为孔隙性潜水，其与外河水力联系密切，汛期时具有承压性。环境水对混凝土具有多种类型、不同程度的腐蚀性，故需对混凝土建筑物采取防腐处理措施。

（3）岸坡地质结构分为单层结构（Ⅰ类）的单一岩石结构（I_1亚类）；双层结构主要由上黏性土、下粗粒土组成（II_1亚类）。主要工程地质问题为岸坡稳定及河道淤塞问题，建议采取必要的加固及清淤措施。

（4）结合历史险情、河岸受水流冲刷破坏情况及岸坡岩土体抗冲刷能力，将岸坡稳定性分为稳定性好岸坡和稳定性较差岸坡两类，建议对稳定性较差岸坡进行防护处理。

（5）鉴于河道内现有淤积情况对河道行洪及两岸岸坡稳定存在较大影响，建议设计进行必要的清淤处理。由于河道清淤，局部岸坡和再造岸坡存在抗冲刷稳定问题，设计应予以重视。

（6）拟改建及新建的建筑物基础以砂卵砾石层作为持力层，工程地质条件较好，承载力可满足建筑物荷载要求，但存在基础渗透及渗透稳定问题。

四、整治任务及工程措施

（1）侧重河道清淤、疏浚、扩宽、束水归槽、维护河道原有的自然生态风貌。其治理目的是汛期给洪水以出路，使洪水安全及时下泄，达到防洪要求；枯水季节使得河道内保持一定的生态流量，以维护和改善河道水生态环境及保证人们生产生活用水安全，达到人、水、自然和谐之目的；同时，利用部分较好的淤积物改良和恢复部分沿岸耕地。

（2）沟通相关水系，建设必要的便民及亲水设施，满足行洪、蓄水、供水、河势稳定、水生态安全等要求，处理好人水和谐相处的环境，使治理后的河道具有便民、亲水、安全的特性。

（3）结合当地的自然生态环境，适当兴修必要的生态护岸、护坡工程，并绿化美化河道。其治理目的是避免洪水冲蚀岸坡，稳定河势，保护两岸村庄生命财产及耕地安全，从而保护河岸的水生态安全，最终达到防洪减灾、强化河道自然水生态环境之目的。

五、施工总布置

1. 交通条件

工程施工期对外交通以公路为主，205国道穿过治理区域，对外交通极为方便。

场内交通主要以现有施工区内乡村公路为主，在施工场内修筑1.5km施工道路，为双车道泥结石路面。

2. 施工供电

沿堤线就近接入电网供电。河道沿线有众多村庄，可就近接入电源，布置配电设备及架设临时线路供电。

3. 施工供水

于各施工用水点根据需要架设不同型号的水泵抽取外江水，用于施工。主要用水点为混凝土搅拌站及各建筑物施工场地，布置相对固定的抽水泵站；沿堤线混凝土养护用水采用洒水车运输。

4. 混凝土搅拌系统和砂石堆料场

现场采用移动式 0.4m^3 搅拌机械就近拌制混凝土，混凝土骨料堆料场靠近混凝土搅拌系统布置。

5. 施工机械修配厂和加工厂

钢筋及木模加工厂分散布置于建筑物施工场地。

混凝土预制（厂）场集中布置在混凝土搅拌站附近。

6. 临时房屋及公用设施

本工程施工工作面沿堤线分布，为方便管理及工程施工，生产管理用房尽量布置于堤线附近的村庄，就近租用公房或民房；生活用房以便利施工为原则，就近租用民房或搭建临时工棚。医疗卫生设施，宜集中布置于施工管理用房附近。

7. 施工用房面积

水泥仓库面积约为 300m^2，以临时搭建简易房屋为主。

钢筋、木模加工厂估算面积约为 400m^2，以搭建临时工棚为主。

施工管理用房中，包括办公用房及管理人员生活用房，约需 500m^2，以就近租用为主。

生活用房约需 1200m^2，以就近租用为主，不足部分搭建临时工棚。

六、施工总进度

本工程总工期为 12 个月，自施工期第一年 7 月初开工，第二年 6 月底竣工。

七、天然建筑材料

工程区土料场主要分布于本乡丘陵岗地，土料的质量、储量基本满足设计要求；砂砾石料及块石料须到市区现有商品料场采购，但运距较远。上述各地点都有公路通达工程区，开采及运输较方便。土料运距约 3km，砂石料运距约 30km。

八、主要材料来源

本工程所需主要建筑材料包括天然建筑材料和水泥等。水泥等建筑材料可在市区采购。

工程区内合格的块石料缺乏，所需的块石料都需外购。外购地点为当地商品料场，其储量和质量可满足工程设计需求。

九、主体工程施工方法

主体工程施工方案、施工图及工程量清单详见任务 9 施工图预算编制。

任务1　水利工程项目划分及费用构成

【知识目标】

1. 掌握水利工程基本建设程序、各阶段对应的工程造价文件名称。

2. 掌握水利工程项目划分方法。

3. 掌握水利工程费用构成。

【岗位技能目标】

1. 能根据设计报告及图纸对具体的水利工程项目进行划分，并编制工程量清单。

2. 能根据行业最新文件及时对水利工程费用进行调整。

【素养目标】

党的二十大报告指出，必须坚持胸怀天下。我们要拓展世界眼光，深刻洞察人类发展进步潮流，积极回应各国人民普遍关切，为解决人类面临的共同问题作出贡献，以海纳百川的宽阔胸襟借鉴吸收人类一切优秀文明成果，推动建设更加美好的世界。

【思政导引】

推动共建"一带一路"高质量发展。农业水利现代化和水电设施改造是中亚国家目前急需解决的问题，在这方面，中国具有技术和管理优势。共建"一带一路"倡议提出以来，中国与中亚国家间合作实施的水利项目取得了很大进展。

卡洛特水电站是"一带一路"首个水电大型投资建设项目，也是"中巴经济走廊"首个水电投资项目，是迄今为止三峡集团在海外投资在建的最大水电项目，如图1.0-1所示。

图1.0-1　卡洛特水电站

卡洛特水电站坝址位于巴基斯坦旁遮普省境内卡洛特桥上游，枢纽工程由挡水、泄洪、冲沙及引水发电系统等主体建筑物组成。

卡洛特水电站装机容量为720MW，多年平均年发电量约32.10亿度。拦河大坝为沥青混凝土心墙土石坝，以中国三峡集团为主投资开发、由长江设计集团勘察设计的"中巴经济走廊"首个水电投资项目——巴基斯坦卡洛特水电站可满足巴基斯坦210万个家庭的用电需求。

【课后作业】

本章课后作业见《水利工程造价综合实训工作手册》。

任务1.1 水利工程基本建设程序

1.1 水利工程造价概论

【讨论与分析】

1. 你见过什么样的水利工程？建成一个这样的工程，都要经历哪些基本建设程序？每个阶段的主要工作内容有哪些？

2. 在工程建设的不同阶段，编制的工程造价文件类型是什么？

3. 欣赏微课小视频，并记录下关键点及有疑问的地方。

【工作任务】

项目一所述某水利枢纽工程是一座以发电为主，兼有通航、水库养殖等综合效益的中型水利枢纽工程。该工程在开工建设前，要经历哪些阶段？该项目从规划到施工准备前需要完成哪些造价文件呢？

1.2 水利水电工程基本建设程序

【知识专项】

1.1.1 基本建设程序

基本建设是形成固定资产的活动，指国民经济各部门利用国家预算拨款、自筹资金、国内外基本建设贷款及其他专项资金进行的以扩大生产能力（或增加工程效益）为主要目的的新建、扩建、改建、技术改造、恢复和更新等工作。换而言之，基本建设就是固定资产的建设，即建筑、安装和购置固定资产的活动及其与之相关的工作。基本建设包括的工作内容有：建筑安装工程、设备及工（器）具的购置和其他基建工作。

水利水电工程的基本建设程序为：根据资源条件和国民经济长期发展规划，进行流域或河段规划，提出项目建议书；进行可行性研究和项目评估，编制可行性研究报告；可行性研究报告批准后，进行初步设计；初步设计经过审批，项目列入国家基本建设年度计划；进行施工准备和设备订货；开工报告批准后正式施工；建成后进行验收投产；生产运行一定时间后，对建设项目进行后评价。

水利水电工程基本建设程序的具体工作内容如下。

1. 流域规划（或河段规划）

流域规划就是根据该流域的水资源条件和国家长期发展规划，以及该地区水利水电工程建设发展的要求，提出该流域水资源的梯级开发和综合利用的最优方案。

2. 项目建议书

项目建议书是在流域规划（或河段规划）的基础上，由主管部门提出建设项目的轮廓设想，从宏观上衡量分析项目建设的必要性和可能性，分析建设条件是否具备，是否值得投入资金和人力。

3. 可行性研究

可行性研究是项目能否成立的基础，这个阶段的成果是可行性研究报告。水利水电工程项目的可行性研究是在流域规划（或河段规划）、项目建议书的基础上，组织各方面的专家、学者对拟建项目的建设条件进行全方位、多方面的综合论证比较。例如，三峡工程就涉及许多部门和专业，甚至涉及整个流域的生态环境、文物古迹和军事等学科。

可行性研究报告按国家现行规定的审批权限报批。项目的可行性研究报告批准后，应正式成立项目法人，并按项目法人负责制实行项目管理。

4. 设计阶段

可行性研究报告批准后，项目法人应择优选择有相应资质的设计单位承担工程的勘测设计工作。

对水利水电工程来说，承担设计任务的单位在进行设计以前，要认真研究可行性研究报告，并进行勘测、调查和试验研究工作。设计工作是分阶段进行的，一般采用“两阶段设计”，即初步设计和施工图设计。对于某些大型工程或技术复杂的工程，一般采用“三阶段设计”，即初步设计、技术设计和施工图设计。

（1）初步设计。初步设计是在可行性研究的基础上进行的，要提出设计报告、初步设计概算和经济评价三项资料。初步设计的主要任务是：确定工程规模；确定工程总体布置、主要建筑物的结构型式及布置；确定电站或泵站的机组机型、装机容量和布置；选定对外交通方案、施工导流方式、施工总进度和施工总布置、主要建筑物施工方法及主要施工设备、资源需用量及其来源；确定水库淹没、工程占地的范围，提出水库淹没处理、移民安置规划和设计概算；提出环境保护措施；编制初步设计概算；复核经济评价等。对灌区工程来说，还要确定灌区的范围，主要干支渠的规划布置，渠道的初步定线、断面设计和土石方量的估算等。

初步设计由项目法人组织审查后，按国家现行规定权限向主管部门申报审批。

（2）技术设计。技术设计是根据初步设计和更详细的调查研究资料进行编制的，以进一步解决初步设计中的重大技术问题，如工艺流程、建筑结构、设备选型及数量的确定等，以使建设项目的设计更具体、更完善，技术革新经济指标更好。编制修改总概算，并提出符合建设总进度的分年度所需要资金的数额。修改总概算金额应控制在设计总概算金额之内。

（3）施工图设计。施工图设计是在初步设计和技术设计的基础上，根据建筑安装工程的需要，针对各项工程的具体施工，绘制施工详图。施工图纸一般包括：施工总平面图，建筑物的平面、立面、剖面图，结构详图（包括钢筋图），设备安装详图，各种材料、设备明细表，施工说明书等。根据施工图设计，提出施工图预算及预算书。

设计文件编制好以后，必须按照规定进行审核和批准。施工图设计文件是已定方案的具体化，由设计单位负责完成。在交付施工单位时，须经建设单位技术负责人审查签字。根据现场需要，设计人员应到现场进行技术交底，并根据项目法人、施工单位及监理单位提出的合理化建议进行局部设计修改。

5. 施工准备阶段

施工准备工作开始前，项目法人或其代理机构须依照有关规定，向行政主管部门办理报建手续，同时交验工程建设项目的有关批准文件。工程项目报建后，方可组织施工准备工作，组织招标设计、咨询、设备和物资采购以及编制招标限价。水利工程建设项目施工，除某些不适应招标的特殊工程项目（须经水行政主管部门批准）外，均须实行招标投标。

水利水电工程项目进行施工准备必须满足以下条件：初步设计已经批准；项目法人已经建立；项目已列入国家或地方水利建设投资计划；筹资方案已经确定；有关土地使用权已经批准；已办理报建手续。

6. 建设实施阶段

建设实施阶段是指主体工程的建设实施。项目法人按照批准的建设文件，组织工程建设，保证项目建设目标的实现。

7. 生产准备阶段

生产准备是项目投产前所要进行的一项重要工作，是建设阶段转入生产经营阶段的必要条件。项目法人应按照建管结合和项目法人责任制的要求，适时做好有关生产准备工作。

8. 竣工验收

竣工验收是工程完成建设目标的标志，是全面考核基本建设成果、检验设计和工程质量的重要步骤。竣工验收合格的项目即从基本建设转入生产或使用。

建设项目的建设内容全部完成，经过单位工程验收，符合设计要求，并按水利基本建设项目档案管理的有关规定，完成了档案资料的整理工作，在完成竣工报告、竣工决算等必需文件的编制后，项目法人按照有关规定向验收主管部门提出申请，根据《水利水电建设工程验收规程》（SL 223—2008）组织验收。

竣工决算编制完成后，须由审计机关组织竣工审计，其审计报告作为竣工验收的基本资料。

9. 后评价

后评价是工程交付生产运行后一段时间内（一般经过1～2年），对项目的立项决策、设计、施工、竣工验收、生产运营等全过程进行系统评估的一种技术活动，是基本建设程序的最后一环。通过后评价达到肯定成绩、总结经验、研究问题、提高项目决策水平和投资效果的目的。通常包括影响评价、经济效益评价和过程评价。

1.1.2 水利工程造价文件分类

水利工程造价文件的类型主要有以下几种。

1. 投资估算

投资估算是在项目建议书和可行性研究阶段编制的计价文件。投资估算应充分考虑各种可能的需要、风险、价格上涨等因素，投资额度充裕，不留缺口，但适当留余地。投资估算连同可行性研究报告一经上级批准，即作为该拟建项目进行初步设计、编制概算投资总额的控制依据。

投资估算是判断项目可行性、进行项目决策的主要依据之一，又是建设项目筹资和控制造价的主要依据。

2. 设计概算

设计概算是在初步设计或扩大初步设计阶段编制的计价文件，是在投资估算的控制下由设计单位根据初步设计图纸及说明、概算定额、各项费用定额或取费标准、设备及材料预算价格和工程建设地点的自然条件、技术经济条件等资料，用科学的方法计算、编制和确定的建设项目从筹建至竣工交付使用所需全部费用的文件。

经批准的设计概算是进行建设项目成本管理、成本控制的依据，也是确定和控制基本建设投资、编制基本建设计划、编制业主预算、编制工程标底、实行建设项目包干、考核工程造价和核验工程经济合理性及建设单位向银行贷款的依据。采用"两阶段设计"的建设项目，初步设计阶段必须编制设计概算。

投资估算与设计概算在组成内容、项目划分和费用构成上基本相同，但两者编制深度不同，投资估算可根据《水利水电工程项目建议书编制规程》(SL/T 617—2021) 或《水利水电工程可行性研究报告编制规程》(SL/T 618—2021) 的有关规定，对设计概算编制中部分内容进行适当简化、合并或调整。设计阶段和设计深度决定了投资估算与设计概算在编制方法及计算标准方面的不同。

3. 修正设计概算

当采用"三阶段设计"时，在技术设计阶段，随着对初步设计内容的深化，对建设规模、结构性质、设备类型等方面可能进行必要的修改和变动，应由设计单位对初步设计总概算进行相应调整和变动，即形成修正设计概算。一般修正设计概算不能超过原已批准的概算投资额。

4. 施工图预算

施工图预算是以施工图设计文件为依据，按照规定的程序、方法和依据，在工程施工前对工程项目的工程费用进行的预测和计算。其是在施工图设计阶段，结合施工图、预算定额、各项取费标准、建设地区的自然及人工、材料、施工机械台时(班)、设备等预算价格的技术经济条件等资料编制而成的建筑安装工程预算造价文件。

5. 施工预算

施工预算是编制实施性成本计划的主要依据，是施工企业为了加强企业内部经济核算，在施工图预算的控制下，依据企业的内部施工定额，以建筑安装单位工程为对象，根据施工图纸、施工定额等编制的单位工程施工所需要的人工、材料、施工机械台时（班）用量的技术经济文件。施工预算是施工企业的内部文件，同时也是施工企业进行劳动调配、物资计划供应、成本开支控制、成本分析和班组经济核算的依据。

6. 合同价

合同价是指在工程招投标阶段通过签订总承包合同、建筑安装工程承包合同、设备材料采购合同，以及技术和咨询服务合同确定的价格。合同价具有市场价格的性质，是由承发包双方，即商品和劳务买卖双方根据市场行情共同议定和认可的成交价格，但合同价并不等同于最终决算的实际工程造价。按计价方法的不同，建设工程合同有许多类型，不同类型合同的合同价内涵也有所不同。

在工程招标投标阶段有招标限价和投标报价。招标限价是招标人对发包工程项目投资的最高限价，作为评标的重要参考。一般由项目法人委托具有相应资质的水利工程造价咨询单位，根据招标文件、图纸，按有关规定，结合工程的具体情况，计算出的合理工程价格。

投标报价是投标单位依据招标文件及有关规定，并根据招标项目所在地区的自然条件、社会条件和经济条件及施工组织方案、投标单位的自身条件计算完成招标工程所需各项费用的经济文件。它是承包商对建筑及安装工程施工产品（或机电、金属结构设备）的自主定价。一般来说，合同价采用中标方的投标报价。

施工预算、合同价、招标限价、投标报价相对国家定价、标准价而言，其反映的是市场价，体现了企业的经营管理和技术、装备水平。

7. 工程结算

工程结算是发承包双方之间的行为，承包商按照合同约定和规定的程序，向业主收取已完工程价款的经济文件。工程结算分为工程中间结算、年终结算和竣工结算。

竣工结算是指在工程建设项目竣工验收后，承包商依据工程合同、实际发生的工程量、竣工验收报告、竣工图等向业主收取工程价款的经济文件。

8. 竣工决算

竣工决算是指业主在工程建设项目竣工验收后，由业主组织有关部门，以竣工结算等资料为依据编制的反映建设项目实际造价文件和投资效果的文件。竣工决算涉及项目合同、移民补偿、水土保持、环境保护等相关材料，反映业主从筹建到竣工交付使用为止的全部建设费用，是核定新增固定资产价值办理其交付使用的依据，是业主进行投资效益分析的依据。

竣工结算与竣工决算的主要区别：一是范围，竣工结算的范围只是承包工程项目，是基本建设项目的局部，而竣工决算的范围是基本建设项目的整体；二是成本内容，竣工结算只是承包合同范围内的预算成本，而竣工决算是完整的预算成本，它还要计入工程建设其他费用、临时设施费、建设期贷款利息等工程成本和费用。

需要说明的是：在建设工程造价中，要防止“三超”现象。工程造价的“三超”是指决算超预算、预算超概算、概算超估算，这些问题严重困扰着建设工程投资效益管理。随着社会主义市场经济的逐步发展，工程造价管理也出现一些新情况、新问题，需采取有效的措施来控制。

1.1.3 基本建设程序与工程造价的对应关系

基本建设程序与工程造价形式之间的关系，如图 1.1－1 所示。

【解决工作任务】

工程在开工建设前，需经历流域规划（或河段规划）、项目建议书、可行性研究、初步设计、施工图设计、施工准备等阶段；该项目从规划到施工准备前需要完成下列造价文件：

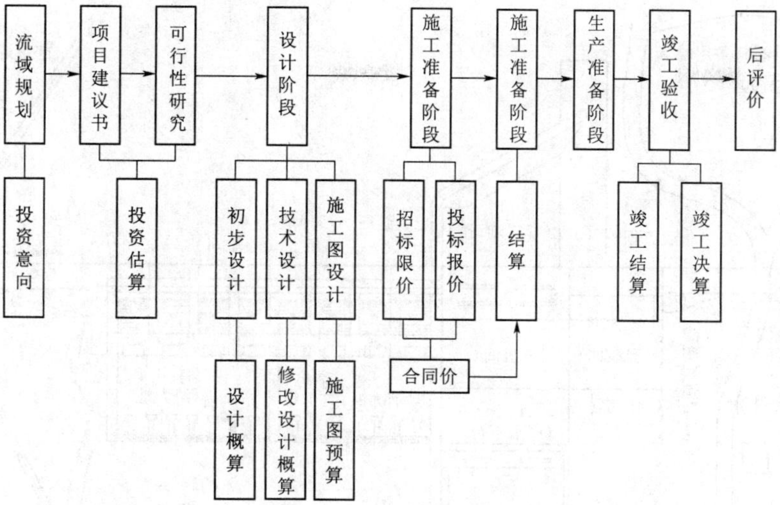

图 1.1-1 基本建设程序与工程造价形式对照示意图

(1) 在项目建议书和可行性研究阶段，编制投资估算。

(2) 在初步设计阶段，编制设计概算。

(3) 在施工图设计阶段，编制施工图预算。

(4) 在施工准备阶段，编制招标限价或投标报价。

任务 1.2 水利工程项目划分

1.3 水利工程项目划分及费用构成

【讨论与分析】

1. 你见过什么样的水工建筑物？它由哪些构件组成？
2. 按工程性质划分，水利工程可分为哪几类？
3. 水利工程概（估）算项目分为哪几部分？
4. 水利工程概算项目中的工程部分由哪五部分组成？
5. 欣赏微课小视频并做好重难点记录。

【工作任务】

项目一所述某水利枢纽工程建筑物主要由混凝土溢流坝、混凝土非溢流重力坝、河床式电站厂房、斜面升船机等组成。拦河建筑物沿坝轴线呈“一”字形布置，从左至右依次为：左岸非溢流混凝土重力坝段、混凝土溢流坝段、厂房坝段、右岸非溢流混凝土重力坝段。在厂房坝段下游右岸布置开关站及厂区其他附属建筑物，斜面升船机布置在大坝左岸，如图 1.2-1 所示。

【知识专项】

1.2.1 水利工程分类

根据水利部 2014 年颁布实施的《水利工程设计概（估）算编制规定（工程部分）》（水总〔2014〕429 号）的有关规定，结合水利工程的性质特点和组成内容进行分类。

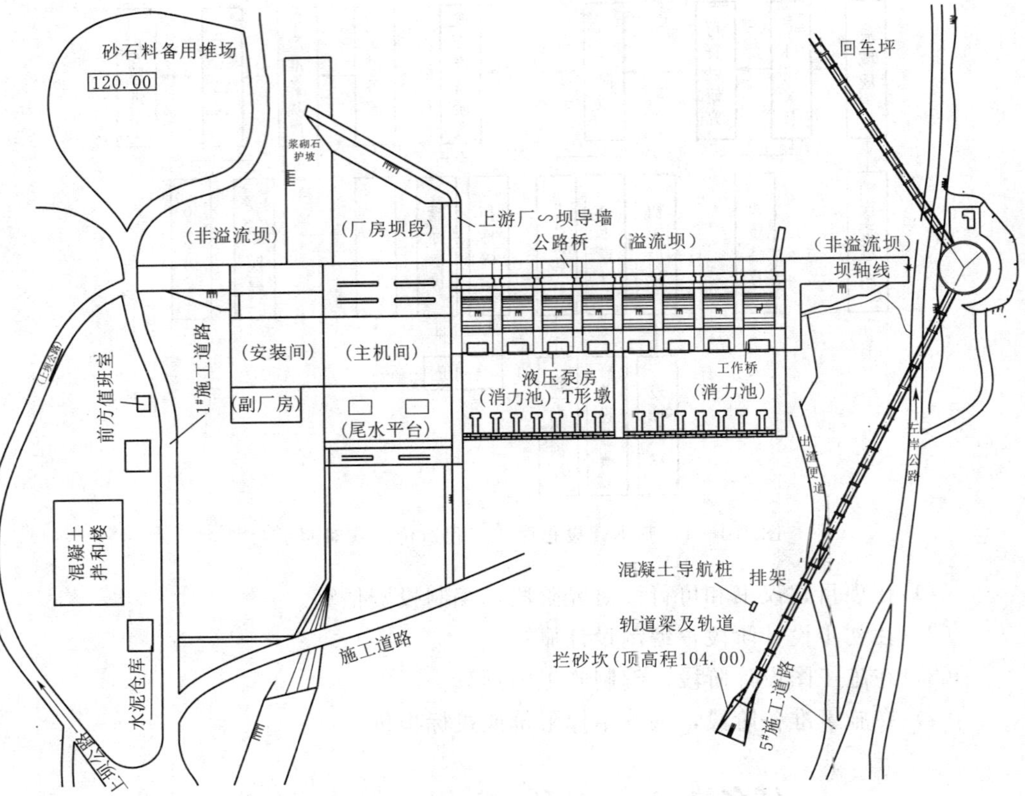

图1.2-1 某水利枢纽工程平面布置图（部分截图）

1. 按工程性质划分

水利工程按工程性质划分为三大类：枢纽工程、引水工程及河道工程，具体划分如图1.2-2所示。

- 水利工程
  - 枢纽工程
    - 水库
    - 水电站
    - 大型泵站
    - 大型拦河水闸
    - 其他大型独立建筑物
  - 引水工程
    - 供水工程
    - 灌溉工程（1）
  - 河道工程
    - 堤防工程
    - 河湖整治工程
    - 灌溉工程（2）

图1.2-2 水利工程按工程性质划分

注 1. 灌溉工程（1）是指设计流量不小于$5m^3/s$的灌溉工程；灌溉工程（2）是指设计流量小于$5m^3/s$的灌溉工程和田间工程。

2. 大型泵站、大型拦河水闸的工程等级划分标准参见《水利工程设计概（估）算编制规定（工程部分）》附录1。

2. 水利工程概算项目划分

水利工程概（估）算项目划分为工程部分、建设征地移民补偿、环境保护工程、水土保持工程四部分，具体划分如图 1.2－3 所示。

- 水利工程概算
  - 工程部分
    - 建筑工程
    - 机电设备及安装工程
    - 金属结构设备及安装工程
    - 施工临时工程
    - 独立费用
  - 建设征地移民补偿
    - 农村部分补偿
    - 城（集）镇部分补偿
    - 工业企业补偿
    - 专业项目补偿
    - 防护工程
    - 库底清理
    - 其他费用
  - 环境保护工程——环境保护工程包括环境保护设施、环境监测设施、设备及安装工程、环境保护临时设施和其他费用
  - 水土保持工程——水土保持工程包括建筑工程、植物措施、设备及安装工程、水土保持临时工程和其他费用

图 1.2－3　水利工程概算项目划分

各部分概算下设一级项目、二级项目和三级项目。工程部分由建筑工程、机电设备及安装工程、金属结构设备及安装工程、施工临时工程和独立费用五部分构成。

其中，建筑工程、机电设备及安装工程、金属结构设备及安装工程属于永久工程，竣工投入运行后承担设计所确定的功能并发挥效益，构成生产运行单位的固定资产。凡是永久工程与临时工程相结合的项目都应列入相应的永久工程项目内。

施工临时工程是指在工程筹备和建设阶段，为辅助永久建筑和安装工程正常施工而修建的临时性工程或采取的临时性措施。施工临时工程的全部投资扣除回收价值后，以适当的比例摊入各永久工程中，构成固定资产的一部分。

独立费用是指应在工程总投资中支出但又不宜列入建筑工程费、安装工程费、设备费而需要独立列项的费用。

1.2.2　项目组成

1. 建筑工程

（1）枢纽工程，是指水利枢纽建筑物、大型泵站、大型拦河水闸和其他大型独立建筑物（含引水工程的水源工程）。枢纽工程包括挡水工程、泄洪工程、引水工程、发电厂（泵站）工程、升压变电站工程、航运工程、鱼道工程、交通工程、房屋建筑工程、供电设施工程和其他建筑工程。其中挡水工程等前 7 项为主体建筑工程。

1）挡水工程，包括挡水的各类坝（闸）工程。

2）泄洪工程，包括溢洪道、泄洪洞、冲沙孔（洞）、放空洞、泄洪闸等工程。

3）引水工程，包括发电引水明渠、进水口、隧洞、调压井、高压管道等工程。

4）发电厂（泵站）工程，包括地面、地下各类发电厂（泵站）工程。

5）升压变电站工程，包括升压变电站、开关站等工程。

6）航运工程，包括上下游引航道、船闸、升船机等工程。

7）鱼道工程，根据枢纽建筑物布置情况，可独立列项。与拦河坝相结合的，也可作为拦河坝工程的组成部分。

8）交通工程，包括上坝、进厂、对外等场内外永久公路，以及桥梁、交通隧洞、铁路、码头等工程。

9）房屋建筑工程，包括为生产运行服务的永久性辅助生产建筑、仓库、办公用房、值班宿舍及文化福利建筑等房屋建筑工程和室外工程。

10）供电设施工程，是指工程生产运行供电需要架设的输电线路及变配电设施工程。

11）其他建筑工程，包括安全监测设施工程，照明线路，通信线路，厂坝（闸、泵站）区供水、供热、排水等公用设施工程，劳动安全与工业卫生设施工程，水文、泥沙监测设施工程，水情自动测报系统工程及其他。

（2）引水工程，是指供水工程、调水工程和灌溉工程（1）。包括渠（管）道工程、建筑物工程、交通工程、房屋建筑工程、供电设施工程和其他建筑工程。

1）渠（管）道工程，包括明渠、输水管道工程，以及渠（管）道附属小型建筑物（如观测测量设施、调压减压设施、检修设施）等。

2）建筑物工程，是指渠系建筑物、交叉建筑物工程，包括泵站、水闸、渡槽、隧洞、箱涵（暗渠）、倒虹吸、跌水、动能回收电站、调蓄水库、排水涵（槽）、公路（铁路）交叉（穿越）建筑物等。建筑物类别根据工程设计确定。工程规模较大的建筑物可以作为一级项目单独列示。

3）交通工程，是指永久性对外公路、运行管理维护道路等工程。

4）房屋建筑工程，包括为生产运行服务的永久性辅助生产建筑、仓库、办公用房、值班宿舍及文化福利建筑等房屋建筑工程和室外工程。

5）供电设施工程，是指工程生产运行供电需要架设的输电线路及变配电设施工程。

6）其他建筑工程，包括安全监测设施工程，照明线路，通信线路，厂坝（闸、泵站）区供水、供热、排水等公用设施工程，劳动安全与工业卫生设施工程，水文、泥沙监测设施工程，水情自动测报系统工程及其他。

（3）河道工程，是指堤防修建与加固工程、河湖整治工程和灌溉工程（2）。包括河湖整治与堤防工程、灌溉及田间渠（管）道工程、建筑物工程、交通工程、房屋建筑工程、供电设施工程和其他建筑工程。

1）河湖整治与堤防工程，包括堤防工程、河道整治工程、清淤疏浚工程等。

2）灌溉及田间渠（管）道工程，包括明渠、输配水管道、排水沟（渠、管）工程、渠（管）道附属小型建筑物（如观测测量设施、调压减压设施、检修设施）、田间土地平整等。

3）建筑物工程，包括水闸、泵站工程、田间工程机井、灌溉塘坝工程等。

4）交通工程，是指永久性对外公路、运行管理维护道路等工程。

5）房屋建筑工程，包括为生产运行服务的永久性辅助生产建筑、仓库、办公用房、值班宿舍及文化福利建筑等房屋建筑工程和室外工程。

6）供电设施工程，是指工程生产运行供电需要架设的输电线路及变配电设施工程。

7）其他建筑工程，包括安全监测设施工程，照明线路，通信线路，厂坝（闸、泵站）区供水、供热、排水等公用设施工程，劳动安全与工业卫生设施工程，水文、泥沙监测设施工程及其他。

2. 机电设备及安装工程

（1）枢纽工程，是指构成枢纽工程固定资产的全部机电设备及安装工程。本部分由发电设备及安装工程、升压变电设备及安装工程和公用设备及安装工程3项组成。大型泵站和大型拦河水闸的机电设备及安装工程项目划分参考引水工程及河道工程的划分方法。

1）发电设备及安装工程，包括水轮机、发电机、主阀、起重机、水力机械辅助设备、电气设备等设备及安装工程。

2）升压变电设备及安装工程，包括主变压器、高压电气设备、一次拉线等设备及安装工程。

3）公用设备及安装工程，包括通信设备，通风采暖设备，机修设备，计算机监控系统，工业电视系统，管理自动化系统，全厂接地及保护网，电梯，坝区馈电设备，厂坝区供水、排水、供热设备，水文、泥沙监测设备，水情自动测报系统设备，视频安防监控设备，安全监测设备，消防设备，劳动安全与工业卫生设备，交通设备等设备及安装工程。

（2）引水工程及河道工程，是指构成该工程固定资产的全部机电设备及安装工程。一般包括泵站设备及安装工程、水闸设备及安装工程、电站设备及安装工程、供变电设备及安装工程和公用设备及安装工程5项内容。

1）泵站设备及安装工程，包括水泵、电动机、主阀、起重设备、水力机械辅助设备、电气设备等设备及安装工程。

2）水闸设备及安装工程，包括电气一次设备、电气二次设备及安装工程。

3）电站设备及安装工程，其组成内容可参照枢纽工程的发电设备及安装工程和升压变电设备及安装工程。

4）供变电设备及安装工程，包括供电、变配电设备及安装工程。

5）公用设备及安装工程，包括通信设备，通风采暖设备，机修设备，计算机监控系统，工业电视系统，管理自动化系统，全厂接地及保护网，厂坝（闸、泵站）区供水、排水、供热设备，水文、泥沙监测设备，水情自动测报系统设备，视频安防监控设备，安全监测设备，消防设备，劳动安全与工业卫生设备，交通设备等设备及安装工程。

灌溉田间工程还包括首部设备及安装工程、田间灌水设施及安装工程等。

1）首部设备及安装工程，包括过滤、施肥、控制调节、计量等设备及安装工程等。

2）田间灌水设施及安装工程，包括田间喷灌、微灌等全部灌水设施及安装工程。

3. 金属结构设备及安装工程

金属结构设备及安装工程是指构成枢纽工程、引水工程和河道工程固定资产的全部金属结构设备及安装工程。包括闸门、启闭机、拦污设备、升船机等设备及安装工程，水电站（泵站等）压力钢管制作及安装工程和其他金属结构设备及安装工程。

金属结构设备及安装工程的一级项目应与建筑工程的一级项目相对应。

4. 施工临时工程

施工临时工程是指为辅助主体工程施工所必须修建的生产和生活用临时性工程。主要包括以下内容：

（1）导流工程，包括导流明渠、导流洞、施工围堰、蓄水期下游断流补偿设施，金属结构设备及安装工程等。

（2）施工交通工程，包括施工现场内外为工程建设服务的临时交通工程，如公路、铁路、桥梁、施工支洞、码头和转运站等。

（3）施工场外供电工程，包括从现有电网向施工现场供电的高压输电线路（枢纽工程 35kV 及以上等级；引水工程、河道工程 10kV 及以上等级；掘进机施工专用供电线路）、施工变（配）电设施设备（场内除外）工程。

（4）施工房屋建筑工程，是指工程在建设过程中建造的临时房屋，包括施工仓库，办公及生活、文化福利建筑及所需的配套设施工程。

（5）其他施工临时工程，是指除施工导流、施工交通、施工场外供电、施工房屋建筑、缆机平台、掘进机泥水处理系统和管片预制系统土建设施以外的施工临时工程。主要包括施工供水（大型泵房及干管）、砂石料系统、混凝土拌和浇筑系统、大型机械安装拆卸、防汛、防冰、施工排水、施工通信等工程。

1）根据工程实际情况可单独列示缆机平台、掘进机泥水处理系统和管片预制系统土建设施等项目。

2）施工排水是指基坑排水、河道降水等，包括排水工程建设及运行费。

5. 独立费用

本部分由建设管理费、工程建设监理费、联合试运转费、生产准备费、科研勘测设计费和其他等 6 项组成。

1）建设管理费。

2）工程建设监理费。

3）联合试运转费。

4）生产准备费，包括生产及管理单位提前进厂费、生产职工培训费、管理用具购置费、备品备件购置费、工器具及生产家具购置费。

5）科研勘测设计费，包括工程科学研究试验费和工程勘测设计费。

6）其他，包括工程保险费、其他税费。

1.2.3 项目划分

1. 水利工程项目划分方法

水利工程项目划分详见《水利工程设计概（估）算编制规定（工程部分）》中对应的章节。

在工程项目实施过程中，为了准确确定整个建设项目的建设费用，把建设项目划分为简单的、便于计算的基本构成项目，汇总求出工程项目造价。

一个建设项目是一个完整配套的综合性产品，根据我国在工程建设领域内的有关规定和习惯做法，按照组成内容不同，可划分为建设项目、单项工程、单位工程和分部工程和分项工程五个项目层次。

（1）建设项目一般是指具有设计任务书和总体设计、经济上实行统一核算、管理上具有独立的组织形式的基本建设单位。

（2）单项工程又称工程项目。它是具有独立的设计文件，建成后能独立发挥生产能力或效益的工程。如峡江水利枢纽工程的挡水工程、发电厂、升压变电站工程、航运工程等单项工程。

（3）单位工程是具有独立的设计文件，可以独立组织施工，但竣工后一般不能独立发挥生产能力和效益的工程。它是单项工程的组成部分。如峡江水利枢纽工程中的航运工程划分为引航道、闸室、闸首和输水系统等单位工程。

（4）分部工程是单位工程的组成部分。它是按单位工程的结构形式、工程部位、构件性质、使用材料、设备种类及型号等的不同来划分的。如峡江水利枢纽工程中的闸室建筑工程划分为土石方开挖工程、混凝土工程和模板工程等分部工程。

（5）分项工程是分部工程的组成部分。按照不同的施工方法、所使用的材料、不同的构造及规格将一个分部工程更细致地分解为若干个分项工程。如建筑工程混凝土工程中的底板混凝土浇筑、边墙混凝土浇筑等分项工程。

分项工程是组成单位工程的基本要素，它是工程造价的基本计算单位体，在计价性定额中是组成定额的基本单位体，又称定额子目。

根据水利工程性质，其工程项目分别按枢纽工程、引水工程和河道工程划分，工程各部分下设一级项目、二级项目和三级项目。如图 1.2-4 所示，一级项目指具有独立功能的单项工程，相当于扩大单位工程；二级项目相当于单位工程；三级项目相当于分部分项工程。具体项目划分可参见《水利工程设计概（估）算编制规定（工程部分）》。

建设项目	单项工程	单位工程	分部工程	分项工程
水利工程项目	一级项目	二级项目	三级项目	
峡江水利枢纽工程	挡水工程 航运工程 电站厂房	引航道 闸室 闸首 输水系统	土石方开挖 混凝土 模板	底板 边墙

图 1.2-4　项目划分示例

二级、三级项目中，仅列示了代表性子目，编制概（估）算时，二级、三级项目可根据水利水电工程项目建议书、可行性研究报告、初步设计报告编制规程的工作深度要求和工程实际情况增减或再划分。以三级项目为例：

（1）土方开挖工程，应将土方开挖与砂砾石开挖分列。

（2）石方开挖工程，应将明挖与暗挖，平洞与斜井、竖井分列。

（3）土石方回填工程，应将土方回填与石方回填分列。

（4）混凝土工程，应将不同工程部位、不同强度等级、不同级配的混凝土分列。

（5）模板工程，应将不同规格形状和材质的模板分列。

（6）砌石工程，应将干砌石、浆砌石、抛石、铅丝（钢筋）笼块石等分列。

（7）钻孔工程，应按使用不同钻孔机械及钻孔的不同用途分列。

（8）灌浆工程，应按不同灌浆种类分列。

（9）机电、金属结构工程设备及安装工程，应根据设计提供的设备清单，按分项要求逐一列出。

（10）钢管制作及安装工程，应将不同管径的一般钢管、叉管分列。

2. 项目划分应注意的问题

（1）现行的项目划分适用于估算、概算和施工图预算。对于招标文件和业主预算，要根据工程分标及合同管理的需要来调整项目划分。

（2）为便于单价分析，三级项目的设置深度除满足《水利工程设计概（估）算编制规定（工程部分）》的规定外，还应与所采用的定额相适应。

（3）对有关部门提供的工程量和预算资料，应按项目划分和费用构成正确处理。如施工临时工程，按其规模、性质，有的应在第四部分施工临时工程一至四项中单独列项，有的包括在“其他施工临时工程”中，不单独列项，还有的包括在建筑安装工程直接费中的“其他直接费”中。

（4）注意设计单位的习惯与概算项目划分的差异。目前我国多数设计单位都是分水工、施工、水文、地质机电、金结等专业提供工程量或设备清单，概算人员要将提供的所有资料加以整理归类，或向其他专业明确要求，使之符合项目划分和费用构成的规定，避免遗漏或重复，切忌直接套用。

【解决任务】

分析：项目一所述某水利枢纽工程的工程性质为枢纽工程，下设挡水工程、泄洪工程、发电厂工程、航运工程、供电设施工程等一级项目。其中挡水工程包含溢流坝和右岸非溢流重力坝两个二级项目。挡水工程项目划分示例见表1.2-1。

表1.2-1　　挡水工程项目划分示例（部分）

编号	工程或费用名称	单位	项目划分	
	第一部分　建筑工程			
一	挡水工程		单项工程	一级项目
（一）	右岸非溢流重力坝		单位工程	二级项目

续表

<table>
<tr><th>编号</th><th>工程或费用名称</th><th>单位</th><th colspan="2">项　目　划　分</th></tr>
<tr><td>1</td><td>土方明挖</td><td>m^3</td><td rowspan="11">分部分项工程</td><td rowspan="11">三级项目</td></tr>
<tr><td>2</td><td>石方明挖</td><td>m^3</td></tr>
<tr><td>3</td><td>模板</td><td>m^2</td></tr>
<tr><td>4</td><td>坝体 C15 混凝土</td><td>m^3</td></tr>
<tr><td>5</td><td>坝顶 C20 混凝土</td><td>m^3</td></tr>
<tr><td>6</td><td>坝顶铺装层 C20 混凝土</td><td>m^3</td></tr>
<tr><td>7</td><td>钢筋制安</td><td>t</td></tr>
<tr><td>8</td><td>钻灌浆孔</td><td>m</td></tr>
<tr><td>9</td><td>帷幕灌浆</td><td>m</td></tr>
<tr><td>10</td><td>石渣回填</td><td>m^3</td></tr>
<tr><td>11</td><td>细部结构工程</td><td></td></tr>
<tr><td>（二）</td><td>溢流坝</td><td></td><td>单位工程</td><td>二级项目</td></tr>
<tr><td>1</td><td>砂砾石开挖</td><td>m^3</td><td rowspan="5">分部分项工程</td><td rowspan="5">三级项目</td></tr>
<tr><td>2</td><td>石方明挖</td><td>m^3</td></tr>
<tr><td>3</td><td>模板</td><td>m^2</td></tr>
<tr><td>4</td><td>溢流堰堰面 C25 混凝土</td><td>m^3</td></tr>
<tr><td>5</td><td>溢流堰堰体 C20 混凝土</td><td>m^3</td></tr>
</table>

1.4 项目划分

任务 1.3　水利工程费用构成

【讨论与分析】

1. 请想象一下，如果你是一家投资公司的职员，公司打算投资建设项目一所述某水利枢纽工程，接下来可能要做哪些事情？要花费哪些费用？

2. 欣赏微课小视频，并记录下关键点及有疑问的地方。

【工作任务】

项目一所述某水利枢纽工程溢流坝的弧形闸门（图 1.3 - 1）涉及哪些费用？

1.5 费用构成测试讲解

【知识专项】

1.3.1　费用构成

水利工程费用构成如图 1.3 - 2 所示。

1.3.2　建筑及安装工程费

建筑及安装工程费由直接费、间接费、利润、材料补差及税金组成。

1.3.2.1　直接费

直接费是指建筑安装工程施工过程中直接消耗在工程项目上的活劳动和物化劳动，由基本直接费和其他直接费组成。

图 1.3-1　弧形闸门

- 水利工程费用（工程部分）
  - 建筑及安装工程费
    - 直接费
      - 基本直接费
        - 人工费
        - 材料费
        - 施工机械使用费
      - 其他直接费
        - 冬雨季施工增加费
        - 夜间施工增加费
        - 特殊地区施工增加费
        - 临时设施费
        - 安全生产措施费
        - 其他
    - 间接费
      - 规费
      - 企业管理费
    - 利润
    - 材料补差
    - 未计价装置性材料费
    - 税金
  - 设备费
    - 设备原价
    - 运杂费
    - 运输保险费
    - 采购及保管费
  - 独立费用
    - 建设管理费
    - 工程建设监理费
    - 联合试运转费
    - 生产准备费
    - 科研勘测设计费
    - 其他
  - 预备费
    - 基本预备费
    - 价差预备费
  - 建设期融资利息

图 1.3-2　水利工程费用构成

1. 基本直接费

基本直接费包括人工费、材料费、施工机械使用费。

（1）人工费。人工费是指直接从事建筑安装工程施工的生产工人开支的各项费用，其内容包括：

1）基本工资，由岗位工资和年应工作天数内非作业天数的工资组成。

岗位工资是指按照职工所在岗位各项劳动要素测评结果确定的工资。

生产工人年应工作天数以内非作业天数的工资，包括生产工人开会学习、培训期间的工资，调动工作、探亲、休假期间的工资，因气候影响的停工工资，女工哺乳期间的工资，病假在六个月以内的工资及产、婚、丧假期的工资。

2）辅助工资，是指在基本工资之外，以其他形式支付给生产工人的工资性收入，包括根据国家有关规定属于工资性质的各种津贴，主要包括艰苦边远地区津贴、施工津贴、夜餐津贴、节假日加班津贴等。

（2）材料费，是指用于建筑安装工程项目上的消耗性材料、装置性材料和周转性材料摊销费，包括定额工作内容规定应计入的未计价材料和计价材料。

材料预算价格一般包括材料原价、运杂费、运输保险费和采购及保管费。

1）材料原价，是指材料指定交货地点的价格。

2）运杂费，是指材料从指定交货地点至工地分仓库或相当于工地分仓库（材料堆放场）所发生的全部费用，包括运输费、装卸费及其他杂费。

3）运输保险费，是指材料在运输途中的保险费。

4）采购及保管费，是指材料在采购、供应和保管过程中所发生的各项费用，主要包括材料的采购、供应和保管部门工作人员的基本工资、辅助工资、职工福利费、劳动保护费、养老保险费、失业保险费、医疗保险费、工伤保险费、生育保险费、住房公积金、教育经费、办公费、差旅交通费及工具用具使用费；仓库、转运站等设施的检修费、固定资产折旧费、技术安全措施费；材料在运输、保管过程中发生的损耗等。

（3）施工机械使用费，是指消耗在建筑安装工程项目上的机械磨损、维修和动力燃料费用等，包括折旧费、修理及替换设备费、安装拆卸费、机上人工费和动力燃料费等。

1）折旧费，是指施工机械在规定使用年限内回收原值的台时折旧摊销费用。

2）修理及替换设备费。修理费是指施工机械使用过程中，为了使机械保持正常功能而进行修理所需的摊销费用和机械正常运转及日常保养所需的润滑油料、擦拭用品的费用，以及保管机械所需的费用；替换设备费是指施工机械正常运转时所耗用的替换设备及随机使用的工具辅具等摊销费用。

3）安装拆卸费，是指施工机械进出工地的安装、拆卸、试运转和场内转移及辅助设施的摊销费用。部分大型施工机械的安装拆卸不在其施工机械使用费中计列，包含在其他施工临时工程中。

4）机上人工费，是指施工机械使用时机上操作人员人工费用。

5）动力燃料费，是指施工机械正常运转时所耗用的风、水、电、油和煤等费用。

2. 其他直接费

其他直接费包括冬雨季施工增加费、夜间施工增加费、特殊地区施工增加费、临时设施费、安全生产措施费和其他。

（1）冬雨季施工增加费，是指在冬雨季施工期间为保证工程质量所需增加的费用，包括增加施工工序，增设防雨、保温、排水等设施增耗的动力、燃料、材料以及因人工、机械效率降低而增加的费用。

（2）夜间施工增加费，是指施工场地和公用施工道路的照明费用。照明线路工程费用包括在“临时设施费”中；施工附属企业系统、加工厂、车间的照明费用，列入相应的产品中，均不包括在本项费用之内。

（3）特殊地区施工增加费，是指在高海拔、原始森林、沙漠等特殊地区施工而增加的费用。

（4）临时设施费，是指施工企业为进行建筑安装工程施工所必需的但又未被划入施工临时工程的临时建筑物、构筑物和各种临时设施的建设、维修、拆除、摊销等。如供风、供水（支线）、供电（场内）、照明、供热系统及通信支线，土石料场，简易砂石料加工系统，小型混凝土拌和浇筑系统，木工、钢筋、机修等辅助加工厂，混凝土预制构件厂，场内施工排水，场地平整、道路养护及其他小型临时设施等。

（5）安全生产措施费，是指为保证施工现场安全作业环境及安全施工、文明施工所需要，在工程设计已考虑的安全支护措施之外发生的安全生产、文明施工相关费用。

（6）其他，包括施工工具用具使用费，检验试验费，工程定位复测及施工控制网测设，工程点交、竣工场地清理，工程项目及设备仪表移交生产前的维护费，工程验收检测费等。

1）施工工具用具使用费，是指施工生产所需，但不属于固定资产的生产工具，检验、试验用具等的购置、摊销和维护费。

2）检验试验费，是指对建筑材料、构件和建筑安装物进行一般鉴定、检查所发生的费用，包括自设实验室所耗用的材料和化学药品费用，以及技术革新和研究试验费，不包括新结构、新材料的试验费和建设单位要求对具有出厂合格证明的材料进行试验、对构件进行破坏性试验，以及其他特殊要求检验试验的费用。

3）工程项目及设备仪表移交生产前的维护费，是指竣工验收前对已完工程及设备进行保护所需的费用。

4）工程验收检测费，是指工程各级验收阶段为检测工程质量发生的检测费用。

1.3.2.2 间接费

间接费是指施工企业为建筑安装工程施工而进行组织与经营管理所发生的各项费用。间接费构成产品成本由规费和企业管理费组成。

1. 规费

规费是指政府和有关部门规定必须缴纳的费用，包括社会保险费和住房公积金。

（1）社会保险费。

1）养老保险费，是指企业按照规定标准为职工缴纳的基本养老保险费。

2）失业保险费，是指企业按照规定标准为职工缴纳的失业保险费。

3）医疗保险费，是指企业按照规定标准为职工缴纳的基本医疗保险费。

4）工伤保险费，是指企业按照规定标准为职工缴纳的工伤保险费。

5）生育保险费，是指企业按照规定标准为职工缴纳的生育保险费。

（2）住房公积金，是指企业按照规定标准为职工缴纳的住房公积金。

2. 企业管理费

企业管理费是指施工企业为组织施工生产和经营管理活动所发生的费用。其内容包括：

（1）管理人员工资，是指管理人员的基本工资和辅助工资。

（2）差旅交通费，是指施工企业管理人员因公出差、工作调动的差旅费，误餐补助费，职工探亲路费，劳动力招募费，职工离退休、退职一次性路费，工伤人员就医路费，工地转移费，交通工具运行费及牌照费等。

（3）办公费，是指企业办公用文具、印刷、邮电、书报、会议、水电、燃煤（气）等费用。

（4）固定资产使用费，是指企业属于固定资产的房屋、设备、仪器等的折旧、大修理、维修费或租赁费等。

（5）工具用具使用费，是指企业管理使用不属于固定资产的工具、用具、家具、交通工具和检验、试验、测绘、消防用具等的购置、维修和摊销费。

（6）职工福利费，是指企业按照国家规定支出的职工福利费，以及由企业支付离退休职工的易地安家补助费、职工退职金、六个月以上的病假人员工资、按规定支付给离休干部的各项经费。职工发生工伤时企业依法在工伤保险基金之外支付的费用，其他在社会保险基金之外依法由企业支付给职工的费用。

（7）劳动保护费，是指企业按照国家有关部门规定标准发放的一般劳动防护用品的购置及修理费、保健费、防暑降温费、高空作业及进洞津贴、技术安全措施以及洗澡用水、饮用水的燃料费等。

（8）工会经费，是指企业按职工工资总额计提的工会经费。

（9）职工教育经费，是指企业为职工学习先进技术和提高文化水平按职工工资总额计提的费用。

（10）保险费，是指企业财产保险、管理用车辆等保险费用，高空、井下、洞内、水下、水上作业等特殊工种安全保险费、危险作业意外伤害保险费等。

（11）财务费用，是指施工企业为筹集资金而发生的各项费用，包括企业经营期间发生的短期融资利息净支出、汇兑净损失、金融机构手续费，企业筹集资金发生的其他财务费用，以及投标和承包工程发生的保函手续费等。

（12）税金，是指企业按规定缴纳的房产税、管理用车辆使用税、印花税等。

（13）其他，包括技术转让费、企业定额测定费、施工企业进退场费、施工企业承担的施工辅助工程设计费、投标报价费、工程图纸资料费及工程摄影费、技术开发费、业务招待费、绿化费、公证费、法律顾问费、审计费、咨询费等。

1.3.2.3 利润

利润是指按规定应计入建筑安装工程费用中的利润。

1.3.2.4 材料补差

材料补差是指根据主要材料消耗量、主要材料预算价格与材料基价之间的差值，计算的主要材料补差金额。材料基价是指计入基本直接费的主要材料的限制价格。

1.3.2.5 税金

税金是指应计入建筑安装工程费用内的增值税销项税额，是指企业发生的除企业所得税和允许抵扣的增值税以外的各项税金及其附加。根据《水利工程营业税改征增值税计价依据调整办法》（办水总〔2016〕132号）和《水利部办公厅关于调整水利工程计价依据增值税计算标准的通知》（办财务函〔2019〕448号）的规定，建筑及安装工程费的税金税率为9%、自采砂石料税率为3%。

营业税改增值税简称“营改增”，是指以前缴纳营业税的应税项目改成缴纳增值税。“营改增”的最大特点是减少重复征税，可以促使社会形成更好的良性循环，有利于为企业降低税负。

增值税只对产品或者服务的增值部分纳税，减少了重复纳税的环节，是党中央、国务院根据经济社会发展新形势，从深化改革的总体部署出发作出的重要决策。其目的是加快财税体制改革，进一步减轻企业赋税，调动各方积极性，推动服务业尤其是科技等高端服务业的发展，促进产业和消费升级、培育新动能，深化供给侧结构性改革。

1.3.3 设备费

设备费包括设备原价、运杂费、运输保险费和采购及保管费。

1.3.3.1 设备原价

（1）国产设备。其原价是指出厂价。

（2）进口设备。以到岸价和进口征收的税金、手续费、商检费及港口费等各项费用之和为原价。

（3）大型机组及其他大型设备分瓣运至工地后的拼装费用，应包括在设备原价内。

1.3.3.2 运杂费

运杂费是指设备由厂家运至工地现场所发生的一切运杂费用，包括运输费、装卸费、包装绑扎费、大型变压器充氮费及可能发生的其他杂费。

1.3.3.3 运输保险费

运输保险费是指设备在运输过程中的保险费用。

1.3.3.4 采购及保管费

采购及保管费是指建设单位和施工企业在负责设备的采购、保管过程中发生的各项费用。其主要包括：

（1）采购保管部门工作人员的基本工资、辅助工资、职工福利费、劳动保护费、养老保险费、失业保险费、医疗保险费、工伤保险费、生育保险费、住房公积金、教育经费、办公费、差旅交通费和工具、用具使用费等。

（2）仓库、转运站等设施的运行费、维修费、固定资产折旧费、技术安全措施费和设备的检验、试验费等。

1.3.4 独立费用

独立费用是由建设管理费、工程建设监理费、联合试运转费、生产准备费、科研勘测设计费和其他等组成。

1.3.4.1 建设管理费

建设管理费是指建设单位在工程项目筹建和建设期间进行管理工作所需的费用，包括建设单位开办费、建设单位人员费和项目管理费。

1. 建设单位开办费

建设单位开办费是指新组建的工程建设单位为开展工作所必须购置的办公设施、交通工具等，以及其他用于开办工作的费用。

2. 建设单位人员费

建设单位人员费是指建设单位从批准组建之日起至完成该工程建设管理任务之日止，需开支的建设单位人员费用，主要包括工作人员的基本工资、辅助工资、职工福利费、劳动保护费、养老保险费、失业保险费、医疗保险费、工伤保险费、生育保险费、住房公积金等。

3. 项目管理费

项目管理费是指建设单位从筹建到竣工期间所发生的各种管理费用。其主要包括：

(1) 工程建设过程中用于资金筹措、召开董事（股东）会议、视察工程建设所发生的会议和差旅等费用。

(2) 工程宣传费。

(3) 土地使用税、房产税、印花税、合同公证费。

(4) 审计费。

(5) 施工期间所需的水情、水文、泥沙、气象监测费和报汛费。

(6) 工程验收费。

(7) 建设单位人员的教育经费、办公费、差旅交通费、会议费、交通车辆使用费、技术图书资料费、固定资产折旧费、零星固定资产购置费、低值易耗品摊销费、工具用具使用费、修理费、水电费、采暖费等。

(8) 招标业务费。

(9) 经济技术咨询费。包括勘测设计成果咨询、评审费，工程安全鉴定、验收技术鉴定、安全评价相关费用，建设期造价咨询，防洪影响评价、水资源论证、工程场地地震安全性评价、地质灾害危险性评价及其他专项咨询等发生的费用。

(10) 公安、消防部门派驻工地补贴费及其他工程管理费用。

1.3.4.2 工程建设监理费

工程建设监理费是指建设单位在工程建设过程中委托监理单位，对工程建设的质量、进度、安全和投资进行监理所发生的全部费用。

1.3.4.3 联合试运转费

联合试运转费是指水利工程的发电机组、水泵等安装完毕，在竣工验收前，进行整套设备带负荷联合试运转期间所需的各项费用。其主要包括：联合试运转期间所消耗的燃料、动力、材料及机械使用费，工具用具购置费，施工单位参加联合试运转人员的工资等。

1.3.4.4 生产准备费

生产准备费是指水利建设项目的生产、管理单位为准备正常的生产运行或管理发生的费用。其内容包括生产及管理单位提前进厂费、生产职工培训费、管理用具购置费、备品备件购置费和工器具及生产家具购置费。

1. 生产及管理单位提前进厂费

生产及管理单位提前进厂费是指在工程完工之前，生产、管理单位一部分工人、技术人员和管理人员提前进厂进行生产筹备工作所需的各项费用。其内容包括：提前进厂人员的基本工资、辅助工资、职工福利费、劳动保护费、养老保险费、失业保险费、医疗保险费、工伤保险费、生育保险费、住房公积金、教育经费、办公费、差旅交通费、会议费、技术图书资料费、零星固定资产购置费、低值易耗品摊销费、工具用具使用费、修理费、水电费、采暖费等，以及其他属于生产筹建期间应开支的费用。

2. 生产职工培训费

生产职工培训费是指生产及管理单位为保证生产、管理工作顺利进行，对工人、技术人员和管理人员进行培训所发生的费用。

3. 管理用具购置费

管理用具购置费是指为保证新建项目的正常生产和管理所必须购置的办公和生活用具等费用，包括办公室、会议室、资料档案室、阅览室、文娱室、医务室等公用设施需要配置的家具器具。

4. 备品备件购置费

备品备件购置费是指工程在投产运行初期，由于易损件损耗和可能发生的事故，而必须准备的备品备件和专用材料的购置费，不包括设备价格中配备的备品备件。

5. 工器具及生产家具购置费

工器具及生产家具购置费是指按设计规定，为保证初期生产正常运行所必须购置的不属于固定资产标准的生产工具、器具、仪表、生产家具等的购置费，不包括设备价格中已包括的专用工具。

1.3.4.5 科研勘测设计费

科研勘测设计费是指工程建设所需的科研、勘测和设计等费用，包括工程科学研究试验费和工程勘测设计费。

1. 工程科学研究试验费

工程科学研究试验费是指为保障工程质量，解决工程建设技术问题，而进行必要的科学研究试验所需的费用。

2. 工程勘测设计费

工程勘测设计费是指工程从项目建议书阶段开始至以后各设计阶段发生的勘测

费、设计费和为勘测设计服务的常规科研试验费，不包括工程建设征地移民设计、环境保护设计、水土保持设计各设计阶段发生的勘测设计费。

1.3.4.6 其他

1. 工程保险费

工程保险费是指工程建设期间，为使工程能在遭受水灾、火灾等自然灾害和意外事故造成损失后得到经济补偿，而对工程进行投保所发生的保险费用。

2. 其他税费

其他税费是指按国家规定应缴纳的与工程建设有关的税费。

1.3.5 预备费及建设期融资利息

1.3.5.1 预备费

预备费包括基本预备费和价差预备费。

1. 基本预备费

基本预备费主要为解决在工程建设过程中，设计变更和有关技术标准调整增加的投资，以及工程遭受一般自然灾害所造成的损失和为预防自然灾害所采取的措施费用。

2. 价差预备费

价差预备费主要为解决在工程建设过程中，因人工工资、材料和设备价格上涨及费用标准调整而增加的投资。

1.3.5.2 建设期融资利息

根据国家财政金融政策规定，工程在建设期内需偿还并应计入工程总投资的融资利息。

【解决工作任务】

项目一所述某水利枢纽工程溢流坝的弧形闸门在项目划分上属于工程部分的第三部分金属结构设备及安装工程，包含的费用有弧形闸门的设备费及安装费。

弧形闸门设备费由设备原价、运杂费、运输保险费和采购及保管费组成，门体分瓣运至工地后的拼装费用，包括在设备原价内。

弧形闸门安装费由安装工程单价乘以闸门总质量即得。

任务 2　水利工程计价方法及计价依据

【知识目标】

1. 掌握水利工程计价的方法：综合指标法、定额法、实物量法和工程量清单计价法。

2. 掌握水利工程不同建设阶段造价编制所采用的不同计价依据。

【岗位技能目标】

能根据工程所处的建设阶段，确定对应的计价文件是采用定额计价还是工程量清单计价。

【素养目标】

党的二十大报告指出，必须坚持人民至上。一切脱离人民的理论都是苍白无力的，一切不为人民造福的理论都是没有生命力的。

【思政导引】

一个水利人的生命奔赴

2023 年 8 月 1 日，受 5 号台风“杜苏芮”残余水汽北上和副高后部切变共同影响，强降雨即将到达吉林。倪峰作为吉林市外派专家组成员，第一时间赶赴舒兰市，全面开展汛情研判、水利工程排查除险、抗洪抢险技术指导等工作。

8 月 2 日晚 8 点，连日降雨导致细鳞河城区段堤防出现险情。手里的工作还没忙完，倪峰又带领同事张晓东紧急随同舒兰市委领导到现场踏勘。晚 10 点左右，倪峰收到了谢家店水库有险情的报告。漆黑的深夜里，雨又急又大，乡路愈发难走。一行人艰难行进，直到深夜 12 点半才因为前方道路中断不得不返回舒兰市防汛指挥部，远程对谢家店水库进行抢险指导。这又是一个不眠夜。

8 月 3 日早，拉林河金马镇段堤防出现险情。“紧急情况！”当晚 9 时许，一个紧急报告送达防汛指挥部：开原镇青松林场附近突降暴雨，每小时雨强剧增至 94.8mm，有 100 余名群众被转移至青松林场办公楼楼顶，通信中断、情况不明、形势危急。接到消息后的倪峰立马起身，随手抓起设备，毫不犹豫地要求赶赴现场参与抢险救援。他说：“不到现场看看，我不放心！”

没想到，这匆匆一别竟是永别。

8 月 5 日 11 时，经过近 36 个小时的努力，搜救队员抵达吉林省舒兰市开原镇青松林场，与因洪水失联的 79 户共 161 人取得了联系。但先遣赶赴现场参与抢险救援的倪峰，却永远倒在了洪流中。

“守牢水利安全底线是我们的责任”。300 个问题有多少？这是倪峰自 2005 年以来，累计参加抗洪抢险 20 余次，外派帮助解决水毁修复等抗洪抢险问题的数量。

18 年有多长？这是倪峰同志坚守在水利一线的工作时间。

“中国是水利大国，守牢水利安全底线是我们的责任。”倪峰常对身边的同事这样说。多年来，他主持完成桦甸市木其河治理工程等重点水利项目设计 60 余项，参与完成吉林市大中型灌区节水改造、中小河流治理、城市防洪工程、中小型水库除险加固、农村饮水安全、水生态修复等民生水利项目 300 余项。

任务 2.1　水利工程计价方法

【讨论与分析】

1. 水利工程计价与其他工程计价有何区别？
2. 水利工程计价的基本原理是什么？
3. 水利工程计价方法有哪几种？其主要适用范围是什么？

【工作任务】

假如你现在来到一家造价咨询机构应聘，对方问你：“如果采用预算定额编制施工图预算，房屋建筑工程与水利工程预算编制方法有何区别？”

你该如何回答？

【知识专项】

2.1.1　工程计价的基本原理

1. 工程计价费用构成的基本原理

工程计价的基本原理来自一般经济规律和工程计价自身的特点，工程计价的成果主要表现为造价文件，工程计价费用构成与工程造价的费用构成直接相关。在市场经济条件下，建筑产品是特殊的商品，具有商品的一般属性，即价值和使用价值两重属性。因此，工程造价也有两层含义：其一是指建设项目的建设成本，即完成一个建设项目所需费用的总和，包括建筑工程费、安装工程费、设备费，以及其他相关的必需费用，对上述几类费用可以分别称其为建筑工程造价、安装工程造价、设备造价等，这种理解具有商品价值的属性；其二是指建设项目承发包工程的价格，即发包方与承包方签订的合同价。无论哪一种造价的含义，都有一个不争的事实，那就是在工程中凝结了一般的无差别的人类劳动或抽象的人类劳动，即工程是通过人类的劳动产生的。

人类的劳动分为物化劳动和活化劳动，活化劳动是劳动创作价值的源泉。马克思在分析资本主义社会再生产时，把社会生产按实物形式划分为生产资料生产和消费资料生产两大类，同时又把社会总产品在价值上分为不变资本（C）、可变资本（V）和剩余价值（M）三个组成部分。C 代表已消耗的生产资料转移价值，V 代表劳动者新创造的归自己支配的价值，M 代表劳动者新创造的归社会和集体支配的价值。$C+V$ 的货币表现就是产品的成本，$C+V+M$ 的货币表现就是产品的价格。

在市场经济条件下，建设工程的产品，如拦河大坝、发电厂房、房屋等是特殊的商品，也具有价值和使用价值，并且在建设产品的生产过程中符合马克思价值论的原理，即商品的价值决定着商品的价格，价格变动总是以价值为中心，这是存在着商品生产的社会中价格形成的共同规律，是价值规律的必然结果。因此，工程的造价理论上也应由 $C+V+M$ 组成，见表 2.1－1。

表 2.1－1　　建设工程造价的理论构成

组成部分	费　用　内　容
不变资本（C）	土地征用费，城镇拆迁、移民搬迁等补偿费
	设备、工器具购置费（安装对象）
	建筑材料、构件费用（建筑装配对象）
	施工机械和模板、脚手架等劳动手段的折旧、维修等费用
可变资本（V）	勘察设计人员的工资、奖金等
	建筑安装企业职工工资、奖金和动迁费
	项目法人单位或建设单位职工工资、奖金等
剩余价值（M）	勘察设计单位的利润和税金
	建筑安装企业的利润和税金
	工程承包公司、建设监理公司的利润和税金

2. 类比匡算计价原理

当一个工程项目还没有具体的图纸和工程量清单时，需要利用产出函数对其投资进行匡算。在微观经济学中，把过程的产出和资源的消耗这两者之间的关系称为产出函数。在水利工程中，产出函数建立了工程规模（如坝高、装机容量、输水量等）与各种投入（如人工、材料、机械等）之间的关系。因此，对某一特定规模的水利工程，可以通过对各投入参数赋予不同的值，从而找到一个最低的资源（如人工、材料、机械等）投入量。

投资匡算常常基于某个表明设计能力或形体尺寸的变量，如坝高、装机容量、输水总量、灌溉面积、厂房建筑面积、对外交通的公路长度等（即按规模大小）。在这种类比匡算方法下尤其要注意规模对造价的影响，造价并不总是和规模大小呈线性关系的，因此要慎重选择合适的产出函数，寻找规模和经济有关的经验数据，例如，生产能力指数法与单位生产能力估算法就需要采用不同的生产函数。

3. 分部组合（分类分项组合）计价原理

一个工程可以分解为几个组成部分，而每个组成部分又可以分解为一级项目、二级项目、三级项目，三级项目还有可能再进一步分解，直到分解为计价的基本构造单元。如果一个水利工程的设计方案已经确定，常用的是分部组合计价法。例如，水利工程概算编制时，在项目分解的基础上先计算出三级项目的造价，然后再按项目分解的内容汇总三级项目造价后形成二级项目造价，二级项目造价汇总后形成一级项目造价，一级项目造价汇总后形成该部分的造价，各部分造价汇总后形成整个水利工程的造价。在水利工程工程量清单计价时按分类分项进行汇总计算。

工程计价的基本原理就在于项目的分解与组合，可以用下面的公式表达。

$$\begin{aligned}工程造价&=\sum 第\ i\ 部分造价=\sum\sum 第\ i\ 部分第\ j\ 个一级项目造价\\&=\sum\sum\sum 第\ i\ 部分第\ j\ 个一级项目第\ k\ 个二级项目造价\\&=\sum\sum\sum\sum 第\ i\ 部分第\ j\ 个一级项目第\ k\ 个二级项目第\ l\ 个三级项目造价\cdots\end{aligned}\tag{2.1-1}$$

若某水利工程项目划分时基本构造单元为三级项目，则此时三级项目的计价可以按三级项目的工程量乘以三级项目的工程单价进行计算。具体计算公式如下：

$$第\ l\ 个三级项目造价=第\ l\ 个三级项目工程量(定额项目或清单项目)\times 工程单价\tag{2.1-2}$$

由此可知，水利工程造价的计算有工程计量和工程计价两个环节。

(1) 工程计量。工程计量工作包括工程项目的划分和工程量的计算。水利工程概算计价时，主要是按《水利工程设计概（估）算编制规定》（水总〔2014〕429号）的项目划分和《水利水电工程设计工程量计算规定》（SL 328—2005）规定的工程量计算规则，进行工程量计算；水利工程编制工程量清单时，主要是按照《水利工程工程量清单计价规范》（GB 50501—2007）规定的清单项目进行划分和工程量计算。

(2) 工程计价。工程计价包括工程单价的确定和工程总价的计算。

1) 工程单价是指完成单位工程基本构造单元的单位工程量（如 $100m^3$）所需要的费用。工程单价包括人工费、材料费、机械使用费、其他直接费、间接费、利润和税金等全部费用。

工程计价时，工程单价是通过概算定额的生产要素（人工、材料、机械）消耗量、生产要素价格、相关费用标准计算得到的，其计算原理表达公式如下：

$$\begin{aligned}工程单价=[&\sum(生产要素定额消耗量\times 生产要素价格)\\&+其他直接费+间接费+利润+税金]\end{aligned}\tag{2.1-3}$$

水利工程清单计价时，其计算原理表达公式如下：

$$工程单价=\frac{\sum(组价项目工程量\times 组价项目单位工程量直接费+施工管理费+企业利润+税金)}{清单项目工程量}\tag{2.1-4}$$

$$组价项目单位工程量直接费=\sum(组价项目生产要素定额消耗量\times 生产要素价格)\tag{2.1-5}$$

2) 工程总价是指经过规定的程序或方法逐级汇总形成的相应工程造价。

2.1.2 水利工程计价方法

水利工程计价的方法有综合指标法、定额法、实物量法和工程量清单计价法四种，各种工程计价方法各有其特点和其适用的计价阶段。例如，水利工程项目在工程招标设计之前的计价行为属于计划行为，一般采用综合指标法和定额法；而在招标设计之后的工程招投标阶段的计价，则一般采用工程量清单计价。水利工程不同阶段计价形式如图 2.1-1 所示。

1. 综合指标法

在项目建议书阶段，由于设计深度不足，不能提出具体的项目和工程量，只能

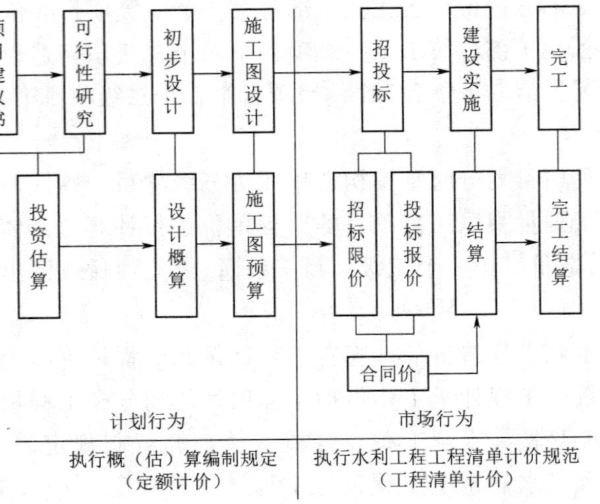

图2.1-1 水利工程不同阶段计价形式

提出概括性的项目，在这种条件下，编制投资估算时常采用综合指标法。综合指标法的特点是概括性强，不需要作具体分析，可直接采用。例如，大坝混凝土综合指标，包括坝体、溢流面、闸墩、胸墙、导水墙、工作桥、消力池、护坦、海漫等；地面厂房混凝土综合指标，包括上部结构（梁板柱、墙）和下部结构等。综合指标中包括人工费、材料费、机械使用费及其他费用（包括其他直接费、间接费、利润、税金），并考虑一定的扩大系数。在编制初步设计概算时，水利工程中的其他永久性专业工程，如铁路、公路、桥梁、供电线路、房屋建筑等，也可采用综合指标法编制设计概算。

2. 定额法

定额法是以事先制定的产品定额成本为标准，在生产费用发生时，可及时提供实际发生的费用脱离定额耗费的差异额，让管理者及时采取措施，控制生产费用的发生额，并且根据定额和差异额计算产品实际成本的一种成本计算和控制方法。

水利工程定额法又称定额单价法，是由统一的定额和费率计算出分部分项工程单价，然后按工程量计算出总价的方法，其基本原理是：费＝量×价。

具体计算步骤如下：

人工费＝人工预算单价×定额中的人工消耗量

材料费＝材料预算单价×定额材料消耗量

机械使用台时费＝机械台时单价×定额机械台时消耗量

分部分项工程单价＝(人工费＋材料费＋机械使用台时费)×(1＋其他直接费费率)×(1＋间接费费率)×(1＋利润率)×(1＋税率)

分部分项工程造价＝分部分项工程单价×工程量

单位工程造价＝∑各分部分项工程造价

单项工程造价＝∑各单位工程造价

建设项目总造价＝∑各单项工程造价

定额法编制水利工程造价所使用的定额根据应用范围不同，可分为水利部颁发的定额和地方定额。水利部颁发的定额中现行使用的是 2002 年《水利建筑工程概算定额》《水利建筑工程预算定额》《水利工程施工机械台时费定额》等，一般适用于大中型工程。而地方定额多适用于中小型水利工程定额，例如《江西省水利水电建筑工程概算定额》《江西省水利水电建筑工程预算定额（2022 年版）》《重庆市水利水电建筑工程概算定额（2021 年版）》等。

3. 实物量法

实物量法编制建设工程的预测造价，是将项目分成若干个施工工序，完成该项目所需的时间进行劳动力和施工设备配备，根据分析计算的基础价格计算直接费单价，再分摊间接费的工程造价计算方法。

实物量法主要优点是：针对每个具体工程“逐个量体裁衣”，计算准确、合理，能够充分体现工程量的大小、工期的长短、施工条件的优劣、设备闲置时间、特殊施工设备的使用和施工技术水平等因素对工程单价的影响。实物量法的主要缺点是：计算相对复杂，且要求造价编制人员有较高的业务水平和较丰富的经验，还要掌握翔实的基础资料和经验数据，在编制时间相对紧张的阶段，不具备全面推广应用的条件。采用实物量法预测工程造价在我国还处于积极探索的阶段。

4. 工程量清单计价法

定额计价模式是我国传统的计价模式，在整个计价过程中，计价依据是固定的法定“定额”，其指令性过强，不利于竞争机制的发挥。而工程量清单计价法是在招标投标实施阶段中，与国际通行惯例接轨所采取的一种计价模式。与定额计价模式截然不同。该模式主要由市场定价，由建设市场的建设产品买卖双方根据供求状况、信息状况自由竞价，并签订工程合同价格。

工程量清单计价中，“价”是市场概念，《水利工程工程量清单计价规范》（GB 50501—2007）规范的是市场行为，因此，工程量清单计价适用于招标设计后的工程招投标阶段。工程量清单计价活动，贯穿于工程招标控制价（或标底）编制、投标报价编制、合同价款的确定与调整，以及工程价款结算的全过程。通过工程量清单计价规范，在招投标活动中，在公平、公正、诚信原则的基础上，开展正常的计价活动，规范和防止招标人在编制工程标底时，有意压低价格，转嫁应由招标人承担的风险，挤压投标人合理的利润空间；规范投标人的报价行为，防止投标人为获取项目以低于企业自身成本进行报价而出现的恶性竞争现象；防止招标人和投标人在合同价款结算、处理合同变更、索赔过程中发生不必要的争议和纠纷。

水利工程工程量清单计价将在本书“任务 10　发承包阶段造价文件编制”中详细阐述，这里不再赘述。

综合指标法、定额法、实物量法和工程量清单计价法四种工程计价方法各有其特点。就水利工程计价而言，综合指标法和定额法往往用于计划行为造价的计价，即项目建议书和可行性研究阶段的造价编制。综合指标法大多用于项目建议书阶段，编制投资估算时常常采用综合指标法，综合指标的特点是概括性强，不需要作具体分析，直接采用设计概算中的其他永久性专业工程的概算编制。工程量清单计价用于市场行为造价的计价工作，主要是于招标设计后的工程招投标阶段的计价。

【解决工作任务】

现在我们来回答造价咨询机构提出的问题："采用预算定额编制施工图预算，房屋建筑工程与水利工程编制方法有何区别?"

答：主要的区别在于单位工程造价编制方法不同。

1. 水利工程：

人工费＝人工预算单价×定额中的人工消耗量

材料费＝材料预算单价×定额材料消耗量

机械使用台时费＝机械台时单价×定额机械台时消耗量

分部分项工程单价＝(人工费＋材料费＋机械使用台时费)×(1＋其他直接费费率)×(1＋间接费费率)×(1＋利润率)×(1＋税率)

分部分项工程造价＝分部分项工程单价×工程量

单位工程造价＝∑各分部分项工程造价

2. 房屋建筑工程：

汇总人工、材料、机械台班消耗量＝∑建筑安装工程量×定额人工、材料、机械台班数量

单位工程直接费＝人工总量×人工单价＋材料总量×材料单价＋机械台班总量×台班单价

单位工程造价＝单位工程直接费＋企业管理费＋利润＋规费＋税金

任务2.2 水利工程计价依据

【讨论与分析】

1. 水利工程在不同建设阶段的计价依据是固定不变的吗?

2. 有哪些计价依据是在多个建设阶段经常出现的?

【工作任务】

从编制依据入手，简要分析竣工结算和竣工决算的区别。

【知识专项】

水利工程计价依据是指在工程计价活动中，所要依据的与计价内容、计价方法和价格标准相关的工程计量计价标准，工程计价定额及工程造价信息等。

根据水利工程建设程序的规定，在工程的不同建设阶段，编制工程造价的依据也有所不同，具体如下。

2.2.1 投资估算

2.2.1.1 投资估算的编制单位

投资估算由具有相应资质的工程造价咨询机构编制。

2.2.1.2 投资估算的编制依据

投资估算编制的主要依据如下：

(1) 经批准的项目建议书、投资估算文件。

(2)《水利水电工程可行性研究报告编制规程》(SL/T 618—2021)。

(3)《水利工程设计概(估)算编制规定(工程部分)》(水总〔2014〕429 号)。

(4)《水利建筑工程概算定额》《水利水电设备安装工程概算定额》《水利工程施工机械台时费定额》。

(5)可行性研究报告提供的工程规模、工程等级和主要工程项目的工程量等资料。

(6)投资估算指标和概算指标。

(7)建设项目中有关资金筹措的方式、实施计划、贷款利息和对建设投资的要求等。

(8)工程所在地的人工工资标准、材料供应价格、运输条件、运费标准及地方性材料储备量等。

(9)当地政府有关征地、拆迁、安置、补偿标准等文件或通知。

(10)编制可行性研究报告的委托书、合同或协议。

2.2.2 设计概算

设计概算编制的主要依据如下:

(1)国家及省(自治区、直辖市)颁发的有关法令法规、制度和规程等。

(2)《水利工程设计概(估)算编制规定(工程部分)》(水总〔2014〕429 号)。

(3)水利行业项目法人管理部门颁发的概算定额和有关行业项目法人管理部门颁发的定额。

(4)水利水电工程设计工程量计算规定。

(5)初步设计文件及图纸。

(6)有关合同协议及资金筹措方案。

(7)其他。

2.2.3 施工图预算

施工图预算的编制必须遵循以下依据:

(1)国家、行业和地方政府有关工程建设和造价管理的法律、法规和规定。这是指导施工图预算编制最重要的依据。

(2)工程地质勘察资料及建设场地中的施工条件。工程地质勘察资料和建设场地中的施工条件直接影响工程造价,编制施工图预算时必须加以考虑。

(3)施工图纸、说明书和标准图集。经审定的施工图纸、说明书和标准图集,完整地反映了工程的具体内容、各部分的具体做法、结构尺寸、技术特征及施工方法,是编制施工图预算的重要依据。

(4)现行预算定额及编制办法。国家相关部门颁发的建筑及安装工程预算定额及有关的编制办法、工程量计算规则等,是编制施工图预算确定分项工程子目、计算工程量和计算直接费的主要依据。

(5)施工组织设计或施工方案。施工组织设计或施工方案中包括了与编制施工图预算必不可少的有关资料,如建设地点的土质、地质情况,土石方开挖的施工方法,余土外运方式与运距、施工机械使用情况,重要或特殊机械设备的安装方案等。

(6) 材料、人工、机械台班（时）预算价格及调价规定。材料、人工、机械台班（时）预算价格是预算定额的三要素，是构成直接费的主要因素。尤其是材料费在工程成本中占的比重较大，而且在市场经济条件下，材料、人工、机械台班（时）的价格是随市场的变化而变化的。为使预算造价尽可能地接近实际，国家和地方主管部门对此都有明确的调价规定。因此，合理的材料、人工、机械台班（时）预算价格及其调价规定是编制施工图预算的重要依据。

(7) 现行的有关设备原价及运杂费费率。水利工程中使用的机电设备和金属结构设备比较多，而且所占费用比率也比较大，施工图预算中一个很重要的部分就是设备费的预算要合理，因此必须充分掌握现行的有关设备原价和运杂费费率。

(8) 水利工程建筑安装工程费用定额。水利工程建筑安装工程费用定额包括了各专业部门规定的费用定额及计算程序。

(9) 经批准的拟建项目的概算文件。设计概算是根据初步设计或扩大初步设计的图纸及说明编制的，它是控制施工图设计和施工图预算的重要依据。

(10) 有关预算的工作手册及工具书。预算工作手册和工具书包括计算各种结构构件面积和体积的公式，钢材、木材等各种材料规格、型号及用量数据，各种单位的换算比例等。这些资料在编制施工图预算时经常用到，而且非常重要。

2.2.4 项目管理预算

项目管理预算的编制依据如下：

(1) 行业主管部门颁发的建设实施阶段造价管理办法。

(2) 行业主管部门颁发的项目管理预算编制办法。

(3) 批准的初步设计概算。

(4) 设计文件和图纸。

(5) 分标方案和招标文件。

(6) 国家有关的定额标准和文件。

(7) 董事会的有关决议、决定（若有）。

(8) 出资人资本金协议（若有）。

(9) 工程融资协议。

(10) 其他有关文件合同、协议。

2.2.5 招标控制价（或标底）和投标报价

2.2.5.1 招标控制价（或标底）的编制依据

1. 招标控制价的编制依据

(1) 招标人对招标项目价格的预期。

(2) 拟定的招标文件、招标工程量清单及其补充通知、答疑纪要。

(3) 施工现场情况和工程特点。

(4) 工程设计文件（含设计施工方案）及相关资料。

(5) 与招标项目相关的标准、规范和技术资料。

(6)《水利工程工程量清单计价规范》(GB 50501—2007)。

(7) 国家或省级、行业建设主管部门颁发的定额及相关规定。

(8) 招标项目所在地同时期水利工程或类似建筑工程施工平均先进效率水平。

(9) 市场价格信息或工程造价管理机构发布的工程造价信息。

(10) 其他相关资料。

2. 标底的编制依据

(1) 招标人提供的招标文件。

(2) 施工现场情况有关资料。

(3) 批准的初步设计概算或修正概算。

(4) 国家或省级、行业建设主管部门颁发的定额和相关规定。

(5) 设备及材料市场价格。

(6) 施工组织设计或施工规划。

(7) 其他相关资料。

2.2.5.2 投标报价的编制依据

(1) 招标文件、招标工程量清单及其补充通知、答疑纪要。

(2) 投标人对招标项目价格的预期。

(3) 施工现场情况、工程特点及投标时拟定的施工组织设计或施工方案。

(4) 市场价格信息或工程造价管理机构发布的工程造价信息。

(5)《水利工程工程量清单计价规范》(GB 50501—2007)。

(6) 企业定额、企业管理水平，或参考国家或省级、行业建设主管部门颁发的定额及相关规定。

(7) 与建设项目相关的标准、规范和技术资料。

(8) 其他相关资料。

2.2.6 施工预算

施工预算是在工程开工前，施工企业编制的与工程施工各项消耗相关的文件。施工预算是施工企业内部考核建设项目直接成本的计划，又称工程施工成本计划或计划成本。其内容包括：人工消耗、材料消耗、施工机械台班费用和管理费用等。在各项费用中，人工消耗、材料消耗和施工机械台班消耗是主要的，故施工预算又称为“工料机预算”。施工预算是以控制和降低施工费用为目标，以按时、按质、按量完成工程任务为前提条件，根据施工图的工程量、施工组织设计或施工方案和施工定额等资料进行编制的；是施工企业编制施工计划、材料需用计划、劳动力使用计划、机械需用计划，实行定额管理和计划管理的依据，是施工企业签发施工任务书、控制材料领用、实行班组经济核算和奖惩的依据；是施工企业控制成本、开展经济活动分析、督促执行技术节约措施的基础。施工预算是在施工阶段，施工单位为了加强企业内部经济核算，节约人工和材料，合理使用机械，在施工图预算的控制下，通过工料分析，计算拟建工程人工、材料和机具等需要量，并直接用于生产的技术经济文件。

施工预算的编制依据包括：

(1) 施工合同。

(2) 设计部门提供的施工图纸、清册和清单。

（3）施工单位编制的施工组织设计。

（4）水利行业发布的和自行补充编制的施工定额。

（5）供内部考核用的人工、材料、机械台班等的单价。

2.2.7 竣（完）工结算

竣（完）工结算的编制依据如下：

（1）工程合同。

（2）发承包双方实施过程中已确认的工程量及其结算的合同价款。

（3）发承包双方实施过程中已确认调整后追加（减）的合同价款。

（4）建设工程设计文件及相关资料。

（5）投标文件。

（6）《水利工程工程量清单计价规范》（GB 50501—2007）。

（7）其他依据。

2.2.8 竣工决算

竣工决算的编制依据如下：

（1）国家有关法律法规。

（2）经批准的设计文件、项目概（预）算。

（3）主管部门下达的年度投资计划，基本建设支出预算。

（4）项目合同（协议）。

（5）会计核算及财务管理资料。

（6）工程价款结算、物资消耗等有关资料。

（7）水库淹没处理补偿费的总结和验收文件，以及水土保持与环境保护工程的实施过程和总结资料。

（8）其他有关项目管理的文件。

【解决工作任务】

工程结算是发承包双方之间的行为，是指承包商按照合同约定和规定的程序，向业主收取已完工程价款清算的经济文件。工程结算分为工程中间结算、年终结算和竣工结算。

竣工结算指在工程建设项目竣工验收后，承包商依据工程合同、实际发生的工程量、竣工验收报告、竣工图等向业主收取工程价款清算的经济文件。

竣工决算指在工程建设项目竣工验收后，由业主组织有关部门，以竣工结算等资料为依据编制的反映建设项目实际造价文件和投资效果的文件。竣工决算涉及项目合同、移民补偿、水土保持、环境保护等相关材料，反映业主从筹建到竣工交付使用为止的全部建设费用，是核定新增固定资产价值办理其交付使用的依据，是业主进行投资效益分析的依据。

任务3 水利工程定额

【知识目标】

掌握定额的作用和分类。

【岗位技能目标】

1. 能根据工作任务要求正确选用定额。

2. 能根据工程实际情况灵活应用定额。

【素养目标】

党的二十大报告指出，坚持发扬斗争精神。增强全党全国各族人民的志气、骨气、底气，不信邪、不怕鬼、不怕压，知难而进、迎难而上，统筹发展和安全，全力战胜前进道路上各种困难和挑战，依靠顽强斗争打开事业发展新天地。

【思政导引】

治水名人——秦国名臣李冰父子

治水方法：都江鱼嘴、飞沙堰与宝瓶口（向江心抛掷石块筑堰、火烧山岩劈裂分流）。

李冰（生卒年、出生地不详），战国时代著名的水利工程专家。公元前256年—前251年被秦昭王任命为蜀郡（今成都一带）太守。李冰上任以后，听到了大量的民众呼声，亲临实地考察后不久就开始实施都江堰这项规模浩大的水利工程。近现代的人们所见到的都江堰工程，从上游数起，主要有百丈堤、都江鱼嘴、内外金刚堤、飞沙堰、人字堤、宝瓶口，其中最重要的是都江鱼嘴、飞沙堰与宝瓶口。现在可以肯定这3项主要工程都是李冰所主持修筑的。

李冰父子雕像与都江鱼嘴

都江鱼嘴，又名分水鱼嘴，是人工筑起的一条纵向的大堰，因为头部像鱼头，所以称为“鱼嘴”。又因为它的作用在于把上游流下来的江水分为内、外两股（堤左西面的为外江，是岷江的主流；堤右东面的为内江，是灌溉东面田地的总渠），所以称为“分水鱼嘴”。在修筑分水堤堰时，开始采用向江心抛掷石块的方法，但由于江流过急而始终没有成功。后改用竹子编成的长10m、宽0.6m的特大竹笼装满大块的卵石沉入江底，才终于筑成了这道“大堤堰”。

都江鱼嘴全貌

分水鱼嘴筑成以后，使得岷江水得以分流，既可以使干流外江的水量不致太大，从而大大降低了洪水季节泛滥成灾的概率，同时又使东面内江能灌溉成都平原的田地，使得成都平原成为富庶丰饶、沃野千里的“天府之国”。鱼嘴的分水量有一定的比例，大致是外江占四成，内江占六成，为了避免洪水季节内江产生涝灾，又修筑了飞沙堰。飞沙堰的修筑方法与鱼嘴分水堰相同，也是用特大竹箱装满卵石而堆筑成功的。这条堰的难点与关键，在于它的高度必须正好适宜，才能使内江的水位在达到一定高度后，江水会漫过堤堰而流入外江。这条堤堰之所以取名为“飞沙堰”，还因为它与宝瓶口配合，能起到排沙的作用。

宝瓶口工程，实际上是整个都江堰工程的第一步，李冰最先就是把阻碍江水东流的玉垒山劈开。这项工程开始并不顺利，工程进度很慢。后来，李冰在富有经验的民工们的建议下，采用了火烧山岩、让岩山爆裂的方法，使得工程进度得以加快，最终把玉垒山劈开了20m左右宽的大口。因为它的形状像瓶口，就命名为“宝瓶口”。把分水鱼嘴、飞沙堰、宝瓶口联合起来，就使得岷江在这里成功地实现了分流，也就实现了既消除西面水患，又消除东面旱灾的缺陷，一举两得，功德无量。

3.1 定额概述

【讨论与分析】

1. 简述工程定额的分类及各自的定义。

2. 现行水利工程概算定额与预算定额有什么区别？

3. 欣赏微课小视频。

【工作任务】

请问，图3.0-1和图3.0-2所示的定额表格分别出自哪个定额？

3.2 定额的作用和使用

【知识专项】

3.1 定额的定义

定额是指在正常的施工生产条件下，完成单位合格产品所需的人工、材料、施工机械设备及其资金消耗的数量标准。所谓“定”就是规定，“额”就是额度或限额，是进行生产经营活动时，在人力、物力、财力和时间消耗方面所应遵守或达到的数量标准。从广义上理解，定额就是规定的额度或限额，即标准或尺度，也是处理特定事物的数量界限。

定额反映了一段时间内社会生产力水平的高低，所以定额是随生产力水平的提高而变化的，一段时期的定额水平必须坚持“平均先进”的原则。平均先进水平就是在一定的生产条件下，大多数企业、班组和个人，经过努力可以达到的或超过的标准。

工程定额主要是指国家、地方或行业或项目法人主管部门、工程企业制定的各

一 -30 推土机推土

工作内容：推松、运送、拖平、空回。

（1）55kW 推土机

单位：100m³

项目			单位	推运距离/m				
				≤20	40	60	80	100
工长			工时					
高级工			工时					
中级工			工时					
初级工			工时	4.3	7.0	9.9	13.0	16.3
合计			工时	4.3	7.0	9.9	13.0	16.3
零星材料费			%	10	10	10	10	10
土类级别	Ⅰ～Ⅱ	推土机	台时	3.10	5.07	7.18	9.44	11.88
	Ⅲ		台时	3.40	5.57	7.89	10.37	13.06
	Ⅳ		台时	3.70	6.06	8.59	11.31	14.23
编号				10511	10512	10513	10514	10515

图 3.0-1 定额表格截图（一）

一、土石方机械

项目		单位	单斗挖掘机				
			油动		电动		
			斗容/m³				
			0.5	1.0	2.0	3.0	4.0
（一）	折旧费	元	21.97	28.77	41.56	68.28	175.15
	修理及替换设备费	元	20.47	29.63	43.57	55.67	84.67
	安装拆卸费	元	1.48	2.42	3.08		
	小计	元	43.92	60.82	88.21	123.95	259.82
（二）	人工	工时	2.7	2.7	2.7	2.7	2.7
	汽油	kg					
	柴油	kg	10.7	14.2			
	电	kW·h			100.6	128.1	166.8
	风	m³					
	水	m³					
	煤	kg					
备注						※	※
编号			1001	1002	1003	1004	1005

图 3.0-2 定额表格截图（二）

种定额，包括工程消耗量定额和工程计价定额等。工程消耗量定额主要是指完成规定计量单位的合格建筑安装产品所消耗的人工、材料、施工机具台班的数量标准。工程计价定额是指直接用于工程计价的定额或指标，包括预算定额、概算定额、概算指标和投资估算指标。此外，部分地区和行业造价管理部门还会颁布工期定额。工期定额是指在正常施工技术和组织条件下，完成建设项目和各类工程建设所需工期的依据。

3.2 工程定额的分类

工程定额是一个综合概念，是建设工程造价计价和管理中各类定额的总称，包括许多种类的定额，可以按照不同的原则和方法对其进行分类。

1. 按定额反映的生产要素消耗内容分类

（1）劳动消耗定额。劳动消耗定额简称“劳动定额”（也称“人工定额”），是在正常施工技术和组织条件下，完成规定计量单位合格的建筑安装产品所消耗的人工工日的数量标准。劳动定额的主要表现形式是时间定额，但同时也表现为产量定额。时间定额与产量定额互为倒数。

（2）材料消耗定额。材料消耗定额简称“材料定额”，是指在正常施工技术和组织条件下，完成规定计量单位合格的建筑安装产品所需消耗的原材料、成品、半成品、构配件、燃料，以及水、电等动力资源的数量标准。

1）材料消耗量的确定。材料消耗量由材料消耗净用量和材料损耗量两部分组成。材料消耗净用量是直接构成工程实体的材料数量；材料损耗量是施工过程中不可避免的废料和操作损耗量。其计算公式为

$$材料消耗量=净用量+损耗量 \tag{3.0-1}$$

$$损耗率=\frac{损耗量}{消耗量}\times100\% \tag{3.0-2}$$

式（3.0－1）和式（3.0－2）中的损耗量是指各种合理的损耗量，亦在合理和节约使用材料情况下不可避免的损耗量，其大小常用损耗率表示。

根据图纸计算出材料的净用量，用式（3.0－3）可以计算出材料消耗量。

$$材料消耗量=\frac{净用量}{1-损耗率}\times100\% \tag{3.0-3}$$

2）周转性消耗材料。周转性消耗材料是指在施工过程中多次使用而逐渐消耗的工具性材料，如模板、脚手 架等。编制材料消耗定额时，应按多次使用、分次摊销的方法确定。周转性消耗材料的摊销量与周转次数有直接关系，用式（3.0－4）计算。

$$摊销量=一次使用量\times(1+损耗率)/周转次数 \tag{3.0-4}$$

式中，一次使用量为周转性材料完成产品每一次生产时所需用的材料数量；损耗率为周转性材料使用一次后因损坏不能重复使用的部分占一次使用量的损耗百分数；周转次数为新的周转材料从第一次使用起，到材料不能再使用时的使用次数。

在水利工程定额中，预制混凝土构件模板摊销量的计算方法与现浇混凝土结构模板摊销量的计算方法不同。预制混凝土构件模板摊销量是按多次使用、平均摊销的方法计算，不计算每次周转的损耗率，摊销量直接按式（3.0－5）计算。

$$摊销量=\frac{一次使用量}{周转次数} \tag{3.0-5}$$

（3）机具消耗定额。机具消耗定额由机械消耗定额与仪器仪表消耗定额组成。机械消耗定额是以一台机械一个工作班为计量单位，所以又称“机械台班定额”。机械消耗定额是指在正常施工技术和组织条件下，完成规定计量单位合格的建筑安装产品所需消耗的施工机械台班的数量标准。机械消耗定额的主要表现形式是机械时间定额，同时也以产量定额表现。仪器仪表消耗定额的表现形式与机械消耗定额类似。

2. 按定额的编制程序和用途分类

（1）施工定额。施工定额是完成一定计量单位的某一施工过程或基本工序所需消耗的人工、材料和施工机具台班的数量标准。施工定额是施工企业（建筑安装企

业）组织生产和加强管理，在企业内部使用的一种定额，属于企业定额的性质。施工定额是以某一施工过程或基本工序作为研究对象，表示生产产品数量与生产要素消耗的综合关系而编制的定额。为了适应组织生产和管理的需要，施工定额的项目划分得很细，是工程定额中分项得最细、定额子目最多的一种定额，也是工程定额中的基础性定额。

（2）预算定额。预算定额是在正常施工条件下，完成一定计量单位合格分项工程或结构构件所需消耗的人工、材料和施工机具台班的数量及其费用标准。预算定额是一种计价性定额。从编制程序上看，预算定额是以施工定额为基础综合扩大编制的，同时它也是编制概算定额的基础。

（3）概算定额。概算定额是完成单位合格扩大分项工程或扩大结构构件所需消耗的人工、材料和施工机具台班的数量及其费用标准，是一种计价性定额。概算定额是编制初步设计概算、确定建设项目投资额的依据。

（4）投资估算指标。投资估算指标是以建设项目、单项工程、单位工程为对象，反映建设总投资及其各项费用构成的经济指标。它是在项目建议书和可行性研究阶段编制投资估算、计算投资需要量时使用的一种定额。其概略程度与可行性研究阶段相适应。投资估算指标往往根据历史的预、决算资料和价格变动等资料进行编制，但其编制基础仍然离不开预算定额和概算定额。

上述各种定额间的相互联系可参见表 3.0－1。

表 3.0－1　各种定额间的相互联系

定额分类	施工定额	预算定额	概算定额	投资估算指标
研究对象	工序	工程基本构造要素	扩大的结构构件	独立的单项工程或完整的工程项目
用途	用于企业内部管理	编制施工图预算	编制设计概算	项目建议书
编制基础	施工工序	施工定额	预算定额	概算定额
定额性质	生产性定额	计价性定额		
项目划分	最细	细	较粗	很粗
定额水平	平均先进	平均		

在现行的水利工程定额体系中，主要包括施工定额、预算定额和概算定额。

3. 按专业分类

由于工程建设涉及众多专业，不同的专业所包含的内容也不同，因此就确定人工、材料和机具台班消耗数量标准的工程定额来说，也需按照不同的专业分别进行编制和执行。

（1）建筑工程定额按专业对象不同，可分为建筑及装饰工程定额、房屋修缮工程定额、市政工程定额、铁路工程定额、公路工程定额和矿山井巷工程定额等。

（2）安装工程定额按专业对象不同，可分为电气设备安装工程定额、设备安装工程定额、热力设备安装工程定额、通信设备安装工程定额、化学工业设备安装工程定额、工业管道安装工程定额和工艺金属结构安装工程定额等。

4. 按主编单位和管理权限分类

工程定额可以分为全国统一定额、行业统一定额、地区统一定额、企业定额和补充定额等。

（1）全国统一定额是由国家建设行政主管部门综合全国工程建设中技术和施工组织管理的情况编制，并在全国范围内执行的定额。

（2）行业统一定额是考虑到各行业专业工程技术特点，以及施工生产和管理水平编制的，一般只在本行业和相同专业性质的范围内使用。

（3）地区统一定额包括省（自治区、直辖市）定额。地区统一定额主要是考虑地区性特点和全国统一定额水平作适当调整和补充编制的。

（4）企业定额是施工单位根据本企业的施工技术、机械装备和管理水平编制的人工、材料、机械台班等的消耗标准。企业定额在企业内部使用，是企业综合素质的标志。企业定额水平一般要高于国家现行定额，这样才能满足生产技术发展、企业管理和市场竞争的需要。在工程量清单计价方法下，企业定额是施工企业进行建设工程投标报价的计价依据。

（5）补充定额是指随着设计、施工技术的发展，现行定额不能满足需要的情况下，为了补充缺陷所编制的定额。补充定额只能在指定的范围内使用，可以作为以后修订定额的基础。

上述各种定额虽然适用于不同的情况和用途，但是它们是一个互相联系的、有机的整体，在实际工作中应配合使用。

3.3 工程定额的作用

建筑工程、安装工程定额是建筑安装企业实行科学管理的必备条件。无论是设计、计划、生产、分配、估价和结算等各项工作，都必须以其作为衡量工作的尺度。具体地说，定额主要有以下几方面的作用：

（1）定额是编制计划的基础。

（2）定额是确定基本建设产品成本的依据。

（3）定额是提高企业经济效益的重要工具。

（4）定额是贯彻按劳分配原则的尺度。

（5）定额是总结推广先进生产方法的手段。

1. 施工定额的作用

施工定额是企业内部直接用于组织与施工管理中控制人工、材料、机械台班（时）消耗的一种定额，在施工过程中，施工定额是施工企业的生产定额，是企业管理工作的基础。在施工企业管理中，施工定额有以下几方面的作用：

（1）施工定额是编制施工预算、进行“两算（施工图预算和施工预算）”对比、加强企业成本管理的依据。施工预算是指按照施工图纸和说明书计算的工程量，根据施工组织设计的施工方法，采用施工定额并结合施工现场实际情况编制而成的，拟完成某一单位合格产品所需要的人工、材料、机械台班（时）消耗数量和生产成本的经济文件。没有施工定额，施工预算无法进行编制，就无法进行“两算”对比，企业管理也就缺乏基础。

（2）施工定额是组织施工的依据。施工定额是施工企业下达施工任务、进行劳动力安排、材料供应和限额领料、机械调度的依据，是编制施工组织设计，制订施工作业计划和人工、材料、机械台班（时）需用量计划的依据，是施工队向工人班组签发施工任务书和限额领料单的依据。

（3）施工定额是计算劳动报酬和按劳分配的依据。目前，施工企业内部推行多种形式的经济承包责任制，施工定额是计算承包指标和考核劳动成果、发放劳动报酬和奖励的依据，是实行计件、定额包工包料、考核工效的依据，是班组开展劳动竞赛、班组核算的依据。

（4）施工定额能促进技术进步并降低工程成本。施工定额的编制采用平均先进水平。施工定额不仅可以计划、控制、降低工程成本，而且可以促进基层学习，采用新技术、新工艺、新材料和新设备，提高劳动生产率，达到快、好、省地完成施工任务的目的。

（5）施工定额是编制预算定额的基础。预算定额是在施工定额的基础上通过综合和扩大编制而成的。由于新技术、新结构、新工艺等的采用，在预算定额或单位估价表中缺项时，要补充或测定新的预算定额及单位估价表，都必须以施工定额为基础。

2. 预算定额的作用

预算定额是确定单位分项工程或结构构件价格的基础，因此它体现着国家、建设单位和施工企业之间的一种经济关系。建设单位按预算定额为拟建工程提供必要的资金供应，施工企业则在预算定额的范围内，通过建筑施工活动，按质、按量、按期地完成工程任务。预算定额在我国建筑安装工程中具有以下重要作用：

（1）预算定额是编制施工图预算及确定和控制建筑安装工程造价的依据。施工图预算是施工图设计文件之一，是控制和确定建筑安装工程造价的必要手段。编制施工图预算，除设计文件决定的建设工程功能、规模、尺寸和文字说明是计算分部分项工程量和结构构件数量的依据外，预算定额是确定一定计量单位分项工程（或结构构件）人工、材料、机械台班（时）消耗量的依据，也是计算分项工程（或结构构件）单价的基础。所以，预算定额对建筑安装工程直接工程费影响很大。依据预算定额编制施工图预算，对确定建筑安装工程费会起到很好的作用。

（2）预算定额是对设计方案进行技术经济分析和比较的依据。对设计方案进行比较，主要是通过定额对不同方案所需人工、材料和机械台班（时）的消耗量，材料质量、材料资源等进行比较。这种比较可以判明不同方案对工程造价的影响，从而选择经济、合理的设计方案。

对于新结构、新材料的应用和推广，也需要借助于预算定额进行技术经济分析和比较，从技术与经济的结合上考虑普遍采用的可能性和效益。

（3）预算定额是编制标底和投标报价的基础。随着工程量清单计价的推行，预算定额的指令性作用将日益削弱，但对施工企业按照工程个别成本报价的指导性作用仍然存在。因此，预算定额作为编制标底的依据和施工企业投标报价的基础性的作用仍将存在，这是由它本身的科学性和权威性决定的。

（4）预算定额是编制概算定额和概算指标的基础。概算定额和概算指标是在预算定额的基础上经综合扩大编制的，需要利用预算定额作为编制依据。

3. 概算定额的作用

概算定额的主要作用如下：

（1）初步设计阶段编制设计概算、扩大初步设计阶段编制修正概算的主要依据。

（2）对设计方案进行技术经济分析比较的基础资料之一。

（3）编制施工进度计划及材料和机械需用计划的依据。

（4）编制概算指标的依据。

3.4 现行水利工程定额的组成

现行水利工程定额由水利部于 2002 年以水总〔2002〕116 号文颁布执行的《水利建筑工程概算定额（上、下册）》《水利建筑工程预算定额（上、下册）》《水利水电设备安装工程预算定额》《水利水电设备安装工程概算定额》《水利工程施工机械台时费定额》。另外，水利部于 2005 年以水总〔2005〕389 号文颁布执行了《水利概预算补充定额》。

现行的水利水电工程概算、预算定额一般由总说明、分册分章说明、目录、定额表和附录组成，其中定额表是定额的主要部分。

1.《水利建筑工程预算定额（上、下册）》

本定额主要内容包括：第一章土方工程、第二章石方工程、第三章砌石工程、第四章混凝土工程、第五章模板工程、第六章砂石备料工程、第七章钻孔灌浆及锚固工程、第八章疏浚工程、第九章其他工程，共九章及附录。其中，上册包括第一章土方工程～第六章砂石备料工程，下册包括第七章钻孔灌浆及锚固工程～第九章其他工程及附录。

本定额适用于大中型水利工程项目，是编制《水利建筑工程概算定额》的基础，可作为编制水利工程招标标底和投标报价的参考。

定额表包括：适用范围、工作内容、单位及人、材、机的消耗量等内容。

2.《水利建筑工程概算定额（上、下册）》

本定额是在《水利建筑工程预算定额》的基础上编制的，其主要内容包括：第一章土方开挖工程、第二章石方开挖工程、第三章土石填筑工程、第四章混凝土工程、第五章模板工程、第六章砂石备料工程、第七章钻孔灌浆及锚固工程、第八章疏浚工程、第九章其他工程，共 9 章及附录。其中，上册包括第一章土方开挖工程～第五章模板工程，下册包括第六章砂石备料工程～第九章其他工程及附录。

本定额适用于大中型水利工程项目，是编制初步设计概算的依据。

3.《水利水电设备安装工程预算定额》

《水利水电设备安装工程预算定额》主要内容包括：水轮机安装、调速系统安装、水轮发电机安装、大型水泵安装、进水阀安装、水力机械辅助设备安装、电气设备安装、变电站设备安装、通信设备安装、电气调整、起重设备安装、闸门安装、压力钢管制作及安装、设备工地运输，共 14 章及附录。

4.《水利水电设备安装工程概算定额》

《水利水电设备安装工程概算定额》主要内容包括：水轮机安装、水轮发电机安装、大型水泵安装、进水阀安装、水力机械辅助设备安装、电气设备安装、变电站设备安装、通信设备安装、起重设备安装、闸门安装、压力钢管制作及安装，共11章及附录。

5.《水利工程施工机械台时费定额》

《水利工程施工机械台时费定额》是一种综合定额，适用于水利建筑安装工程。其主要内容包括：土石方机械、混凝土机械、运输机械、起重机械、砂石料加工机械、钻孔灌浆机械、工程船舶、动力机械及其他机械共九类。该定额由两类费用组成，定额表中以（一）、（二）表示。

一类费用是价目表式，分为折旧费、修理及替换设备费（含大修理费、经常性修理费）和安装拆卸费，按编制年（2000年度）价格水平计算并用金额表示。二类费用是实物量式，分为人工、动力、燃料或消耗材料，以工时数量和实物消耗量表示，其费用按国家规定的人工工资计算方法和工程所在地的物价水平分别计算。

6.《水利工程概预算补充定额》

《水利工程概预算补充定额》，是针对水总〔2002〕116系列定额进行的补充和修订。

3.5 现行水利工程定额使用方法

1. 认真阅读定额总说明和章节说明

要熟悉定额总说明和章节说明中的编制原则、编制依据、适用范围、使用方法、已经考虑和没有考虑的因素及有关问题的说明等。例如，水利定额总说明中“三、本定额适用于海拔小于或等于2000m地区的工程项目。海拔大于2000m的地区根据水利纽工程所在地的海拔及规定的调整系数计算……”高原地区的项目，人工、机械定额按规定的系数进行调整。

2. 熟悉定额项目的工作内容

根据工程部位、施工方法、施工机械和其他施工条件，正确地选用定额项目，做到不错项、不漏项、不重项。

3. 注意定额调整的各种换算关系

当施工条件与定额项目条件不符时，应按定额说明与定额表附注中的有关规定进行换算调整。如各种运输定额的运距换算、各种调整系数的换算等。除特殊说明外，一般系数换算均按连乘计算，使用时还要区分调整系数是全面调整系数，还是对人工工时、材料消耗或机械台时的某一项或某几项进行调整。例如，《水利建筑工程概算定额》中，第四章第45节“搅拌车运混凝土”定额表下的注“洞内运输，人工机械定额乘以1.25系数”。

4. 学会使用定额的各种附录

水利工程建筑工程定额中，有附录1土石方松实系数换算表；附录2一般工程土类分级表，用于土壤分级；附录7混凝土、砂浆配合比及材料用量表等。水利工程安装工程定额中，有附录2水力机械管路材料用量、附录3电缆装置性材料用量等，用于安装费调整和各种装置性材料用量的确定等。

5. 注意定额单位与定额中数字的适用范围

工程项目单价的计量单位要和定额项目的计量单位一致。要区分土石方工程的自然方和压实方；砂石备料中的成品方、自然方与堆方码方；砌石工程中的砌体方与石料方；沥青混凝土中的拌和方与成品方等。

定额中凡数字后用“以上”“以外”表示的都不包括数字本身。凡数字后用“以下”“以内”表示的都包括数字本身。数字用上、下限表示的，如 2000～2500，表示适用于大于 2000 小于或等于 2500 的数据范围。

3.6 定额使用的注意事项

1. 水利建筑工程定额

（1）水利工程概、预算的项目及工程量计算应与定额项目的设置、定额单位相一致。

（2）现行概算定额中，已按现行施工规范和有关规定，计入了不构成建筑工程单价实体的各种施工操作损耗，允许的超挖及超填量，合理的施工附加量及体积变化等所需人工、材料及机械台时消耗量，编制设计概算时，工程量应按设计结构几何轮廓尺寸进行计算。而现行预算定额中均未计入超挖及超填量、合理的施工附加量及体积变化等，使用预算定额应按有关规定进行计算。

（3）定额中其他材料费、零星材料费和其他机械费均以百分率（%）形式表示，其计算基数为：其他材料费以主要材料费之和为计算基数；零星材料费以人工费、机械费之和为计算基数；其他机械费以主要机械费之和为计算基数。

2. 水利水电设备安装工程定额

（1）定额中人工工时、材料、机械台时等以实物量表示。其中材料和机械仅列出主要品种的型号、规格及数量，如果品种、型号、规格不同，均不作调整。其他材料和一般小型机械及机具分别按占主要材料费和主要机械费的百分率计列。

（2）定额中零星材料费，以人工费、机械使用费之和为计算基数。

（3）安装费率定额中以设备原价作为计算基础，安装工程人工费、材料费、机械使用费和装置性材料费均以费率（%）形式表示，除人工费外，使用时均不作调整。装置性材料根据设计确定的品种、型号、规格和数量进行计算，并计入规定的操作损耗量。使用电站主厂房桥式起重机进行安装工作时，桥式起重机台时费不计基本折旧费和安装拆卸费。

3. 专业专用

水利水电工程除水工建筑物和水利水电设备安装外，一般还有房屋建筑、公路、铁路输电线路、通信线路等永久性设施。水工建筑物和水利水电设备安装应采用水利、电力主管部门颁发的定额。其他永久性工程应分别采用所属主管部门颁发的定额，如铁路工程应采用国家铁路局颁发的铁路工程定额；公路工程应采用交通运输部颁发的公路工程定额。

4. 准确理解把握定额的有关规定

由于各行业、各系统之间的标准、习惯有差异，故使用定额前应先阅读总说明和有关章节说明、工作内容、适用范围，切忌主观臆断。

5. 工程定额与费用定额配套使用

在计算各类永久性设施工程投资时，采用的工程定额应执行专业专用的原则，其费用定额也应遵照专业专用的原则，与工程定额相配套。如采用公路工程定额计算永久性公路投资时，应采用交通运输部颁发的费用定额。

6. 定额的种类应与设计阶段相适应

可行性研究阶段编制投资估算应采用估算指标；初步设计阶段编制设计概算应采用概算定额；施工图设计阶段编制施工图预算应采用预算定额。

如因本阶段定额缺项，需采用下二阶段定额时，应按规定乘以阶段系数。例如，采用概算定额编制投资估算，应乘以 1.10 的投资估算调整系数；采用预算定额编制概算时，应乘以 1.03～1.05 的概算调整系数。

【解决工作任务】

1. 图 3.0－1 为《水利建筑工程概算定额》。

2. 图 3.0－2 为《水利工程施工机械台时费定额》。

任务4　水利工程基础单价编制

【课程导航】

“水利工程基础单价编制”是指在编制水利水电工程概预算时，需要以国家及工程项目所在地区的有关规定、工程所在地的具体条件、工程规模、施工技术、材料来源等，编制人工预算单价，材料预算单价，施工机械台时费，施工用电、风、水预算单价，砂石料单价，混凝土及砂浆材料单价等，作为编制建筑工程单价与安装工程单价的基础性资料。

本任务点的解决主要是通过编制江西省某水利枢纽工程基础单价来达成。

如需配合全国水利职业院校技能大赛“水利工程造价赛项竞赛大纲及规程”，可采用 Excel 表格完成本任务。

Ⓟ 4.1 水利工程造价赛项竞赛大纲及规程

【知识目标】

1. 掌握人工预算单价的组成。
2. 掌握材料预算价格的组成及计算，了解主要材料和次要材料。
3. 掌握施工机械台时费的组成及计算。
4. 熟悉施工用电、风、水预算价格的组成及计算。
5. 了解砂石料生产的工艺流程及砂石料单价的计算。
6. 掌握混凝土、砂浆材料单价的计算。

【岗位技能目标】

1. 能根据工程项目类别及工程所在地查找人工预算单价。
2. 能根据主材来源地信息编制材料预算价格。
3. 能根据不同的基价、财税文件准确计算施工机械台时单价。
4. 能根据设计报告或施工现场试验资料编制混凝土及砂浆材料单价。

【素养目标】

党的二十大报告指出，深入实施人才强国战略。培养造就大批德才兼备的高素质人才，是国家和民族长远发展大计。功以才成，业由才广。

【思政导引】

水利学大家——李仪祉

李仪祉（1882—1938年），陕西省蒲城县人，水利学家和教育家，中国现代水利建设的先驱，历史治水名人。他主张治理黄河要上、中、下游并重，防洪、航运、灌溉和水电兼顾，改变了几千年来单纯着眼于黄河下游的治水思想，把中国治理黄河的理论和方略向前推进了一大步。他创办了中国第一所水利工程高等学府——南京河海工程专门学校和多所院校，为中国培养了大批水利建设人才，并亲自主持建设陕西泾、渭、洛、梅四大惠渠，树立起中国现代灌溉工程样板，对中国水利事业作出重大贡献，陕西人民受益尤大。

李仪祉自幼生长在渭北高原，这片土地长期缺水。他的终生夙愿就是效法郑国、白公，振兴关中水利。1930 年，杨虎城督陕，任省主席，召回李仪祉任省政府委员兼建设厅厅长。在国外华侨的赞助和杨虎城将军的支持下，李仪祉解决了款源问题，使他的引泾计划得以实施。各方共筹集百万余元，于当年开工建设泾惠渠，至 1932 年 6 月第一期工程完工通水，可灌地 50 万亩。1935 年第二期工程完工，扩灌至 65 万亩。泾惠渠的建成受益，成为中国当时现代化水利工程之典范，在我国水利史上写下光辉的一页。

李仪祉

泾惠渠竣工后，李仪祉辞去建设厅厅长职务，任省水利局局长，集中精力兴修水利，在杨虎城将军的支持下，成立洛惠渠工程局。他栉风沐雨，不辞劳苦，亲自勘测设计，1934 年至 1937 年基本修成了洛惠渠主体工程。1935 年至 1936 年底又完成了渭惠渠一期工程。梅惠渠也于 1936 年开工，至 1938 年完成。他还亲赴陕南陕北考察，筹划了陕南汉惠渠、褒惠渠和陕北的定（无定河）惠渠。他制定了《陕西水利工程十年计划纲要》，筹划了关中八惠，计划在十年内水利惠及全省，使陕西成为一个模范农田水利区。至 1938 年李仪祉逝世，泾、渭、洛梅四渠已初具规模，灌地 180 万亩，初步实现了“郑白宏愿”。如今，当年李仪祉精心筹划的“关中八惠”已基本变为现实，陕西关中地区在全国率先实现了水利化，成为我国高产稳产的现代化农业基地。李仪祉主持修建的水利设施至今仍发挥着造福于三秦人民的巨大作用。关中的农业能有这么发达，关中农民的生活能这样富裕，李仪祉有着不可磨灭的功劳。

李仪祉毕生致力于教育事业，先后参加创办三秦公学。1915 年，参与创办中国第一所高等水利专门学府——南京河海工程专门学校，任教授、教务长，曾一度主持教务，主讲河工学、水文学、大坝设计等课程，培养了中国第一批水利专门人才。

李仪祉终生以治水为志，求郑白之愿，效大禹之业，凿泾引渭，治黄导淮，足迹遍布祖国江河湖海，卓有贡献，尤对黄河治理，精心钻研，独有建树。他把国外的科学技术与我国古代的治水经验相结合，科学地提出一套治理黄河的理论，给我们留下了一笔宝贵的遗产。正如原水电部部长钱正英所说：“李仪祉把我国治黄理论和方略向前推进了一大步，直到今天仍然具有现实意义。”

任务4.1 人工预算单价

【讨论与分析】

1. 水利工程基础单价包括哪些内容？

2. 人工预算单价按工程类别：（________、________、________）和工程所在地的地区类别把全国分为________、________地区共8个人工预算单价地区类别确定。

3、水利工程企业的工人按技术等级不同，可分为________、________、________、________四级。

4. 欣赏微课小视频。

4.2人工预算单价及材料分类

【工作任务】

1. 请问：同样是人工工资，施工企业生产工人工资、施工企业管理人员工资和建设单位管理人员工资，分别体现在工程投资中的哪个部分？

2. 列出项目一所述某水利枢纽工程、项目二所述某中小河流河道治理工程人工预算单价。

【知识专项】

4.1.1 人工费的定义

“人工费”是指直接从事建筑安装工程施工的生产工人开支的各项费用，其内容包括基本工资和辅助工资。

1. 基本工资

基本工资由岗位工资和生产工人年应工作天数内非作业天数的工资组成。

（1）岗位工资。是指按照职工所在岗位各项劳动要素测评结果确定的工资。

（2）生产工人年应工作天数以内非作业天数的工资，包括生产工人开会学习、培训期间的工资，调动工作、探亲、休假期间的工资，因气候影响的停工工资，女工哺乳期间的工资，病假在六个月以内的工资及产、婚、丧假期的工资。

2. 辅助工资

辅助工资是指在基本工资之外，以其他形式支付给生产工人的工资性收入，包括根据国家有关规定属于工资性质的各种津贴，主要包括艰苦边远地区津贴、施工津贴、夜餐津贴和节假日加班津贴等。

4.1.2 人工预算单价计算标准

人工预算单价按工程类别（枢纽工程、引水工程、河道工程）和工程所在地的地区类别（全国分为一般地区、艰苦边远地区共8个）确定人工预算单价。

人工预算单价按表4.1-1所示的标准计算。

【解决工作任务】

1. 解决工作任务1

施工企业生产工人工资：计入基本直接费中的人工费。

施工企业管理人员工资：计入工程单价中的间接费。

建设单位管理人员工资：不计入工程单价，体现在独立费用的建设单位管理费中。

2. 解决工作任务 2

项目一，某水利枢纽工程，为一般地区：

工长 11.55 元/工时，高级工 10.67 元/工时，中级工 8.90 元/工时，初级工 6.13 元/工时。

项目二，某中小河流河道治理工程，为一般地区：

工长 8.02 元/工时，高级工 7.40 元/工时，中级工 6.16 元/工时，初级工 4.26 元/工时。

表 4.1-1　　人工预算单价计算标准　　单位：元/工时

类别与等级	一般地区	一类区	二类区	三类区	四类区	五类区 西藏二类区	六类区 西藏三类区	西藏四类区
枢纽工程								
工长	11.55	11.80	11.98	12.26	12.76	13.61	14.63	15.40
高级工	10.67	10.92	11.09	11.38	11.88	12.73	13.74	14.51
中级工	8.90	9.15	9.33	9.62	10.12	10.96	11.98	12.75
初级工	6.13	6.38	6.55	6.84	7.34	8.19	9.21	9.98
引水工程								
工长	9.27	9.47	9.61	9.84	10.24	10.92	11.73	12.11
高级工	8.57	8.77	8.91	9.14	9.54	10.21	11.03	11.40
中级工	6.62	6.82	6.96	7.19	7.59	8.26	9.08	9.45
初级工	4.64	4.84	4.98	5.21	5.61	6.29	7.10	7.47
河道工程								
工长	8.02	8.19	8.31	8.52	8.86	9.46	10.17	10.49
高级工	7.40	7.57	7.70	7.90	8.25	8.84	9.55	9.88
中级工	6.16	6.33	6.46	6.66	7.01	7.60	8.31	8.63
初级工	4.26	4.43	4.55	4.76	5.10	5.70	6.41	6.73

注　1. 艰苦边远地区划分执行人事部、财政部《关于印发〈完善艰苦边远地区津贴制度实施方案〉的通知》（国人部发〔2006〕61 号）及各省（自治区、直辖市）关于艰苦边远地区津贴制度实施意见。一至六类地区的类别划分参见《水利工程设计概（估）算编制规定》（水总〔2014〕429 号）附录 7，执行时应根据最新文件进行调整。一般地区指《水利工程设计概（估）算编制规定》附录 7 之外的地区。

2. 西藏地区的类别执行西藏特殊津贴制度相关文件规定，其二至四类区划分的具体内容见《水利工程设计概（估）算编制规定》附录 8。

3. 跨地区建设项目的人工预算单价可按主要建筑物所在地确定，也可按工程规模或投资比例进行综合确定。

【课后作业】

扫一扫，做一做。

Ⓣ
4.3
任务 4.1 习题

任务 4.2 材料预算价格

4.4 主要材料预算价格计算

【讨论与分析】

1. 进入工程单价的材料预算价格是否含增值税？

2. 材料预算价格是指材料从________运到________（或相当于________）的出库价格，材料从工地分仓库至施工现场用料点的场内运杂费已计入__________。

3. 是否所有的材料都有基价？基价的作用是什么？

4. 水泥装卸费的单位是__________。

5. 欣赏微课小视频。

【工作任务】

计算项目一所述某水利枢纽工程所用钢筋的综合预算价格（图 4.2-1）。

图 4.2-1 某水利枢纽工程钢筋施工现场

项目一所述某水利枢纽工程所用钢筋由某钢铁厂供应。按下列已知条件，计算钢筋预算价格。

材料信息：普通 A3 光面钢筋占 40%，出厂价格为 3950 元/t；低合金螺纹钢占 60%，出厂价格为 4100 元/t。

运输流程：某钢铁厂出厂，先由铁路运输 500km 至赣州市转运站，整零比为 85%：15%；再由赣州市转运站汽车运输 70km 到达工地总仓库临时存放，后由工地总仓库运输 5km 至施工工地分仓库堆放，最后由分仓库运输 1km 到达工地施工现场。

（1）铁路。

1）钢筋整车运价：发到基价为 8.6 元/t，运行基价为 0.045 元/(t·km)；钢筋零担运价：发到基价为 9 元/t，运行基价为 0.052 元/(t·km)。

2）铁路建设基金为 0.025 元/(t·km)，铁路装车费为 4.9 元/t，装载系数为

0.8，铁路卸车费为 1.5 元/(t·次)。

(2) 公路。

转运站转运费为 20 元/(t·次)，汽车运价为 0.7 元/(t·km)，汽车装车费为 5.5 元/(t·次)，卸车费为 2.3 元/(t·次)。

(3) 运输保险费费率为 6‰。

(4) 毛重系数为 1。

【知识专项】

4.2.1 材料费及材料预算价格的定义

材料费是指用于建筑安装工程项目上的消耗性材料、装置性材料和周转性材料摊销费，包括定额工作内容规定应计入的未计价材料和计价材料。

材料的预算价格是指材料由购买地点运到工地分仓库，或相当于工地分仓库（材料堆放场地）的出库价格，材料从工地分仓库至施工现场用料点的场内运杂费已计入定额内，如图 4.2-2 所示。

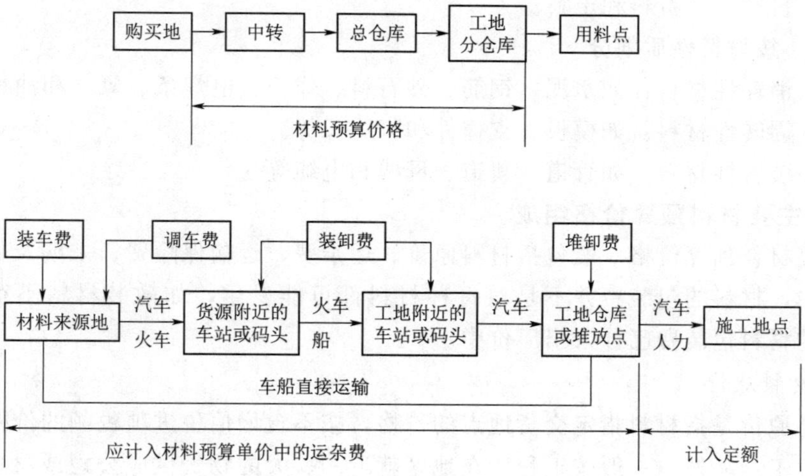

图 4.2-2 材料预算价格计算范围

4.2.2 材料的划分

4.2.2.1 按对投资影响大小划分

1. 主要材料

主要材料是指在施工中用量大或用量虽小但价格很高，对工程投资影响较大的材料。这类材料的价格应按品种逐一详细计算。主要材料通常是指水泥、钢筋、木材、火工产品、油料（包括汽油、柴油）和砂石料等。

几种主要材料代表规格如下：

(1) 钢筋。普通钢 HPB300，直径为 16～18mm；低合金钢 HRB335，直径为 20～25mm；其比例由设计确定。

(2) 木材。按二类（杉木）、三类（松木）树种各 50%，Ⅰ等、Ⅱ等材（考虑木材节子尺寸、每米节子数、裂纹、腐朽等状况）各占 50%，长度为 2.0～3.8m，原松木径级为20～28cm，锯材按中板中方，杉木径级根据设计由贮木场供应情况确定。

(3) 炸药。根据国防科工委及公安部科工〔2008〕203号文，铵梯炸药已属淘汰产品，一般选用2#岩石水胶炸药、3#岩石水胶炸药或2#煤矿水胶炸药，1～9kg/包。

(4) 油料。根据国家环境保护的要求，选用辛烷值在90以上的汽油。汽油和柴油代表规格按工程所在地区气温条件确定。

2. 次要材料

次要材料又称其他材料，是指施工中用量少，对工程投资影响较小的，除主要材料外的其他材料，该部分价格不需要详细计算，可参考工程所在地区的工业与民用建筑安装工程材料预算价格或信息价格。

4.2.2.2 按供用方式划分

(1) 外购：大多数材料。

(2) 自产：砂石料和土料。

4.2.2.3 按材料性质划分

(1) 消耗性材料：如水泥、钢筋、砂石料、炸药、电焊条、氧气和油料等。

(2) 周转性材料：如模板、支撑件和脚手架等。

(3) 装置性材料：如管道、轨道、母线和电缆等。

4.2.3 主要材料预算价格组成

主要材料预算价格一般包括材料原价、运杂费、运输保险费、采购及保管费四项。其中，材料的包装费并不是对每种材料都可能发生，如散装材料不存在包装费，有的材料包装费已计入出厂价中。

1. 材料原价

材料原价是指材料指定交货地点的价格，按不含增值税进项税额的价格计算。

除火工产品外，一般按工程所在地区就近的、大的物资供应公司或材料交易中心的市场成交价，或设计选定的生产厂家的出厂价，或工程所在地建设工程造价管理部门公布的价格信息计算。同一种材料如有几种不同的来源，需按不同来源的材料原价和供应比例，采用加权平均计算。

2. 运杂费

运杂费是指材料由指定交货地点运至工地分仓库，或相当于工地分仓库的材料堆放场地所发生的全部费用，包括各种运输工具的运费、调车费、装卸费、出入库费和其他费用。

3. 运输保险费

运输保险费是指向保险公司缴纳的材料在运输途中的保险费。

4. 采购及保管费

采购及保管费是指材料在采购、供应和保管过程中所发生的各项费用。其主要包括以下内容：

(1) 材料的采购、供应和保管部门工作人员的基本工资、辅助工资、职工福利费、劳动保护费、养老保险费、失业保险费、医疗保险费、工伤保险费、生育保险费、住房公积金、教育经费、办公费、差旅交通费及工具用具使用费。

(2) 仓库、转运站等设施的检修费、固定资产折旧费和技术安全措施费。

(3) 材料在运输、保管过程中发生的损耗等。

4.2.4 主要材料预算价格计算

根据《水利工程营业税改征增值税计价依据调整办法》(办水总〔2016〕132号)、《水利部办公厅关于调整水利工程计价依据增值税计算标准的通知》(办财务函〔2019〕448号),材料原价、运杂费、运输保险费和采购及保管费等分别按不含增值税进项税额的价格计算。

4.5 水利工程营业税改征增值税依据调整办法(办水总〔2016〕132号)

主要材料预算价格的计算公式为

材料预算价格=(材料原价+包装费+运杂费)×(1+采购及保管费费率)+运输保险费=材料原价+包装费+运杂费+采购及保管费+运输保险费 (4.2-1)

4.2.4.1 材料原价的计算

1. 扣除增值税进项税额

根据"营改增"调整办法规定,材料原价按不含增值税进项税额的价格计算。材料原价由原来的含税价改为采用发布或市场调研的不含相应增值税进项税额的价格。

目前,江西省住建厅每月发布各县市信息价,如采用住建厅信息价编制造价文件,需扣除增值税进项税额。其调整方法如下:

4.6 调整水利工程计价依据增值税计算标准(办财务函〔2019〕448号)

(1) 砖、水、砂石料、商品混凝土(砂浆)除以调整系数1.03。

(2) 苗木除以调整系数1.09。

(3) 其余材料除以调整系数1.13。

2. 采用加权平均值

当一种材料的原价同时有几种价格,或者一种材料有不同的来源地时,要采用加权平均值法进行确定。

4.2.4.2 运杂费计算

在编制材料预算价格时,应详细收集工程所在地地区及有关部门的运杂费价格资料,按施工组织设计所选定的材料来源、运输流程(运输方式、运输工具、运输线路和运输里程),以及交通部门规定的取费标准或市场价,计算材料的运杂费。特殊材料或部件运输,要考虑特殊措施费、改造路面和桥梁等费用。

4.7 公路工程基本建设项目估算、概算、预算编制办法(赣交基建字〔2012〕130号)

(1) 公路和水路运杂费。按工程所在省(自治区、直辖市)交通部门现行规定市场价计算。

公路运杂费=运费基价×公路运输里程+装卸费 (4.2-2)

一般按实际的装载质量计费,所以不考虑装载系数。以前交通部门有规定得很详细的公路运价规则,近年来许多地方的公路运输价格已经放开,交通部门只发布指导价格。因此,公路运费需要调查确定。

根据江西省交通运输厅关于印发《〈公路工程基本建设项目估算、概算、预算

编制办法〉江西省补充规定》(赣交基建字〔2012〕130号)的通知:

25km以上的长途汽车运输，按省物价局和省交通厅统一规定的运价计算[按赣交综发〔1996〕72号文执行的指导价为0.45元/(t·km)];25km及以下的短途汽车运输运价按表2计算;公路汽车运输外购材料装卸费为5元/(t·次),地方材料装卸费为2元/(t·次)。运输运价不包括路桥通行费，如发生应按实际计列。

这里特别注意:装卸费单位是:元/(t·次)。

(2)铁路运杂费。按铁道部门《铁路货物运价规则》(铁运〔2005〕46号)及有关规定计算其运杂费。其计算公式为

铁路运杂费=发到基价+运行基价×运输里程数+铁路建设基金等费用 (4.2-3)

其中，发到基价和运行基价根据《铁路货物运价规则》中规定的货物运价号(按货物的种类划分)查取，铁路建设基金等费用根据有关规定计算。

钢材的铁路运费要考虑一定数量的零担比例。其他材料一般都按整车运输计算。整车运输的货物一律按车辆的标记质量计算运费。但是因安全限制或货物的质量及形状等因素的影响，车辆不能满载，所以，钢材、木材和火工材料的运输还要考虑装载系数。其计算公式为

铁路运价=整车规定运价÷装载系数×毛重系数×整车比例
+零担规定运价×毛重系数×零担比例+装卸费 (4.2-4)

其中:

装载系数 K=实际运输质量÷运输标记质量 (4.2-5)

毛重系数=毛重÷净重=(材料实际质量+包装品质量)÷材料实际质量 (4.2-6)

4.2.4.3 运输保险费计算

材料运输保险费的计算公式如下:

材料运输保险费=材料原价×材料运输保险费费率

其中，运输保险费费率可按工程所在省(自治区、直辖市)或中国人民保险公司的有关规定计算。

4.2.4.4 采购及保管费计算

材料采购及保管费计算公式如下:

材料采购及保管费=(材料原价+运杂费)×采购及保管费费率 (4.2-7)

根据《水利工程营业税改征增值税计价依据调整办法》(办水总〔2016〕132号),采购及保管费按现行计算标准乘以调整系数1.10,调整后的采购及保管费费率见表4.2-1。

表4.2-1 采购及保管费费率

序号	材料名称	费率/%	序号	材料名称	费率/%
1	水泥、碎(砾)石、砂、块石	3.3	3	油料	2.2
2	钢材	2.2	4	其他材料	2.75

4.2.5 次要材料预算价格计算

次要材料费用占投资比例很小，一般不做详细计算。可采用工程所在地区就近城市定额预算管理站公布的工业与民用建筑安装工程材料预算价格或信息价格。

4.2.6 材料基价及材料补差的规定

1. 材料基价

为了避免材料市场价格起伏变化，造成间接费、利润的相应变化，有些主管部门对主要材料规定了统一的价格，按此价格进入工程单价计取有关费用，故称为取费价格。这种价格由主管部门发布，在一定时期内固定不变，故又称为基价。只规定上限的基价，称为规定价或限价。

2. 材料补差

相对于基价、限价而言，按实际市场价格计算出的材料预算价与基价之差称为材料调差价。

不含增值税进项税额的主要材料预算价格超过表 4.2-2 规定的材料基价时，应按表中基价计入工程单价参加取费，预算价与基价的差值以材料补差形式计算，列入单价表中并计取税金。

表 4.2-2　　材料基价表

序　号	材料名称	单　位	基价/元	备　注
1	柴油	t	2990	
2	汽油	t	3075	
3	钢筋	t	2560	
4	水泥	t	255	
5	炸药	t	5150	
6	砂石料	m^3	70	外购
7	混凝土	m^3	200	商品混凝土

主要材料预算价格低于基价时，按预算价格计入工程单价。计算施工用电、风、水价格时，按预算价格进行计算。

【解决工作任务】

计算项目一所述某水利枢纽工程所用钢筋的综合预算价格。

(1) 根据不同出厂价格及供货比例求得材料原价：

1) 材料原价＝40%×3950＋60%×4100＝4040（元/t）

2) 画出运输流程图，计算运杂费：

a. 运输流程如图 4.2-3 所示。

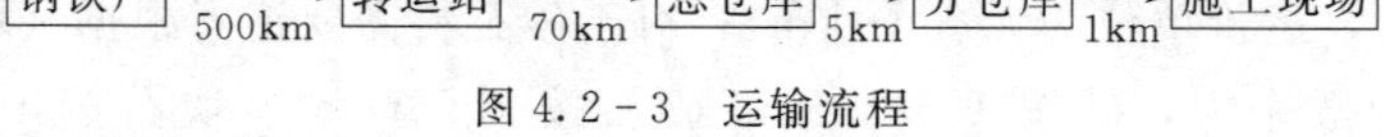

图 4.2-3　运输流程

b. 运杂费计算：

铁路运价＝整车规定运价÷装载系数×毛重系数×整车比例＋零担规定运价×

毛重系数×零担比例+装卸费

铁路整车运费=［8.6+（0.045+0.025）×500］/0.8×0.85=46.33（元/t）

铁路零担运费=［9+（0.052+0.025）×500］×0.15=7.13（元/t）

铁路运杂费=46.33+7.13+4.9+1.5=59.85（元/t）

公路运杂费=（70+5）×0.7+（5.5+2.3）×2+20=88.1（元/t）

运杂费合计=59.85+88.1=147.95（元/t）

（2）列表计算钢筋的预算价格（表4.2-3）。

表4.2-3　　主要材料预算价格计算表

编号	名称及规格	单位	价格/元				
			原价	运杂费	采购及保管费	运输保险费	预算价格
1	钢筋（综合）	t	4040.00	147.95	92.13	24.24	4304.32

采购及保管费=（4040+147.95）×2.2%=92.13（元/t）

运输保险费=4040×6‰=24.24（元/t）

钢筋预算价格=4040+147.95+92.13+24.24=4304.32（元/t）

【课堂小练兵】

在《水利工程造价综合实训工作手册》上独立完成，然后分组讨论。

1. 火车货车车厢标记质量为40t，装载1500箱炸药，每箱净质量25kg，箱子质量为0.5kg，计算该货物的装载系数和毛重系数，若查得铁路运费为20元/t，则每吨炸药实际运费是多少？

2. 某水利工程使用普通硅酸盐水泥，根据以下资料，计算该工程所用水泥的材料预算价格。

（1）水泥运输流程如图4.2-4所示。

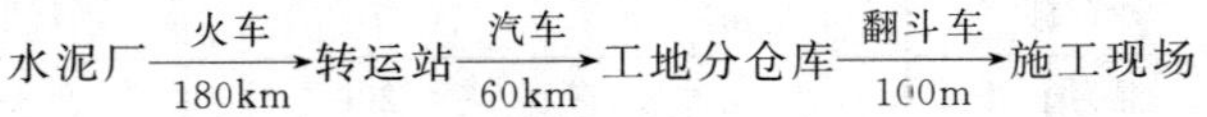

图4.2-4　水泥运输流程

（2）水泥出厂价格（不含税）：32.5级水泥为480元/t，42.5级水泥为520元/t。

（3）火车综合运价为0.25元/(t·km)，汽车运价为0.55元/(t·km)，装车费为6元/(t·次)，卸车费为2元/(t·次)。

（4）水泥运输保险费费率为0.5%。

（5）水泥使用比例：32.5级∶42.5级=40%∶60%。

【技能拓展】

注意实际工作中材料的计量单位。

1. 在实际工作中，如公路运杂费按地方交通部门有关规定计算，装卸费单位为元/(t·次)，运价单位为元/(t·km)；对于砂石料需要注意根据其堆积密度进行单位换算，一般来说，砂按1.65t/m^3、碎石按1.55t/m^3、块石按1.50t/m^3进行计算。

2. 对于一些交通不便的小型农田水利工程，材料的人工二次转运费应计入在哪里？

【课后作业】

扫一扫，做一做。

4.8
任务 4.2 习题

任务 4.3 施工机械台时费

【讨论与分析】

1. 一类费用调整系数的确定依据是什么？
2. 折旧费、修理及替换设备费“营改增”调整系数的确定依据是什么？
3. 折旧费、修理及替换设备费调整系数是固定不变的吗？
4. 欣赏微课小视频。

4.9 施工机械台时费计算

【工作任务】

某水利枢纽工程位于一类地区，一类费用调整系数为 1.1，柴油预算价格为 7.5 元/kg。试计算 $1m^3$ 液压挖掘机（图 4.3－1）台时费。

图 4.3－1　液压挖掘机

【知识专项】

4.3.1　施工机械台时费定义

施工机械台时费指 1 台机械正常工作 1h 所支出和分摊的各项费用之和。

施工机械台时费＝施工台时费基价＋材料价差　　(4.3－1)

施工机械台时费基价＝一类费用＋二类费用　　(4.3－2)

若施工机械须通过公用车道，按工程所在地交通部门规定的收费标准计算三类费用。

4.3.2　施工机械台时费定额总说明

《水利工程施工机械台时费定额》（水总〔2002〕116 号）（以下简称本定额）适用于水利建筑安装工程。内容包括：土石方机械、混凝土机械、运输机械、起重机械、砂石料加工机械、钻孔灌浆机械、工程船舶、动力机械及其他机械共九类，1244 子目。

（1）本定额以台时为计量单位。

（2）本定额由两类费用组成，定额表中以（一）（二）表示。

一类费用分为折旧费、修理及替换设备费（含大修理费、经常性修理费）和安装拆卸费，按 2000 年度价格水平计算并用金额表示。

二类费用分为人工、动力、燃料或消耗材料，以工时数量和实物消耗量表示，其费用按国家规定的人工工资计算办法和工程所在地的物价水平分别计算。

（3）各类费用的定义及取费原则：

1）折旧费：是指机械在寿命期内回收原值的台时折旧摊销费用。

2）修理及替换设备费：是指机械使用过程中，为了使机械保持正常功能而进行修理所需费用、日常保养所需的润滑油料费、擦拭用品费、机械保管费，以及替换设备、随机使用的工具附具等所需的台时摊销费用。

3）安装拆卸费：是指机械进出工地的安装、拆卸、试运转和场内转移及辅助设施的摊销费用。不需要安装拆卸的施工机械，台时费中不计列此项费用。

4）人工：是指机械使用时机上操作人员的工时消耗，包括机械运转时间、辅助时间、用餐、交接班，以及必要的机械正常中断时间。台时费中人工资按中级工计算。

5）动力、燃料或消耗材料：是指正常运转所需的风（压缩空气）、水、电、油及煤等。其中，机械消耗电量包括机械本身和最后一级降压变压器低压侧至施工用电点之间的线路损耗，风、水消耗包括机械本身和移动支管的损耗。

（4）本定额备注栏内注有符号“*”的大型施工机械，表示该项定额未列安装拆卸费，其费用在“其他施工临时工程”中解决。

（5）搅拌楼台时费不包括本体以外的进料设备；塔带机台时费不包括主塔之外的皮带输送系统。

（6）本定额单斗挖掘机台时费均适用于正铲和反铲。

4.3.3 施工机械台时费计算

$$一类费用=定额一类费用金额\div 营改增调整系数\times 编制年调整系数 \tag{4.3-3}$$

$$定额一类费用金额=折旧费+修理及替换设备费-安装拆卸费 \tag{4.3-4}$$

$$\begin{aligned}二类费用=&定额机上人工工时数\times 中级工人工预算单价\\&+\sum(定额动力、燃料消耗量\times 动力、燃料预算价格)\end{aligned} \tag{4.3-5}$$

根据《水利部办公厅关于调整水利工程计价依据增值税计算标准的通知》（办财务函〔2019〕448 号），施工机械台时费定额的折旧费应除以调整系数 1.13，修理及替换设备费除以调整系数 1.09；调整系数随着增值税税率变化而变化。掘进机及其他由建设单位采购、设备费单独列项的施工机械，设备费采用不含增值税进项税额的价格。

【解决工作任务】

某水利枢纽工程位于一类地区，一类费用调整系数为 1.10，柴油预算价格为

7.5 元/kg。试计算 1m^3 液压挖掘机台时费。

（1）根据机械的名称型号及规格，查《水利工程施工机械台时费定额》可得 1m^3 液压单斗挖掘机的定额编号：P1009。

（2）该水利枢纽工程位于一类地区，查得人工中级工单价为 9.15 元/工时。

（3）列表计算施工机械台时费基价，见表 4.3-1。

表 4.3-1　　施工机械台时费计算表

定额编号	名称与规格	台时费基价/元	一类费用						二类费用		
			折旧费/元		修理费/元		安拆费/元	小计/元	人工/工时	柴油/kg	小计/元
			定额	1.13	定额	1.09		1.1	9.15	2.99	
P1009	液压 1m^3 单斗挖掘机	132.04	35.63	31.53	25.46	23.36	2.18	62.78	2.7	14.9	69.26

一类费用＝定额一类费用金额÷营改增调整系数×编制年调整系数

＝（35.63/1.13＋25.46/1.09＋2.18）×1.1＝62.78（元）

二类费用＝定额机上人工工时数×中级工人工预算单价

＋∑（定额动力、燃料消耗量×动力、燃料预算价格）

＝2.7×9.15＋14.9×2.99＝69.26（元）

施工机械台时费基价＝一类费用＋二类费用＝62.78＋69.26＝132.04（元/台时）

（4）计算施工机械台时费价差。

施工机械台时费价差＝材料数量×材料价差＝14.9×（7.5－2.99）＝67.20（元/台时）

【课堂小练兵】

计算某灌溉工程刨毛机机械台时费。已知该灌溉工程设计流量为 4.9m^3/s，工程所在地江西省新余市，柴油预算单价为 7.90 元/kg，一类费用的调整系数为 1.05。写出计算过程并将结果填入表 4.3-2 中。

表 4.3-2　　施工机械台时费计算表

编号	名称及规格	台时费/元	一类费用						二类费用				
			折旧费/元		修理费/元		安拆费/元	小计/元	人工/工时	汽油/kg	柴油/kg	电/(kW·h)	小计/元
			定额		定额								

4.10 任务 4.3 习题

【课后作业】

扫一扫，做一做。

4.11 施工用电、水、风单价计算

任务 4.4　施工用电、水、风单价

【讨论与分析】

1. 施工用电、水、风单价计算仅指________用电、水、风单价的计算，属于________，进入工程单价________计算。而施工生活用电、水、风的费用包含在工程单价________中。

2. 施工用电、水、风单价由包括________、________、________。

3. 欣赏微课小视频。

4.4.1 施工用电、水、风基本概念

【工作任务 1】

本教材项目一施工用电、水、风布置如图 4.4-1 所示，试根据此图阐述施工用电、水、风单价计算的基本概念。

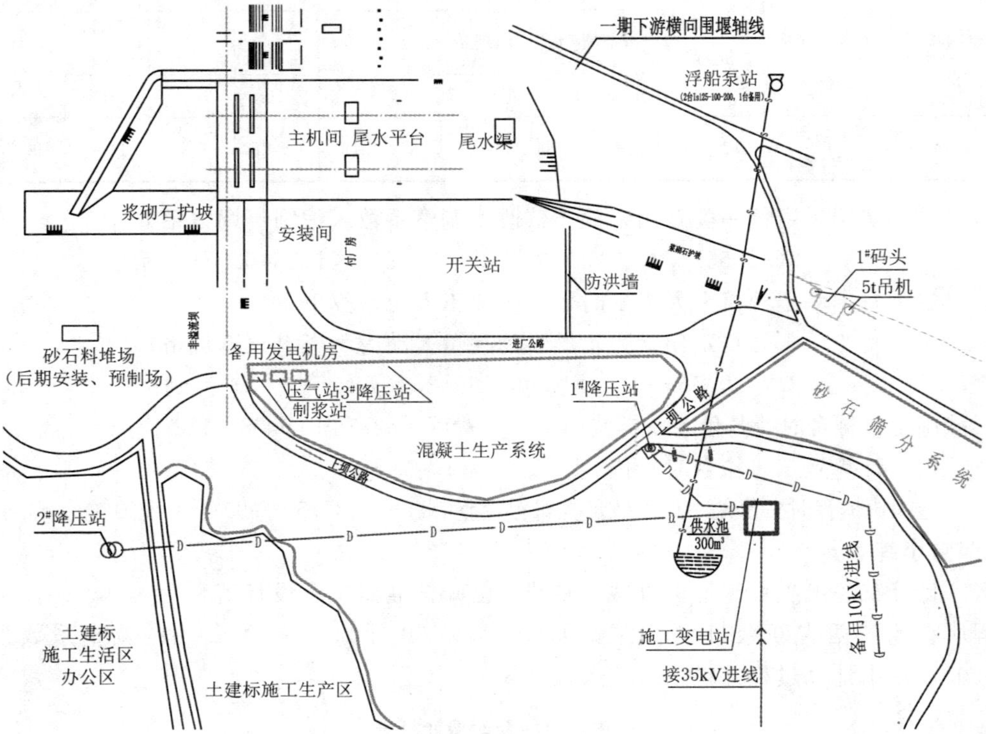

图 4.4-1 项目一施工用电、水、风布置（部分截图）

【解决工作任务 1】

施工用电、水、风单价计算仅指施工生产用电、水、风单价的计算，属于基础单价，进入工程基本直接费计算。而施工生活用电、水、风的费用包含在工程单价间接费中。其基本概念见表 4.4-1。

表 4.4-1 施工用电风水基本概念

基本价格	基本电价	外购电：施工企业直接向供电单位购电，按规定所需支付的供电价格，应为不含增值税进项税额价
		自发电：施工企业自建发电厂（或自备发电机）的单位发电成本
	基本水价	根据施工组织设计确定的施工时间高峰用水量所配备的供水系统设备，按台时产量分析计算的单位水量的价格
	基本风价	根据施工组织设计供风系统所配置的空压机设备，按台时总费用除以台时总供风量计算的单位风量价格

续表

损耗	电能损耗	外购电：施工企业与供电部门的产权分界处起到现场各施工点最后一级降压变压器低压侧止（产权分界处一般指供电单位收费计量点），所有变配电设备和输配电线路上所发生的电能损耗摊销费
		自发电：施工企业自建发电厂的出线侧（或电厂变电站出线侧）到现场各施工点最后一级降压变压器低压侧止，所有变配电设备和输配电线路上所发生的电能损耗摊销费
	供水损耗	在存储、输送、处理过程中的水量损失，在计算水价时损耗通常以损耗率的形式表示：供水损耗率（%）＝损失水量÷水泵总出水量×100%
	供风损耗	由压气站至用风工作面的固定供风管道，在输送压气过程中所发送的漏气损耗、压气在管道中流动时的阻力风量损耗摊销费用，其大小与管路敷设质量、管道长短有关

施工用电包括施工机械用电、施工照明用电和其他生产用电。施工用水指直接进入工程成本的施工用水，包括施工机械用水、砂石料筛洗用水、混凝土拌制养护用水、土石坝砂石料压实用水、钻孔灌浆生产用水及修配、机械加工和房屋建筑用水等。施工用风主要用于施工机械（如风钻、潜孔钻、风镐、混凝土喷射机、风水枪等）所需的压缩空气。

施工用电、水、风单价均由三部分组成：基本价格＋损耗＋摊销。

4.4.2 施工用电价格计算

【工作任务 2】 计算本工程施工用电价格

项目一施工组织设计报告：为满足本合同工程施工生产及生活需要，经计算，高峰期用电负荷约为 1200kV·A，供电宜分区进行。由招标文件及现场踏勘情况可知，业主将在右岸砂石筛分系统旁设施工变电站、在施工变电站附近提供第二个 10kV 临时施工电源点，为分区供电提供了有利条件。按照就近的原则，在本合同工程施工范围先后布置了 1# ～4# 降压站。各降压站内变压器型号、供电容量、供电范围等详见表 4.4－2。

为确保钻灌施工、基坑排水、部分照明及高峰期用电需求，拟在 3# 降压站旁侧布置备用发电机房一座，房内配置 200GF－1 型柴油发电机组一台，该型机组在外电源断电后 10s 以内即可自动向负荷供电，供电量占总供电量的 2%。当外电源恢复供电后，又能自动切换改由外电源供电，且发电机组能自行卸荷、减速、停电。备用发电机房建筑面积：砖木房 $40m^2$，占地面积 $150m^2$。

表 4.4－2　项目一供电系统配置一览表

名称	型　号	数量	供电容量	建筑面积 /m^2	占地面积 /m^2	供电范围
1# 降压站	S9－500/10－0.4	1	500kV·A	20（工棚）	40	负责向砂石筛分、混凝土系统、浮船泵站
2# 降压站	S9－200/10－0.4	1	200kV·A	20（工棚）	40	负责向主营地、综合加工厂、中心仓库、照明等供电

续表

名称	型　号	数量	供电容量	建筑面积/m^2	占地面积/m^2	供电范围
3$^{\#}$降压站	S9-500/10-0.4	1	500kV·A	20（工棚）	40	负责向C7050塔机、压气站、制浆站、基坑工作面、混凝土预制厂、金结拼装场等供电，并作为基坑排水等的应急电源
4$^{\#}$降压站	S9-200/10-0.4	1	200kV·A		40	利用当地电源负责左岸临时供电
备用发电机房	200GF-1	1	200kW	40（砖瓦）	150	停电后，向灌浆及基坑排水等供电
合　计		5	1200kV·A	120	320	

【施工用电价格知识专项】

施工用电价格由基本电价、电能损耗摊销费和供电设施维修摊销费组成，根据施工组织设计确定的供电方式以及不同电源的电量所占比例，按国家或工程所在省（自治区、直辖市）规定的电网电价和规定的加价进行计算。

1. 电网电价

$$\text{电网供电价格}=\text{基本电价}\div(1-\text{高压输电线路损耗率})\div(1-35\text{kV 以下变配电设备及配电线路损耗率})+\text{供电设施维修摊销费} \quad (4.4-1)$$

2. 自发电

（1）柴油发电机供电采用专用水泵供给冷却水，计算公式为

$$\text{柴油发电机供电价格}=\frac{\text{柴油发电机组(台)时总费用}+\text{水泵组(台)时总费用}}{\text{柴油发电机额定容量之和}\times\text{发电机出力系数}\times(1-\text{厂用电率})}\div(1-\text{变配电设备及配电线路损耗率})+\text{供电设施维修摊销费} \quad (4.4-2)$$

（2）柴油发电机供电如采用循环冷却水，不用水泵，电价计算公式为

$$\text{柴油发电机供电价格}=\frac{\text{柴油发电机组(台)时总费用}}{\text{柴油发电机额定容量之和}\times\text{发电机出力系数}\times(1-\text{厂用电率})}\div(1-\text{变配电设备及配电线路损耗率})+\text{供电设施维修摊销费}+\text{单位循环冷却水费} \quad (4.4-3)$$

式中　K——发电机出力系数，一般取0.8～0.85；

厂用电率取3%～5%；

高压输电线路损耗率取3%～5%；

变配电设备及配电线路损耗率取4%～7%；

供电设施维修摊销费取0.04～0.05元/(kW·h)；

单位循环冷却水费取0.05～0.07元/(kW·h)。

3. 综合电价计算

外购电与自发电的比例按施工组织设计确定，综合电价按供电比例加权平均计算。

4. 注意事项

电网供电价格中的基本电价应不含增值税进项税额；柴油发电机供电价格中的柴油发电机组（台）时总费用应按调整后的施工机械台时费定额和不含增值税进项税额的基础价格计算，柴油价格不调差。

【解决工作任务 2】

1. 外购电网电价计算

查工程所在地不含增值税进项税额基本电价 0.717 元/(kW·h)；查《水利工程设计概（估）算编制规定（工程部分）》的各参数取值范围表，高压输电线路损耗率取 3%，变配电设备及配电线路损耗率取 4%；供电设施摊销费取 0.04 元/(kW·h)。

套外购电计算公式计算：

$$外购电价=0.717\div(1-3\%)\div(1-4\%)+0.04=0.810[元/(kW\cdot h)]$$

2. 柴油发电机电价计算

查《水利工程设计概（估）算编制规定（工程部分）》中取值范围表，厂用电率取 3%，发电机出力系数取 0.80；供电设施摊销费取 0.05 元/(kW·h)，单位循环冷却水费取 0.06 元/(kW·h)。

台时单价计算见表 4.4-3。

表 4.4-3　施工机械台时费计算表

编号	名称及规格	台时费/元	(一)						(二)				
			折旧费/元		修理费/元		安拆费/元	小计/元	人工/工时	汽油/kg	柴油/kg	电/(kW·h)	小计/元
			定额	1.13	定额	1.09			8.90		7.74		
8034	柴油发电机 固定式 200kW	344.91	9.14	8.09	11.7	10.73	1.9	20.72	3.9		37.4		324.19

套柴油发电机电价计算公式：

$$发电电价=\frac{344.91}{200\times0.80}\div(1-3\%)\div(1-4\%)+0.06+0.05=2.425[元/(kW\cdot h)]$$

3. 综合电价

$$综合电价=0.810\times98\%+2.425\times2\%=0.84[元/(kW\cdot h)]$$

所以，取定综合电价为 0.84 元/(kW·h)。

4.4.3 施工用水价格计算

【工作任务 3　计算本工程施工用水价格】

项目一施工组织设计报告：生产供水，在坝址下游适当位置修建取水泵站，使用 2 台 55kW 的抽水机（一台备用）将水抽至生产水池，该水池布置在右岸公路右侧山坡约 130m 高程，从生产水池将水引至各取水点。主要满足砂石料筛分系统、混凝土拌和系统及仓面冲洗、混凝土养护等需要。供水设备配备见表 4.4.-4。

表 4.4-4　　项目一供水设备配备表

设备名称	规格型号	单位	数量	备　注
生产抽水机	4B91	台	2	H=70～90m；90～135m³/h；55kW；一台备用
进水主管	ϕ150mm	m	500	
出水主管	ϕ150mm	m	1200	
生活自来水管	ϕ80mm	m	800	

【施工用电价格知识专项】

施工用水价格由基本水价、供水损耗和供水设施维修摊销费组成，根据施工组织设计所配置的供水系统设备组（台）时总费用和组（台）时总有效供水量计算。水价计算公式为

$$施工用水价格=\frac{水泵组(台)时总费用}{水泵额定容量之和\times K}\div(1-供水损耗率)+供水设备维修摊销费 \quad (4.4-4)$$

式中　K——能量利用系数，取 0.75～0.85；

供水损耗率取 6%～10%；

供水设施维修摊销费取 0.04～0.05 元/m^3。

注意：

(1) 施工用水为多级提水并中间有分流时，要逐级计算水价。

(2) 施工用水有循环用水时，水价要根据施工组织设计的供水工艺流程计算。

(3) 如果设计方案中有几个供水系统的，应按各系统供水量的比例加权平均计算综合水价。

(4) 台时费用不含增值税。

【解决工作任务3】

(1) 查《水利工程设计概（估）算编制规定（工程部分）》各参数取值范围表，供水损耗率取 10%，能量利用系数取 0.8，供水设施维修摊销费取 0.04 元/m^3。

台时单价计算见表 4.4-5。

表 4.4-5　　施工机械台时费计算表

编号	名称及规格	台时费/元	(一)						(二)				
			折旧费/元		修理费/元		安拆费/元	小计/元	人工/工时	汽油/kg	柴油/kg	电/(kW·h)	小计/元
			定额	1.13	定额	1.09			8.90		7.74	0.84	
9025	离心水泵单级 55kW	59.94	1.08	0.96	4.36	4.00	1.24	6.20	1.30		0.00	50.20	79.34

(2) 抽水机额定额容量之和 135m^3/h，套水价计算公式如下：

$$施工用水单价=\frac{59.94\times1}{135\times1\times0.8}\div(1-10\%)+0.04=0.66\ (元/m^3)$$

4.4.4 施工用风价格计算

【工作任务 4 计算本工程施工用风价格】

项目一施工用风施工组织设计报告：本合同工程施工时除设备自带风外，拟在右岸坝下混凝土生产系统地块内设固定压气站，站内布置 2 台 4L－20/8 型固定电动空压机，建筑面积为 $60m^2$，占地面积均为 $200m^2$，负责向一、二期基坑石方开挖、钻孔灌浆、混凝土施工及混凝土生产系统供风。另配 2 台 $20m^3$/min 和 2 台 $9m^3$/min 移动式油动空压机负责前期施工准备及零星施工供风。

【施工用风知识专项】

施工用风价格由基本风价、供风损耗和供风设施维修摊销费组成，根据施工组织设计所配置的空气压缩机系统设备组（台）时总费用和组（台）时总有效供风量计算。

（1）采用水泵供冷却水时，计算公式为

$$施工用风价格=\frac{空压机组(台)时总费用+水泵台(组)总费用}{空压机额定容量之和(m^3/min)\times60(min)\times能量利用系数}\div(1-供风损耗率)+供风设施维修摊销费 \quad (4.4-5)$$

（2）空气压缩机系统如采用循环冷却水，不用水泵，则风价计算公式为

$$施工用风价格=\frac{空压机组(台)时总费用}{空压机额定容量之和(m^3/min)\times60(min)\times能量利用系数}\div(1-供风损耗率)+供风设施维修摊销费+单位循环冷却水费 \quad (4.4-6)$$

式中 K——能量利用系数，取 0.70～0.85；

供风损耗率取 6%～10%；

单位循环冷却水费取 0.007 元/m^3；

供风设施维修摊销费取 0.004～0.005 元/m^3。

注意：（1）有两种或两种以上供电方式的工程，可按其供电比例加权平均计算综合电价。

（2）施工用水、用风价格中的机械组（台）时总费用应按调整后的施工机械台时费定额和不含增值税进项税额的基础价格计算。

【解决工作任务 4】

查《水利工程设计概（估）算编制规定（工程部分）》各参数取值范围表，供风损耗率取 10%，能量利用系数取 0.8，供风设施维修摊销费取 0.004 元/m^3，单位循环冷却水费 0.007 元/m^3。

台时单价计算见表 4.4－6。

施工用风单价套计算公式如下：

$$施工用风单价=\frac{168.09\times2+267.88\times2+111.10\times2}{(20\times2+20\times2+9\times2)\times60\times0.8}\div(1-10\%)+0.007+0.004=0.3(元/m^3)$$

表 4.4-6　　　　施工机械台时费计算表

编号	名称及规格	台时费/元	(一)						(二)			
			折旧费/元		修理费/元		安拆费/元	小计/元	人工/工时	柴油/kg	电/(kW·h)	小计/元
			定额	1.13	定额	1.09			8.90	7.74	0.84	
8014	空压机 油动 移动式 9.0m³/min	168.09	5.53	4.89	8.83	8.10	1.39	14.38	2.40	17.10		153.71
8016	空压机 油动 移动式 20m³/min	267.88	19.08	16.88	25.65	23.53	5.01	45.43	2.40	38.90		322.45
8019	空压机 电动 固定式 20m³/min	111.10	5.92	5.24	6.82	6.26	1.01	12.51	1.80	0.00	98.30	98.59

【课后作业】

扫一扫，做一做。

4.12
任务 4.4 习题

【知识拓展】

电能损耗摊销费通常用电能损耗率表示。其中外购电的电能损耗摊销费是指施工企业与供电部门的产权分界处起到现场各施工点最后一级降压变压器低压侧止（产权分界处一般指供电单位收费计量点），所有变配电设备和输配电线路上所发生的电能损耗摊销费，包括高压输电线路损耗（指高压电网到施工主变压器高压侧之间的高压输电线路损耗）、高压配电线路和变配电设备损耗（指施工主变压器高压侧至现场各施工点最后一级降压变压器低压侧之间的配电线路损耗和变配电设备的电能损耗，采用 400V 的直供时，不计此系数）。自发电的电能损耗摊销费指施工企业自建发电厂的出线侧（或电厂变电站出线侧）到现场各施工点最后一级降压变压器低压侧止，所有变配电设备和输配电线路上所发生的电能损耗摊销费。

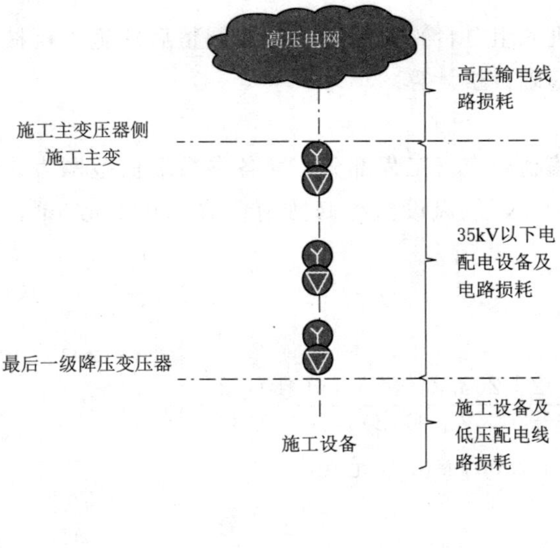

注：从最后一级降压变压器低压侧至施工用电的施工设备和低压配电线路损耗已包括在各用电施工设备、工（器）具的台时耗电定额内，电价中不再考虑。

任务4.5 砂石料单价

【讨论与分析】

1. 砂石料与砂砾料的区别？

2. 砂石料除了直接从料场购买还能通过什么途径获得？

3. 欣赏微课小视频。

4.13 砂石料单价计算

4.5.1 工作任务

项目一砂石料加工布置如图4.5-1所示，坝轴线下游河床右侧漫滩有厚的砂卵砾石层，本工程采用自采天然砂石料，根据施工方案完成砂石料单价计算。

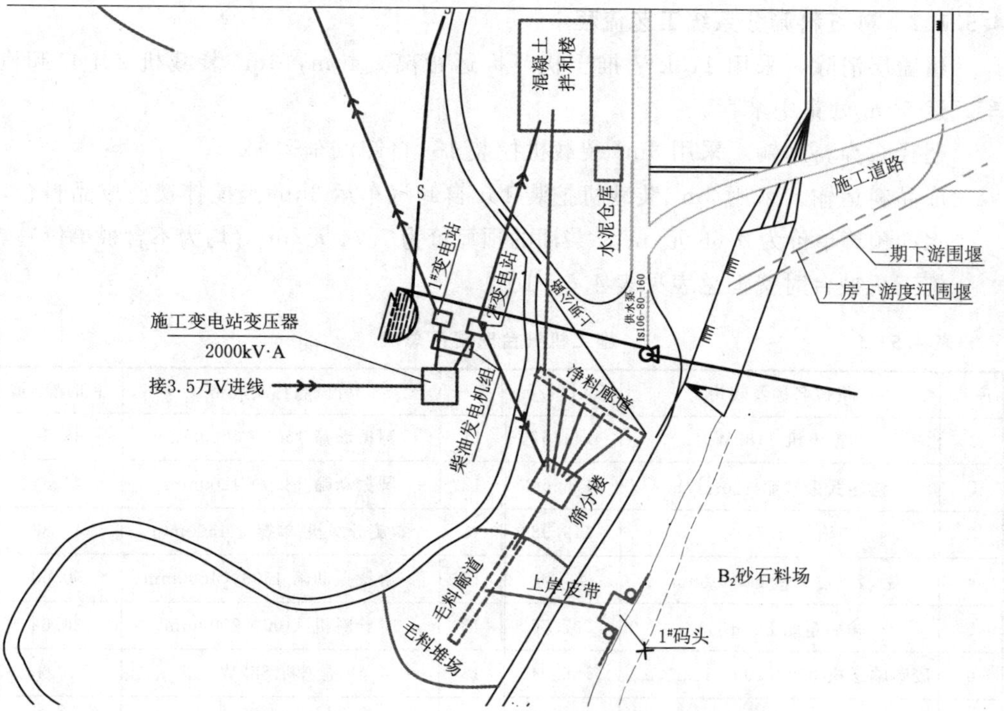

图4.5-1 项目一砂石料加工系统平面布置图

B2料场（坝址下游右岸200m）位于坝轴线下游河床右侧漫滩，为砂卵砾石层。料场表层从上游到下游，由砂砾石逐渐过渡到中粗砂，粒度模数5.97～6.79，呈磨圆状。砂为中粗砂，细度模数3.10～3.57，平均粒径0.59～0.66mm。漫滩高出平水期河水位0～1m，分布长约590m，平均宽约60m，可采厚度3～4.60m，总储量46.5万m^3，其中覆盖层清除5.8万m^3，砂25.7万m^3，卵砾石20.8万m^3，超径石3.2万m^3作为弃料，并运至弃料场。开采及运输方便。

4.5.1.1 砂石料的开采、运输及储存

1. 开采设备选型

覆盖层清除，采用118kW推土机，平均推运距离40m。拟采用H55型链斗式

采砂船开采，60t 砂驳运输船水路运输至 1# 码头。由设置在码头的胶质输送带（800mm×300mm）将砂石料输送至砂石筛分系统的集中储料场存放。

2. 料场的开采顺序

开采过程中，一方面将尽量保证相对集中，成片开采；另一方面将根据料场骨料级配情况的变化，分成不同的小区，开采时做好调配工作，以保证各种级配的骨料相对平衡的需要。

3. 砂砾料的储存

本工程砂砾料采用分散均衡开采，但基坑料必须集中在较短的时段内开采；另还需保证汛期停采时混凝土施工的正常需要，故本工程设置了相对较大容量的储料场。

4.5.1.2 砂石料筛分系统工艺流程

覆盖层清除，采用 118kW 推土机，推运距离≤40m，$3m^3$ 装载机 20t 自卸汽车，运 5km 处集中堆存。

超径石弃料运输，采用 $3m^3$ 装载机挖装 15t 自卸汽车运 1km。

成品料运输，采用 $3m^3$ 装载机挖装 15t 自卸汽车运 3km 至搅拌楼前成品料仓。

水的预算单价为 0.66 元/m^3，柴油的预算价为 7.74 元/m^3（均为不含税单价）。

施工机械台时费汇总表见表 4.5-1。

表 4.5-1　　施工机械台时费汇总表

序号	机械名称及规格	台时费/元	序号	机械名称及规格	台时费/元
1	推土机 118kW	144.67	11	圆振动筛 1500×3600mm	38.50
2	链斗式采砂船 $120m^3/h$	176.64	12	圆振动筛 1800×4200mm	43.84
3	拖轮 125kW	149.98	13	螺旋分级机 单螺旋 1500mm	44.38
4	砂驳（皮带机卸料）$60m^3$	44.36	14	直线振动筛 1500×4800mm	50.63
5	输砂趸船 $800m^3/h$	227.76	15	给料机 1100×2700mm	36.63
6	胶带输送机 800×300（mm×m）	156.94	16	推土机 88kW	110.41
7	给料机 电磁式 45DA	18.82	17	装载机 轮胎式 $3m^3$	162.90
8	胶带输送机 800×0.5（mm×km）	370.48	18	自卸汽车 20t	134.86
9	推土机 132kW	158.71	19	自卸汽车 15t	115.90
10	堆料机 摇臂 $500m^3/h$	172.96			

砂石料筛分系统工艺流程参见图 4.5-2。

4.5.2 知识专项

4.5.2.1 砂石料基本概念

砂石料常为砂砾料、砂、卵（砾）石、碎石、块石、条石等骨料的统称，是基本建设工程中混凝土和堆砌石等构筑物的主要建筑材料。砂石料规格及标准说明（参考定额章节说明）见表 4.5-2。

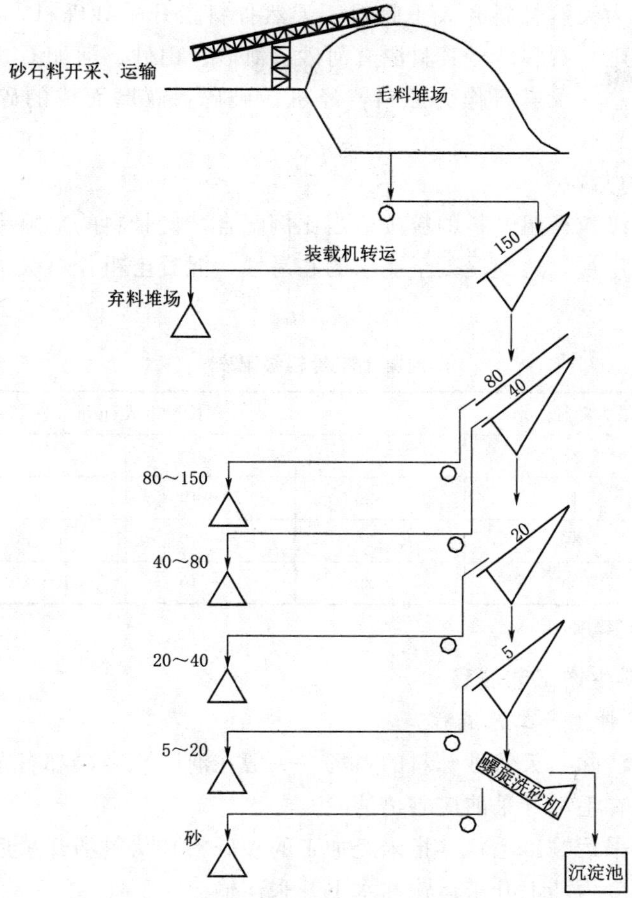

图 4.5－2　筛分系统工艺流程图（单位：mm）

表 4.5－2　　　　　　　　　　砂石料规格及标准

<table>
<tr><td rowspan="10">砂石料：砂砾料、砂、砾石、碎石、块石、毛条石等的统称</td><td colspan="3">砂砾料</td><td>指未经加工的天然砂卵石料</td></tr>
<tr><td rowspan="3">骨料：可用于混凝土制备的砂、砾石和碎石的统称</td><td>细骨料</td><td>砂</td><td>指粒径≤5mm的骨料</td></tr>
<tr><td rowspan="2">粗骨料</td><td>砾石</td><td>指砂砾料经加工分级后粒径＞5mm的卵石</td></tr>
<tr><td>碎石</td><td>指经破碎、加工分级后粒径＞5m的骨料</td></tr>
<tr><td colspan="3">碎石原料</td><td>指未经破碎、加工的岩石开采料</td></tr>
<tr><td colspan="3">超径石</td><td>指砂粒料中大于设计骨料最大粒径的卵石</td></tr>
<tr><td colspan="3">块石</td><td>指长、宽各为厚度的2～3倍，厚度＞20cm的石块</td></tr>
<tr><td colspan="3">片石</td><td>指长、宽各为厚度的3倍以上，厚度＞15cm的石块</td></tr>
<tr><td colspan="3">毛条石</td><td>指一般长度大于60cm的长条形四楞方正的石料</td></tr>
<tr><td colspan="3">料石</td><td>指毛条石经过修边打荒加工，外露面方正，各相邻面正交，表面凹凸≤10m的石料</td></tr>
</table>

4.5.2.2　砂石料分类

根据砂石料的粒径不同，砂石料可分为砂（细骨料）、卵石和碎石。根据砂石料的料源又可分为天然骨料和人工骨料。天然骨料指开采砂砾料，经筛分、冲洗、加工而成的卵（砾）石和砂。其料源有河砂、海砂、山砂、河卵石、海卵石等。人工骨料用爆破方法开采岩石作为原料，经机械破碎，碾磨而成的碎石和砂（机制砂，又称人工砂）。

4.5.2.3 级配

级配：将各级粒径粗骨料颗粒按适当比例配合，使骨料的空隙率及总面积都较小，以减少水泥用量，达到混凝土要求的和易性，混凝土粗骨料级配分为四级，见表4.5-3。

表4.5-3 混凝土粗骨料级配表

级配	最大粒径/mm	粒径组成/mm			
一级配	20	5～20			
二级配	40	5～20	20～40		
三级配	80	5～20	20～40	40～80	
四级配	150	5～20	20～40	40～80	80～150

注 上述骨料为连续级配。

4.5.2.4 砂石料生产工艺流程

1. 天然砂石料生产工艺流程

（1）覆盖层清除。天然砂砾料的料场（一般在河滩）表层都有杂草、树木、腐殖土等覆盖层，在毛料开采前应剥离清除。

（2）毛料开采运输。毛料（指未经加工的沙砾料）从料场开采后，运至毛料堆存处的过程。可分为陆上开采运输和水下开采运输。

（3）毛料堆存。为调节砂砾料开采运输与加工之间的不平衡，特设调节料堆或贮备料堆以堆存毛料。

（4）预筛分。是将毛料隔离超径石的过程。包括条筛和重型振动筛两次隔离过程。

超径石是指大于设计级配最大粒径的卵石，为满足设计级配的需求，充分利用料源，预筛分隔离的超径石可进行一次或两次破碎，加工为需要粒径的碎石半成品，也可以作为弃料弃掉。

（5）筛分冲洗。为满足混凝土骨料质量和级配要求，将通过预筛分工序的半成品料，筛分为粒径等级符合设计级配、干净合格的成品料，并分级堆存。筛洗工序一般需设置2台筛分机、4层筛网和1台螺旋分级机，筛分为0.15～5mm（砂）和5～20mm、20～40mm、40～80mm、80～150mm五种径级的产品。在筛分过程中，供以压力水喷洒冲洗，冲掉砂石料中夹带的泥土，冲洗还能降低温升，减少筛网磨损。

（6）成品料运输。成品料运输是指经过筛洗加工后的分级骨料，由筛分楼（场）成品料仓（场）运至混凝土拌和楼（场）骨料仓（场）的过程。

（7）弃料处理。弃料是指因天然砂砾料中的自然级配组合与设计采用级配组合不同或级配平衡需要而产生的多余料的处理过程。弃料分为超径石弃料和剩余骨料弃料两类。

1）超径石弃料：在预筛分工序中将沙砾料中大于设计骨料最大粒径的超径石隔离出来的弃料。

2）剩余骨料弃料：为满足设计级配要求，经过筛洗工序在筛分楼分级堆存料仓中剩余的成品骨料弃料。

（8）人工制砂。为补充天然砂不足，可利用砾石制砂，可增加制砂工序。

2. 人工骨料生产工艺流程

（1）覆盖层清除。岩石料场表层一般有耕植土或残积土覆盖及风化岩层，在碎石原料开采前，均应剥离清除。

（2）碎石原料开车运输。碎石原料开采运输是指碎石原料从料场开采（钻孔、爆破）并运至堆料场的过程。

常用的开采方式可分为以下几项：

1）风钻钻孔一般爆破。一般孔深小于 5m，爆破后碎石原料粒径比较均匀，但钻孔量大，单耗炸药量高，产量低。

2）潜孔钻探孔爆破。孔深可达 15～20m，钻孔量小，炸药单耗量低，产量高，是常用的开采方式。

3）液压履带钻钻孔爆破。当碎石原料含泥量超过 5%时，应增加碎石原料预洗工序。

（3）碎石粗碎。由于受破碎机械性能限制，需将碎石原料进行粗碎，以适应下一工序对进料粒径的要求。

（4）碎石中碎筛分是指对粗碎后的碎石原料进行破碎、筛分、冲洗并分级堆存的过程。

（5）制砂。经细碎后的碎石（粒径 5～20mm）原料，通过碾磨可加工为机制砂（人工砂）。

（6）成品骨料运输同天然骨料。

（7）弃料处理。人工骨料一般不存在弃料问题，若有弃料，则是成品骨料的剩余量。

4.5.2.5 骨料单价计算

1. 计算前准备工作

（1）料场的位置、分布、地形条件、工程地质水文地质特性，砂石料杂质或含泥量、岩石类别及物理力学特性等。

（2）料场的储量、可开采量，料场天然级配，骨料的设计级配，料场覆盖层的清理厚度、数量、清除方式等。

（3）覆盖层清除，毛料的开采、运输、加工、筛洗，弃料处理及半成品料的运输与堆存方式等。

（4）砂石料生产系统的加工工艺流程及设备配置，各生产环节的设计生产能力，级配平衡计算成果及其相互间的衔接方式等。

(5) 人工、电、水、风的单价及组成系统的各机械设备的台时费等基础资料。

(6) 相应的定额和手册。

1) 确定工艺流程和施工方法：根据施工组织设计方案，确定实际开采砂石料的工艺流程。

2) 确定计算基本参数：计算参数是指砂石料生产流程中各工序的工序单价系数。

3) 用现行定额计算各工序单价。

4) 按各料场或砂石料场生产系统所担负的上产量比例，计算考虑弃料及各参数影响的骨料的综合单价。

2. 骨料单价计算方法

常用的砂石料单价计算方法主要有工序单价法和系统单价法。

(1) 工序单价法：按骨料生产流程，分解成若干道工序，以工序为计算单元，按现行相应定额计算各工序单价，再累计计算成品骨料的方法。该方法概念明确，计算结构科学，易于结合工程实际。目前，水利工程造价广泛应用此方法，本教材也主要以工序单价法进行介绍。

(2) 系统单价法：是以整个砂石料生产系统为计算单元，用系统单位时间的生产总费用除以系统单位时间的骨料产品，求得骨料单价。即从原料开采运输起到骨料运至搅拌楼（场）骨料料仓（堆）止的生产全过程作为一个生产系统，计算出骨料单价。计算式为

$$\text{骨料单价}=\frac{\text{系统生产总费用}}{\text{系统骨料产量}} \tag{4.5-1}$$

系统生产总费用中的人工费按施工组织设计确定的劳动组合计算的人工数量，乘以相应的人工单价求得。机械使用费按施工组织设计确定的机械组合所需机械型号、数量分别乘以相应的机械台时单价求得。材料费可参考定额数量计算。系统产量应考虑施工期不同时期（初期、中期、末期）的生产不均匀性因素，经分析计算后确定。

系统单价法避免了影响计算成果准确的损耗和体积变化这两个复杂问题，计算原理相对科学，但对施工组织设计深度要求较高。

3. 骨料单价计算步骤

(1) 各工序单价的计算见表4.5-4。

表4.5-4　　工序单价计算

工序	天然砂石料	人工砂石料
覆盖层清除	套用现行概预算定额的“土石方工程”中相应定额子目计算工序单价，并折算为100t	套用现行概预算定额的“土石方工程”中相应定额子目计算工序单价
毛（原）料开采运输	结合砂石料加工厂生产规模，采用现行概预算定额“砂石备料工程”中相应定额子目进行计算	根据开采和运输施工方法分别套用开采和运输相应定额计算单价

续表

工序	天然砂石料	人工砂石料
预筛分	采用现行概预算定额的“砂石备料工程”中相应定额子目计算	
筛分冲洗	采用现行概预算定额的“砂石备料工程”中相应定额子目计算。为满足设计级配要求，在筛洗工序中可增加中间破碎工序	
碎石粗碎 碎石中碎筛分 制砂		采用现行概预算定额的“砂石备料工程”中相应定额子目计算
成品骨料运输	采用现行概预算定额的“砂石备料工程”中相应定额子目计算	
弃料处理	按每一工艺流程的弃料量与成品骨料量的比例摊入骨料单价。若弃料经挖装运至指定地点，按清除施工方法套相应定额计算	人工骨料理论上不存在弃料处理，如果有弃料发生，应为成品骨料（粗骨料、细骨料）的剩余量

(2) 确定有关参数。

1) 覆盖层清除摊销率：

$$覆盖层清除摊销率=\frac{覆盖层清除量(t)}{设计成品骨料总用量(t)}\times 100\% \tag{4.5-2}$$

2) 破碎率：

$$超径石破碎摊销率=\frac{超径石破碎量(t)}{设计成品骨料总用量(t)}\times 100\%$$

$$中间单价破碎摊销率=\frac{中间破碎量(t)}{设计成品骨料总用量(t)}\times 100\%$$

$$二次筛分摊销率=\frac{二次筛分量(t)}{设计成品骨料总用量(t)}\times 100\% \tag{4.5-3}$$

3) 弃料摊销率。砂石料加工过程中，有部分费率的砂石料，在砂石料骨料单价计算中，施工损耗已在定额中考虑，不再计入弃料处理摊销费。只对级配弃料和超径弃料、剩余骨料弃料分别计算摊销费。如施工组织设计规定某种弃料需挖运至指定弃料地点时，则还应计算这部分运出弃料摊销费。

$$弃料摊销率=\frac{弃料量(t)}{设计成品骨料总用量(t)}\times 100\% \tag{4.5-4}$$

(3) 计算成品骨料单价。

当完成各工序单价计算后，成品骨料单价可按下式计算。

$$砂石骨料综合单价=覆盖层清除摊销单价+开采加工单价+弃料处理摊销单价 \tag{4.5-5}$$

其中：

$$覆盖层清除摊销单价=\sum(覆盖层清除单价\times 覆盖层清除摊销率)$$

$$弃料处理摊销单价=\sum(弃料处理单价\times 弃料处理摊销率)$$

$$开采加工单价=\sum(各工序开采加工工序单价)$$

注：自采砂石料单价根据料源情况、开采条件和工艺流程按相应定额和不含增值税进项税额的基础价格进行计算，并计取间接费、利润及税金。自采砂石料税率为3%。

4.5.2.6 外购砂石料单价计算

对于地方中小型水利项目，或因当地砂石料缺乏或料场储量不能满足工程需要，或者因砂石料用量较少，不宜自采砂石料时，可从附近砂石料市场采购。外购砂石料单价计算方法与水泥、钢材等主要材料相同。

外购砂石料预算价格为不包含增值税进项税额价格，基价70元/m^3。

4.5.2.7 块（片）石、条（拱）石、料石单价计算

块（片）石、条（拱）石、料石单价是指将符合要求的石料运至施工现场堆料点的价格，一般包括料场覆盖（风化层，无用层）清除、石料开采、加工（修凿）、石料运输堆存，以及石料在开采、加工、运输、堆存过程的损耗等。

1. 单价计算

块（片）石、条（拱）石、料石单价应根据地质报告有关原料和施工组织设计确定的工艺流程、施工方法，选用概算定额中的相应子目计算综合单价。单价计算公式如下：

$$P_s=f\times P_f+(P_d+P_t)\times(1+k) \tag{4.5-6}$$

式中 P_s——石料单价，元/m^3，块石按成品码方计，料石、条石按清料方计；

f——覆盖层清除率，清除量占成品石料方量的百分率；

P_f——覆盖层清除单价，元/m，根据施工方法按定额相应子目计算；

P_d——石料开采单价，元/m，根据岩石级别、石料种类和施工方法按相应定额子目计算；

P_t——石料运输、堆存单价，元/m，根据施工方法和运距按相应定额子目计算；

k——石综合损耗率，块石可取4%；条石、料石可取2%。

2. 计算块（片）石、条（拱）石、料石单价时应注意的问题

（1）对于块（片）石、条（拱）石、料石，各地区、各部（如铁路，公路，工业与民用建筑等）有不同的名称和定义，编制单价时，应统按水利部现行概算定额规定的定义以免混淆。

（2）块（片）石计量单位为码方，条（拱）石、料石的计量单位为清料方。

（3）覆盖层的清除率应根据地质报告确定。

（4）为降低工程造价，应尽可能从石方开挖的弃渣中捡集块石、片石。利用石碴料的数量、运距由设计确定。

4.5.2.8 砂石料单价编制的注意事项

（1）砂石料单价是指从覆盖层清除开始到骨料运至拌和楼成品料堆为止，全过程应计算的费用，包括弃料处理费用。

(2) 砂石料由施工企业自行采备时，砂石料单价应根据料源情况、开采条件和工艺流程计算，并计取间接费、利润及税金。自采砂石料税率为3%。

(3) 现行砂石备料加工定额中，砂石料的计量单位以重量“t”表示，而开采、运输等定额一般为“成品方（堆方、码方）”表示，在计算骨料单价时应根据各工序成品的密度进行折算，统一计量单位。如无实测资料时，可参考表4.5-5数据（摘自定额“砂石备料工程”章节说明）。

表4.5-5　　砂石料密度参考值

砂石料类别	天然砂石料			人工砂石料		
	松散砂砾混合料	分级砾石	砂	碎石原料	成品碎石	成品砂
密度/(t/m^3)	1.74	1.65	1.55	1.76	1.45	1.50

4.5.3 解决工作任务

4.5.3.1 计算参数

$$覆盖层清除摊销率 = 5.8 \div 40 \times 100\% = 14.5\%$$

$$超径石弃料摊销率 = 3.2 \div 40 \times 100\% = 8\%$$

4.5.3.2 工序单价汇总（表4.5-6）

表4.5-6　　工序单价

序号	项目名称	定额编号	单位	单价
1	覆盖层清除	10531	元/100t成品方	3110.08
2	天然砂砾料开采运输	60054+60160	元/100t成品方	1990.89
3	预筛分	60075［换］	元/100t成品方	111.91
4	天然砂砾料筛洗	60075	元/100t成品方	644.25
5	成品料运输（粗骨料）	60339	元/100t成品方	754.70
6	成品料运输（砂）	60339	元/100t成品方	803.38
7	（超径石）弃料运输	60338	元/100t成品方	542.81

4.5.3.3 单价计算

无超径石破碎或中间破碎，砂砾料采运量为110t。

根据现行规定，砂石备料工程综合费率

$$K = (1+7.5\%) \times (1+5\%) \times (1+7\%) \times (1+3\%) = 1.244$$

按地方财税政策，土地资源费15.00元/m^3。

(1) 砾石（粗骨料）见表4.5-7。

表4.5-7　　砾石单价表

序号	项目名称	工序单价	系数	摊销率	综合单价
1	覆盖层清除摊销	3110.08		14.5%	450.96
2	天然砂砾料开采运输	1990.89	1.1		2189.98
3	预筛分	111.91			

续表

序号	项目名称	工序单价	系数	摊销率	综合单价
4	天然砂砾料筛洗	644.25			644.25
5	成品料运输（粗骨料）	754.70			754.70
6	（超径石）弃料运输	542.81			
	（超径石）弃料摊销	1990.89＋111.91＋542.81＝2645.61		8%	211.65
7	合计				4251.54
计入综合费率砾石单价 4251.54×1.244					5288.91
折算：5288.91×1.65÷100 ＋15.00＝102.27（元/m^3 成品）					

（2）砂（细骨料）见表4.5－8。

表4.5－8　　砂单价表

序号	项目名称	工序单价	系数	摊销率	综合单价
1	覆盖层清除摊销	3110.08		14.5%	450.96
2	天然砂砾料开采运输	1990.89	1.1		2189.98
3	预筛分	111.91			
4	天然砂砾料筛洗	644.25			644.25
5	成品料运输（砂）	803.38			803.38
6	（超径石）弃料运输	542.81			
	（超径石）弃料摊销	1990.89＋111.91＋542.81＝2645.61		8%	211.65
7	合计				4300.22
计入综合费率砂单价 4300.22×1.244					5349.47
折算：5349.47×1.55÷100 ＋15.00＝97.92（元/m^3 成品方）					

4.5.3.4　工序单价计算

（1）覆盖层清除单价见表4.5－9。

表4.5－9　　覆盖层清除单价

定额编号	10532＋10764		项目名称	覆盖层清除		
施工方法	推土机推土（118kW）推土机 推运距离≤20m，$3m^3$ 装载机装土 20t 自卸汽车运输 5km		定额单位	100m^3 自然方		
编号	名称及规格	单位	数量	单价/元	合价/元	备注
一	人工费	元			31.876	
	初级工	工时	5.2	6.13	31.876	
二	材料费	元			54.5049	
	零星材料费	%	10	243.12	24.312	
	零星材料费	%	3	1006.43	30.1929	
三	机械使用费	元			1217.6637	

续表

编号	名称及规格	单位	数量	单价/元	合价/元	备注
	推土机 118kW	台时	1.6	144.67	231.472	
	装载机 轮胎式 $3m^3$	台时	0.62	162.9	100.998	
	推土机 88kW	台时	0.31	110.41	34.2271	
	自卸汽车 20t	台时	6.31	134.86	850.9666	
四	价差				703.1045	
	柴油	kg	148.022	4.75	703.1045	
五	合计				2007.15	
折算：2007.15×1.55＝3110.08（元/100t 成品方）						

（2）天然砂砾料开采运输见表 4.5－10。

表 4.5－10　天然砂砾料开采运输单价

定额编号	60054＋60160		项目名称	天然砂砾料开采运输		
施工方法	链斗式采砂船挖砂砾料（$120m^3$ 链斗式采砂船），砂驳 $60m^3$ 胶带输送机 800mm×300m 运输		定额单位	$100m^3$ 成品堆方		
编号	名称及规格	单位	数量	单价/元	合价/元	备注
一	人工费	元			62.83	
	中级工	工时	2.10	8.90	18.69	
	初级工	工时	7.20	6.13	44.14	
二	材料费	元			47.08	
	零星材料费	%	2	690.80	13.82	
	零星材料费	%	15		849.74	
三	机械使用费	元		176.64	199.60	
	链斗式采砂船 $120m^3/h$	台时	1.13	149.98	272.96	
	拖轮 125kW	台时	1.82	44.36	80.74	
	砂驳（皮带机卸料）$60m^3$	台时	1.82	227.76	47.83	
	输砂趸船 $800m^3/h$	台时	0.21	156.94	32.96	
	胶带输送机 固定式 800mm×300m	组时	0.21	18.82	5.65	
	给料机 电磁式 45DA	组时	0.30	370.48	111.14	
	胶带输送机　带宽×带长/(mm×km) 800×0.5	组时	0.30	158.71	22.22	
	推土机 132kW	台时	0.14	172.96	51.89	
	堆料机 摇臂 $500m^3/h$	台时	0.30		849.74	
	其他机械费	%	3.00	824.99	24.75	
四	价差				184.54	
	柴油	kg	38.850	4.75	184.54	
五	合计				1144.19	
折算：1144.19×1.74＝1990.89（元/100t 成品方）						

（3）预筛分见表4.5-11。

表4.5-11　　预筛分单价表

定额编号	60075［换］		项目名称	预筛分		
施工方法	超径石处理，处理能力筛组×处理能力(t/h) 2×220，人工和机械耗量乘0.2调整系数，扣除水耗量。		定额单价	100t成品堆方		
编号	名称及规格	单位	数量	单价/元	合价/元	备注
一	人工费	元			11.90	
	中级工	工时	0.62	8.90	5.52	
	初级工	工时	1.04	6.13	6.38	
二	材料费	元				
三	机械使用费	元			90.43	
	圆振动筛 1500×3600mm	台时	0.06	38.50	2.31	
	圆振动筛 1800×4200mm	台时	0.24	43.84	10.52	
	螺旋分级机 单螺旋 1500mm	台时	0.12	44.38	5.33	
	直线振动筛 1500×4800mm	台时	0.06	50.63	3.04	
	给料机 重型槽式 1100×2700mm	台时	0.12	36.63	4.40	
	胶带输送机 $B=500$	m·h	10.40	0.81	8.42	
	胶带输送机 $B=650$	m·h	10.40	0.72	7.49	
	胶带输送机 $B=800$	m·h	35.20	0.66	23.23	
	胶带输送机 $B=1000$	m·h	7.00	0.53	3.71	
	推土机 88kW	台时	0.16	110.41	17.67	
	其他机械费	%	5.00	86.12	4.31	
四	价差				9.58	
	柴油	kg	2.016	4.75	9.58	
五	合计				111.91	

（4）天然砂石料筛洗、运输见表4.5-12。

表4.5-12　　天然砂石料筛洗、运输单价表

定额编号	60075		项目名称	天然砂石料筛洗、运输		
施工方法	处理能力筛组×处理能力/(t/h) 2×220		定额单位	100t成品堆方		
编号	名称及规格	单位	数量	单价/元	合价/元	备注
一	人工费	元			59.47	
	中级工	工时	3.10	8.90	27.59	

续表

编号	名称及规格	单位	数量	单价/元	合价/元	备注
	初级工	工时	5.20	6.13	31.88	
二	材料费	元			79.99	
	水	m^3	120.00	0.66	79.20	
	其他材料费	%	1.00	79.20	0.79	
三	机械使用费	元			455.71	
	圆振动筛 1500×3600mm	台时	0.30	38.50	11.55	
	圆振动筛 1800×4200mm	台时	1.21	43.84	53.05	
	螺旋分级机 单螺旋 1500mm	台时	0.61	44.38	27.07	
	直线振动筛 1500×4800mm	台时	0.30	50.63	15.19	
	给料机 重型槽式 1100×2700mm	台时	0.61	36.63	22.34	
	胶带输送机 $B=500$	m·h	52.00	0.81	42.12	
	胶带输送机 $B=650$	m·h	52.00	0.72	37.44	
	胶带输送机 $B=800$	m·h	176.00	0.66	116.16	
	胶带输送机 $B=1000$	m·h	35.00	0.53	18.55	
	推土机 88kW	台时	0.82	110.41	90.54	
	其他机械费	%	5.00	434.01	21.70	
四	价差				49.08	
	柴油	kg	10.332	4.75	49.08	
五	合计				644.25	

(5）成品料运输见表4.5-13。

表4.5-13　　成品料运输单价

定额编号	60340		项目名称	成品料运输		
施工方法	$3m^3$ 装载机装砂石料自卸汽车运输（运砂砾料）运距2km		定额单位	$100m^3$ 成品堆方		
编号	名称及规格	单位	数量	单价/元	合价/元	备注
一	人工费	元			19.00	
	初级工	工时	3.10	6.13	19.00	
二	材料费	元			8.02	
	零星材料费	%	1.00	801.91	8.02	
三	机械使用费	元			782.91	
	装载机 轮胎式 $3m^3$	台时	0.59	162.90	96.11	
	推土机 88kW	台时	0.30	110.41	33.12	
	自卸汽车 15t	台时	5.64	115.90	653.68	
四	价差				435.32	

续表

编号	名称及规格	单位	数量	单价/元	合价/元	备注
	柴油	kg	91.647	4.75	435.32	
五	合计				1245.25	
折算：粗骨料（砾石）1245.25 ÷ 1.65 = 754.70（元/100t 成品方） 细骨料（砂）1245.25÷ 1.55=803.38（元/100t 成品方）						

（6）超径石（弃料）运输见表 4.5-14。

表 4.5-14　超径石（弃料）运输单价

定额编号	60338		项目名称	超径石（弃料）运输		
施工方法	$3m^3$ 装载机装砂石料自卸汽车运输（运砂砾料）运距 1km		定额单位	$100m^3$ 成品堆方		
编号	名称及规格	单位	数量	单价/元	合价/元	备注
一	人工费	元			19.00	
	初级工	工时	3.10	6.13	19.00	
二	材料费	元			5.76	
	零星材料费	%	1.00	575.90	5.76	
三	机械使用费	元			556.90	
	装载机 轮胎式 $3m^3$	台时	0.59	162.90	96.11	
	推土机 88kW	台时	0.30	110.41	33.12	
	自卸汽车 15t	台时	3.69	115.90	427.67	
四	价差				313.98	
	柴油	kg	66.102	4.75	313.98	
五	合计				895.64	
折算：895.64÷1.65=542.81（元/100t 成品）						

【课堂小练兵】

某枢纽工程设计骨料需要量为 115 万 m^3，料场覆盖层清除量为 8.15 万 m^3，该项目砂石料加工系统的工艺流程为：覆盖层清除→砂砾料开采运输→砂砾料预筛分→筛洗运输→骨料运输本工艺流程不考虑超径石弃料，其他已知条件如下：覆盖层清除单价 10.25 元/m^3；砂砾料开采运输单价 7.20 元/m^3；预筛分运输单价 4.23 元/m^3；筛分运输单价 8.54 元/m^3；成品运输单价 5.38 元/m^3。写出砂石料综合单价计算过程。

Ⓣ
4.14
任务 4.5 习题

【课后作业】

扫一扫，练一练。

任务 4.6 混凝土及砂浆材料单价

4.15 混凝土及砂浆材料单价

【讨论与分析】

1. 在《水利建筑工程概算定额》附录 7 混凝土、砂浆配合比及材料用量表中查找以下混凝土及砂浆，并列出其配合比及材料用量：

（1）掺粉煤灰混凝土（掺粉煤灰量 20%）C20（3 级配），水泥强度等级 32.5。

（2）M20 砌筑砂浆。

2. 在《水利建筑工程概算定额》附录 7 混凝土、砂浆配合比及材料用量表中查找：混凝土配合比及材料用量换算系数有哪几类？分别对应哪些情况？

3. 如果采用细砂拌制水泥砂浆，需要调整附录 7 中的材料用量吗？

4. 欣赏微课小视频。

【工作任务】

这块石头值多少？

项目一所述水利枢纽工程某部位采用掺粉煤灰混凝土材料（掺粉煤灰量 20%），埋石率 13%，采用的混凝土为 C20（180d），4 级配，混凝土用 P.O 42.5 普通硅酸盐水泥。已知混凝土各组成材料的预算价格为：P.O 42.5 普通硅酸盐水泥 420 元/t、中砂 80 元/m^3、碎石 75 元/ m^3、水 0.80 元/m^3、粉煤灰 250 元/t、外加剂 5.0 元/kg，块石 300 元/m^3。采用人工拌和。试计算该混凝土材料的预算单价。试计算该掺粉煤灰混凝土的材料预算单价并完成表格。

【知识专项】

4.6.1 混凝土及砂浆材料单价的定义

混凝土及砂浆材料单价是指按混凝土及砂浆设计强度等级、级配及施工配合比配制 1m^3 混凝土、砂浆所需的水泥、砂、石、水、掺合料及外加剂等各种材料的费用之和，它不包括拌制、运输、浇筑等工序的人工、材料和机械费用，也不包括搅拌损耗外的施工操作损耗及超填量等。

1m^3 混凝土、砂浆中各种材料预算用量分别乘以其材料预算价格，其总和即为定额项目表中混凝土、砂浆的材料单价。

$$1m^3 \text{ 混凝土材料单价} = \sum 1m^3 \text{ 混凝土材料用量} \times \text{材料的预算价格} \quad (4.6-1)$$

$$1m^3 \text{ 砂浆材料单价} = \sum 1m^3 \text{ 砂浆材料用量} \times \text{材料的预算价格} \quad (4.6-2)$$

4.6.2 1m^3 混凝土中各种材料预算用量的确定

在编制混凝土材料单价时，应根据设计选定的不同工程部位的混凝土及砂浆的强度等级、级配和龄期，通过工程试验确定出各组成材料的用量。如无工程试验资料，也可参照《水利工程概算定额》附录 7 混凝土、砂浆配合比及材料用量表。

4.6.3 《水利工程概算定额》附录 7 混凝土、砂浆配合比及材料用量表使用方法

1. 混凝土强度等级折合系数

除碾压混凝土材料配合参考表外，水泥混凝土强度等级均以 28d 龄期用标准试

验方法测得的具有95%保证率的抗压强度标准值确定，如设计龄期超过28d，按表4.6-1系数换算。计算结果如介于两种强度等级之间时，应选用高一级的强度等级。

表 4.6-1　　混凝土强度等级折合系数表

设计龄期/d	28	60	90	180
强度等级折合系数	1	0.83	0.77	0.71

2. 混凝土骨料换算系数

混凝土配合比表系卵石、粗砂混凝土，如改用碎石或中、细砂，按表4.6-2系数换算。

混凝土细骨料的划分标准为：细度模数3.19～3.85（或平均粒径1.2～2.5mm）为粗砂，细度模数2.5～3.19（或平均粒径0.6～1.2mm）为中砂，细度模数1.78～2.5（或平均粒径0.3～0.6mm）为细砂，细度模数0.9～1.78（或平均粒径0.15～0.3mm）为特细砂。

表 4.6-2　　混凝土骨料换算系数表

项目	水泥	砂	石子	水
卵石换为碎石	1.10	1.10	1.06	1.10
粗砂换为中砂	1.07	0.98	0.98	1.07
粗砂换为细砂	1.10	0.96	0.97	1.10
粗砂换为特细砂	1.16	0.90	0.95	1.16

注　1. 水泥按重量计，砂、石子、水按体积计。
2. 若实际采用碎石及中细砂，则总的换算系数应为各单项换算系数的连乘积。
3. 煤灰的换算系数同水泥的换算系数。

3. 埋块石混凝土配合比表材料用量的确定

埋块石混凝土，应按配合比表的材料用量，扣除埋块石实体的数量计算。

$$1m^3 \text{ 埋块石混凝土材料量} = \text{配合表列材料用量} \times (1 - \text{埋块石率}\%) \tag{4.6-3}$$

$$1 \text{ 块石实体方} = 1.67 \text{ 码方} \tag{4.6-4}$$

$$1m^3 \text{ 埋块石混凝土块石用量} = \text{埋块石率}\% \times 1.67 \tag{4.6-5}$$

因埋块石增加的人工见表4.6-3。

表 4.6-3　　因埋块石增加的人工工时

埋块石率/%	5	10	15	20
每100m³埋块石混凝增加人工工时	24	32	42.4	56.8

注　不包括块石运输及影响浇筑的工时。

4. 水泥强度等级换算系数参考表

当工程中采用的水泥强度等级与定额附录配合比表中不同时，应对配合比表中的水泥、粉煤灰用量进行调整，见表4.6-4。

表 4.6-4　　水泥强度等级换算系数参考表

原强度等级＼代换强度等级	32.5	42.5	52.5
32.5	1.00	0.86	0.76
42.5	1.16	1.00	0.88
52.5	1.31	1.13	1.00

注　代换水泥强度等级指的是工程实际采用的水泥强度等级，原水泥强度等级指的是附录 7 中的水泥强度等级。

5. 其他

（1）水泥用量按机械拌和拟定，若系人工拌和水泥用量增加 5%。

（2）除碾压混凝土材料配合参考表外，混凝土配合表的预算量包括场内运输及操作损耗在内。不包括搅拌后（熟料）的运输和浇筑损耗，搅拌后的运输和浇筑损耗已根据不同浇筑部位计入定额内。

【解决工作任务】

1. 根据设计龄期 C20（180d）确定混凝土强度等级

查表 4.6-1，得知 180d 设计龄期对应的强度等级折合系数为 0.71。20×0.71=14.2，介于两种强度 C10 与 C15 等级之间时，应选用高一级的强度等级取 C15。

2. 确定混凝土材料的用量

通过查找《水利建筑工程概算定额》附录 7 混凝土、砂浆配合比及材料用量表（表 4.6-5）确定混凝土材料的用量。

表 4.6-5　　掺粉煤灰混凝土材料配合表
（掺粉煤灰量 20%，取代系数 1.3）

序号	混凝土强度等级	水泥强度等级	水灰比	级配	最大粒径/mm	配合比				预算量							
						水泥	粉煤灰	砂	石子	水泥/kg	粉煤灰/kg	粗砂		卵石		外加剂/kg	水/m^3
												kg	m^3	kg	m^3		
1	C10	32.5	0.75	3	80	1	0.325	4.65	11.47	139	45	650	0.44	1621	0.95	0.28	0.125
				4	150	1	0.325	4.50	14.42	122	40	551	0.37	1784	1.05	0.25	0.110
2	C15	32.5	0.65	3	80	1	0.325	3.86	10.03	160	53	620	0.42	1627	0.96	0.33	0.125
				4	150	1	0.325	3.71	12.57	140	47	523	0.35	1791	1.05	0.29	0.110

3. 确定换算系数

（1）骨料换算系数。根据已知条件骨料为中砂和碎石，查表 4.6-2，确定骨料换算系数见表 4.6-6。

表 4.6-6　　骨料换算系数

项目	水泥	砂	石子	水
卵石换为碎石	1.1	1.1	1.06	1.1
粗砂换为中砂	1.07	0.98	0.98	1.07

(2) 水泥强度等级与换算。工程实际采用的水泥强度等级为42.5，而《水利工程概算定额》中水泥强度等级为32.5，查表4.6-4，可知水泥及粉煤灰用量需乘系数0.86。

4. 埋块石混凝土、采用人工拌和材料用量的确定

每m^3埋块石混凝土材料量=配合表列材料用量×（1-埋块石率%）

=配合表列材料用量×87%

每m^3埋块石混凝土块石用量=埋块石率% ×1.67=13% ×1.67

人工拌和，水泥用量×1.05。

5. 计算混凝土及砂浆材料的基价及价差（表4.6-7）

(1) 混凝土各种材料用量确定。

水泥：140×1.05×0.87×0.86×1.1×1.07=129.45（kg）

粉煤灰：47×0.87×0.86×1.1×1.07×1.05=43.46（kg）

中砂：0.35×0.87× 0.98×1.1 =0.33（m^3）

碎石：1.05×0.87× 0.98×1.06 =0.95（m^3）

水：0.11×0.87× 1.07×1.1 =0.11（m^3）

外加剂：0.29×0.87 =0.25（kg）

块石：1.67×0.13 =0.22（m^3）

(2) 列表计算。

表4.6-7　　掺粉煤灰混凝土材料单价计算表

编号	名称及规格	单位	预算量	调整系数	材料单价/元			混凝土材料单价/元		
					预算价	基价	价差	预算价	基价	价差
一	$C_{180}20$（四级配）埋石率13%	m^3						229.14	149.83	79.31
1	水泥（P.O42.5）	kg	140	1.05×0.87×0.86×1.1×1.07	0.42	0.255	0.165	54.37	33.01	21.36
2	粉煤灰	kg	47	1.05×0.87×0.86×1.1×1.07	0.25			10.86		
3	中砂	m^3	0.35	0.87×1.1×0.98	80	70	10	26.26	22.98	3.28
4	碎石	m^3	1.05	0.87×1.06×0.98	75	70	5	71.17	66.43	4.74
5	水	m^3	0.11	0.87×1.1×1.07	0.8			0.09		
6	外加剂	kg	0.29	0.87	5			1.26		
7	块石	m^3	1.67	0.13	300	70	230	65.13	15.20	49.93

【技能拓展】

埋块石需要增加人工工时，如何体现在工程单价上？

【课堂小练兵】

M10砌筑砂浆单价的计算，已知水泥360元/t，中砂150元/m^3、水1.6元/m^3，

计算该砂浆的材料预算单价及材料价差。

【课后作业】

扫一扫，练一练。

4.16
任务 4.6 习题

任务5 建筑工程单价编制

【课程导航】

本任务点主要解决编制项目一所述某水利枢纽工程建筑工程单价。

如需配合全国水利职业院校技能大赛“水利工程造价赛项竞赛大纲及规程”，可采用Excel表格完成本任务。

Ⓟ 5.1水利工程造价赛项竞赛大程及规程

【知识目标】

1. 熟悉建筑工程单价的概念及组成内容。
2. 熟练掌握建筑工程单价的编制程序。
3. 熟悉建筑工程定额内容、使用注意事项。
4. 熟悉编制工程单价使用的各类编规及文件。
5. 掌握造价软件的使用（见《水利工程造价综合实训工作手册》）。

【岗位技能目标】

1. 能根据工程项目图纸，准确划分土石方开挖项目，辨别土类或岩石级别；能根据施工组织设计中的施工方法、弃渣场位置，准确查找土石方开挖的定额子目。

2. 能根据土料场报告、土石方平衡表、弃渣场信息及取土、运土的施工工艺，准确选用定额子目；会利用土方松实换算系数表换算土方体积。

3. 能根据施工组织设计报告中混凝土的生产工艺、运输方式，准确查找混凝土拌制、运输定额子目；能根据图纸，准确查找混凝土浇筑子目。

4. 能根据施工组织设计报告中预制混凝土预制场的布置、预制构件的运输方式、预制构件的吊装方式，准确选用定额子目。

5. 能根据图纸及施工组织设计区分模板所用材质、形状、安装部位，并准确套用定额子目。

6. 能根据图纸计算钻孔平均岩石地层、灌浆平均透水率，根据施工工艺准确选用钻孔灌浆定额子目，根据施工记录调整灌浆定额中的水泥用量。

【素养目标】

党的二十大报告指出，我们坚持绿水青山就是金山银山的理念。坚持山水林田湖草沙一体化保护和系统治理，全方位、全地域、全过程加强生态环境保护，生态文明制度体系更加健全，污染防治攻坚向纵深推进，绿色、循环、低碳发展迈出坚实步伐，生态环境保护发生历史性、转折性、全局性变化，我们的祖国天更蓝、山更绿、水更清。

【思政导引】

明朝水利学大家潘季驯

明朝水利学大家潘季驯

潘季驯在总结前人经验及长期的治河实践中，提出了“筑堤束水，以水攻沙”的治黄方略和“蓄清（淮河）刷浑（黄河）”以保漕运的治运方略，发明“束水冲沙法”。在他的主持下，黄河沿岸淮扬间堤坝无不修筑，堵塞决口，并加筑洪泽湖东岸高家堰、束淮入清口，使二水并流入海。两河工成后，河道数年间无大患 。其治黄通运的方略和“筑近堤（缕堤）以束河流，筑遥堤以防溃决”的治河工程思路及其相应的堤防体系和严格的修守制度，直至清末仍是治河的主导思想，为中国古代的治河事业作出了重大贡献。束水攻沙论的提出，对明代以后三百余年的治河工作产生了深远影响。

潘季驯从嘉靖四十四年（1565年）到万历二十年（1592年），四次主持治河工作。治河前后将近十年，任职时间之长，明代治河诸臣无出其右者。特别是后两次，治河大权全归于潘季驯，朝廷特准其“便宜行事”，取得了显著的成就。

潘季驯在一生四次治河中，不辞辛劳，上到河南，下至南直隶，多次深入工地，并对黄、淮、运三河提出了综合治理原则：“通漕于河，则治河即以治漕，会河于淮，则治淮即以治河，会河、淮而同入于海，则治河、淮即以治海。”在此原则下，他根据黄河含沙量大的特点，又提出了“以河治河，以水攻沙”的治河方策。

为了达到束水攻沙的目的，潘季驯十分重视堤防的作用，把堤防比作边防，强调“堤防者，防水之外也”。他总结了当时的修堤经验，创造性地把堤防工作分为遥堤、缕堤、格堤、月堤四种，因地制宜地在大河两岸周密布置，配合运用。他对筑堤特别重视质量，提出“必真土而勿杂浮沙，高厚而勿惜居费”“逐一锥探土堤”等修堤原则，规定了许多行之有效的修堤措施和检验质量的办法，取得了较好的效果。

潘季驯主张合流，但为了防御特大洪水，在一定条件下，他并不反对有计划地进行分洪，如在《两河经略疏》中就明确指出：“黄河水浊，固不可分。然伏秋之间，淫潦相仍，势必暴涨。两岸为堤所固，水不能泄，则奔溃之患，有所不免。”

在束水攻沙的基础上，潘季驯又提出在会淮地段“蓄清刷浑”的主张。他认为“清口乃黄淮交会之所，运道必经之处，稍有浅阻，便非利涉”，如果想要顺利通行，“须令全淮之水尽由此出”。在这一思想指导下，根据“淮（河）清（黄）河浊，淮弱河强”的特点，他一方面主张修归仁堤阻止黄水南入洪泽湖，筑清浦以东至柳浦湾堤防不使黄水南侵；另一方面又主张大筑高家堰，蓄全淮之水于洪泽湖内，抬高水位，使淮水全出清口，以敌黄河之强，不使黄水倒灌入湖。潘季驯认为采取这些措施后，将使黄淮之水全力冲入大海，带走了沉积的大量泥沙，以达到“海不浚而辟，河不挑而深”的效果，所以他认为“固堤即以导河，导河即以浚海”。

任务5.1 建筑工程单价编制方法

【讨论与分析】

5.2 建筑工程单价编制方法

1. 建筑工程单价由哪些费用组成？
2. 材料补差的意义是什么？
3. 欣赏微课小视频。

【工作任务】

项目一所述某水利枢纽工程位于江西省，枢纽建筑物主要由混凝土溢流坝、混凝土非溢流重力坝、河床式电站厂房和斜面升船机等组成。

试计算该项目其他直接费费率及间接费费率。

【知识专项】

5.1.1 工程单价的概念

工程单价分为建筑工程单价和安装工程单价两类。

工程单价是指完成单位建筑安装工程量所需消耗的各种资源的费用、利润、税金等的价格体现。工程单价由直接费、间接费、利润和税金组成。水利工程的建筑工程单价包括土方、石方、砌石工程、混凝土、模板工程、疏浚工程及其他工程单价等。

编制工程单价有三要素，即“量、价、费”，量指的是完成一定数量合格建筑或安装工程产品所需的资源消耗量；“价”指的是单位资源的价格；“费”指的是完成单位合格建筑安装工程量所需的费用。它们之间的关系为：费＝量×价。

5.1.2 建筑工程单价组成与编制程序

1. 建筑工程单价的组成

建筑工程单价组成如图5.1－1所示。

2. 建筑工程单价的编制程序

建筑工程单价编制程序见表5.1－1。

表5.1－1 建筑工程单价编制程序

序号	项目	计算方法
(一)	直接费	(1)＋(2)
(1)	基本直接费	①＋②＋③
①	人工费	∑定额劳动量（工时）×人工预算单价（元/工时）
②	材料费	∑定额材料用量×材料预算价格
③	机械费	∑定额机械使用量（台时）×施工机械台时费（元/工时）
(2)	其他直接费	(1)×其他直接费费率之和

续表

序 号	项 目	计 算 方 法
(二)	间接费	(一)×间接费费率
(三)	企业利润	[(一)+(二)]×企业利润率
(四)	材料补差	Σ各种基价、限价材料补差
(五)	税金	[(一)+(二)+(三)+(四)]×税率
(六)	建筑工程单价	(一)+(二)+(三)+(四)+(五)

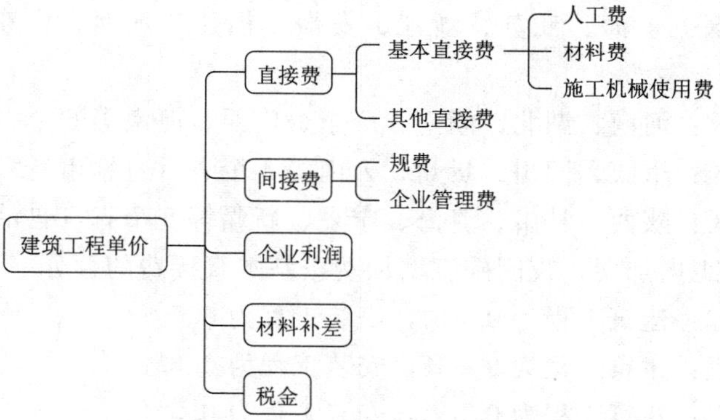

图 5.1-1 建筑工程单价的组成

3. 建筑工程单价计算的依据与步骤

编制建筑工程单价首先要了解工程概况、熟悉设计图纸、弄清工程地质情况；然后根据施工组织设计确定的施工方案、施工工艺及施工机械的配备情况，正确选择定额；最后根据已经计算确定的基础单价、费用定额等计算工程单价。

建筑工程单价的编制方法，一般使用“单价分析表”（表 5.1-2）的形式进行。

表 5.1-2 单 价 分 析 表

单价编号		项目名称			
定额编号				定额单位	
施工方法	（填写施工方法、土或岩石类别、运距等）				
编号	名称及规格	单位	数量	单价/元	合价/元

5.1.3 建筑工程的费用标准

根据《水利部关于发布〈水利工程设计概（估）算编制规定〉的通知》（水总〔2014〕429 号）、《水利部办公厅关于印发〈水利工程营业税改征增值税计价依据调整办法〉的通知》（办水总〔2016〕132 号）和《水利部办公厅关于调整水利工程计价依据增值税计算标准的通知》（办财务函〔2019〕448 号）的规定，水利工程建筑工程的费用标准如下。

1. 其他直接费

(1) 冬雨季施工增加费。根据地区不同，按基本直接费的百分率计算。西南地区、中南地区、华东地区为0.5%～1.0%；华北地区为1.0%～2.0%；西北地区、东北地区为2.0%～4.0%；西藏自治区为2.0%～4.0%。

西南地区、中南地区、华东地区中，按规定不计冬期施工增加费的地区取小值，计算冬期施工增加费的地区可取大值；华北地区中，内蒙古等较严寒地区可取大值，其他地区取中值或小值；西北地区、东北地区中，陕西、甘肃等省取小值，其他地区可取中值或大值。各地区包括的省（自治区、直辖市）如下。

1）华北地区：北京、天津、河北、山西、内蒙古等5个省（自治区、直辖市）。

2）东北地区：辽宁、吉林、黑龙江等3个省。

3）华东地区：上海、江苏、浙江、安徽、福建、江西、山东等7个省（直辖市）。

4）中南地区：河南、湖北、湖南、广东、广西、海南等6个省（自治区）。

5）西南地区：重庆、四川、贵州、云南等4个省（直辖市）。

6）西北地区：陕西、甘肃、青海、宁夏、新疆等5个省（自治区）。

（2）夜间施工增加费。夜间施工增加费按基本直接费的百分率计算。

1）枢纽工程：建筑工程为0.5%，安装工程为0.7%。

2）引水工程：建筑工程为0.3%，安装工程为0.6%。

3）河道工程：建筑工程为0.3%，安装工程为0.5%。

（3）特殊地区施工增加费。特殊地区施工增加费是指在高海拔、原始森林、沙漠等特殊地区施工而增加的费用，其中，高海拔地区施工增加费已计入定额，其他特殊地区施工增加费，应按工程所在地区规定标准计算，地方没有规定的不得计算此项费用。

（4）临时设施费。临时设施费按基本直接费的百分率计算。

1）枢纽工程：建筑及安装工程为3.0%。

2）引水工程：建筑及安装工程为1.8%～2.8%。若工程自采加工人工砂石料，则费率取上限；若工程自采加工天然砂石料，则费率取中值；若工程采用外购砂石料，则费率取下限。

3）河道工程：建筑及安装工程为1.5%～1.7%。灌溉田间工程取下限，其他工程取中限或上限。

（5）安全生产措施费。安全生产措施费按基本直接费的百分率计算。

5.3水利工程计价依据安全生产措施费计算标准（办水总函〔2023〕38号）

根据《水利部办公厅关于调整水利工程计价依据安全生产措施费计算标准的通知》（办水总函〔2023〕38号）：将《水利工程设计概（估）算编制规定》（水总〔2014〕429号）中的安全生产措施费计算标准由现行费率统一调整为2.5%，自印发之日（2023年1月16日）起施行。

（6）其他。其他按基本直接费的百分率计算。

1）枢纽工程：建筑工程为1.0%，安装工程为1.5%。

2）引水工程：建筑工程为0.6%，安装工程为1.1%。

3）河道工程：建筑工程为0.5%，安装工程为1.0%。

特别说明：①砂石备料工程其他直接费费率取0.5%；②掘进机施工隧洞工程

其他直接费取费费率执行以下规定：土石方类工程、钻孔灌浆及锚固类工程取2%～3%；掘进机由建设单位采购，设备费单独列项，台时费中不计折旧费，土石方类工程、钻孔灌浆及锚固类工程取4%～5%。敞开式掘进机费率取低值，其他掘进机取高值。

2. 间接费

根据《水利工程营业税改征增值税计价依据调整办法》（办水总〔2016〕132号），间接费标准可划分为枢纽工程、引水工程和河道工程三部分，见表5.1-3。

表5.1-3　间接费费率表

序号	工程类别	计算基础	间接费费率/%		
			枢纽工程	引水工程	河道工程
一	建筑工程				
1	土方工程	直接费	8.5	5～6	4～5
2	石方工程	直接费	12.5	10.5～11.5	8.5～9.5
3	砂石备料工程（自采）	直接费	5	5	5
4	模板工程	直接费	9.5	7～8.5	6～7
5	混凝土浇筑工程	直接费	9.5	8.5～9.5	7～8.5
6	钢筋制作安装工程	直接费	5.5	5	5
7	钻孔灌浆工程	直接费	10.5	9.5～10.5	9.25
8	锚固工程	直接费	10.5	9.5～10.5	9.25
9	疏浚工程	直接费	7.25	7.25	6.25～7.25
10	掘进机施工隧洞工程（1）	直接费	4	4	4
11	掘进机施工隧洞工程（2）	直接费	6.25	6.25	6.25
12	其他工程	直接费	10.5	8.5～9.5	7.25
二	机电、金属结构设备安装工程	人工费	75	70	70

注　引水工程一般取下限标准，隧洞、渡槽等大型建筑物较多的引水工程，以及施工条件复杂的引水工程取上限标准。

河道工程：灌溉田间工程取下限，其他工程取上限。

工程类别划分说明：

（1）土方工程，包括土方开挖与填筑等。

（2）石方工程，包括石方开挖与填筑、砌石、抛石工程等。

（3）砂石备料工程，包括天然砂砾料和人工砂石料的开采加工。

（4）模板工程，包括现浇各种混凝土时制作及安装的各类模板工程。

（5）混凝土浇筑工程，包括现浇和预制各种混凝土、伸缩缝、止水、防水层、温控措施等。

（6）钢筋制作安装工程，包括钢筋制作与安装工程等。

（7）钻孔灌浆工程，包括各种类型的钻孔灌浆、防渗墙、灌注桩工程等。

（8）锚固工程，包括喷混凝土（浆）、锚杆、预应力锚索（筋）工程等。

（9）疏浚工程，是指用挖泥船、水力冲挖机组等机械疏浚江河、湖泊的工程。

（10）掘进机施工隧洞工程（1），包括掘进机施工土石方类工程、钻孔灌浆及锚固类工程等。

（11）掘进机施工隧洞工程（2），是指掘进机设备单独列项采购并且在台时费中不计折旧费的土石方类工程、钻孔灌浆及锚固类工程等。

（12）其他工程，是指除上述11类工程以外的其他工程。

3. 利润

利润按直接费和间接费之和的7%计算。

4. 税金

税金是指应计入建筑安装工程费用内的增值税销项税额，现行税率为9%，自采砂石料税率为3%。

5.1.4 编制建筑工程单价时应注意的问题

(1) 在编制概（估）算时，采用单价法编制建筑工程单价时，应该严格执行定额，一般情况下不能随意调整。

(2) 编制工程单价时，对于现行水利工程定额中没有的工程项目，可以参照水电或其他专业的相应定额，没有参考定额时应编制补充定额，但应注意补充定额与现行定额的水平应保持一致。

(3) 必须按照施工组织设计确定的施工工序和施工方法选用相应的定额。选择定额时，应注意定额中注明的“工作内容”。当实际工作内容与定额中规定的工作内容不一致时，应对定额中的资源消耗量进行调整，使定额能真实地反映工程的实际情况。

(4) 现行定额按照每天工作三班制，每班工作8h计算，如采用一日一班或两班制时，定额不作调整。计量单位为小时，即劳动力用量以工时表示，机械用量以台时表示，人工和机械定额数量，包括基本工作、辅助工作、准备与结束、不可避免的中断、必要的休息、工程检查、交接班、班内工作干扰、夜间工效影响以及常用工具和机械的维修、保养、加油、加水等全部工作内容。水利工程的建筑工程定额分为单项定额和综合定额。如果施工组织所安排的施工方法、施工工序、施工机械的型号等均与定额相同时，则可采用综合定额。即从第一道工序到最后一道工序的全部工作内容及应考虑的因素均包括在定额中。以土石坝堆筑单价为例，如果采用综合定额则不必单独计算覆盖层清除的工序单价，也不需要分别计算原料开采、运输、碾压等工序的单价，只需直接套用概算定额中相应的综合定额，即可编制土石坝堆筑的概算单价。若施工组织设计采用的施工方法、施工工序、主要施工机械的规格型号等与定额不同时，则需要按单项定额分别编制各工序单价，然后再根据工序单价编制工程单价。

(5) 施工中的超挖、超填、施工损耗及施工附加量的处理。施工中的超挖、超填、施工损耗及施工附加量是工程施工过程中不可避免的，处理方法分两种情况：一种是定额中已按现行规范和有关规定计入了不构成建筑工程实体的各种施工操作损耗、允许的超挖超填量和合理的施工附加量及体积变化而多耗用的人工、材料、机械台日时数量，在编制建筑工程造价时，应直接按设计结构工程量作为编制工程造价的依据。例如，现行概算定额中隧洞的石方超挖及混凝土超填量均已考虑在定额中，工程量只需按设计断面尺寸计算即可；另一种情况是定额中没有考虑施工中的超挖、超填、施工损耗及施工附加量，在编制工程造价时应根据有关的编制办法予以考虑。

(6) 选择定额子目时，如建筑物尺寸、运距等介于定额两子目之间，则可用插入法补充得到所需定额值。

$$A=B+\frac{(C-B)(a-b)}{(c-b)} \tag{5.1-1}$$

式中 A——所求定额值；

B——小于且最接近 A 项的定额值；

C——大于且最接近 A 项的定额值；

a——A 项定额尺寸或运距等；

b——B 项定额尺寸或运距等；

c——C 项定额尺寸或运距等。

(7) 定额中的“工作内容”仅扼要说明主要施工过程及施工工序，对次要的施工过程、施工工序和必要的辅助工作虽未列出，但已包括在定额内。如挖掘机挖土定额中，实际已经包含推土机推土集料等工作内容。

(8) 定额中的材料是指完成该定额子目工作内容所需的全部材料耗用量，包括主要材料、其他材料及零星材料。主要材料以实物量形式在定额中列项；定额中未列示品种规格的材料，根据设计选定的品种规格计算，但定额数量不得调整。已列示品种规格的，使用时不得变动。

1) 凡一种材料名称之后，同时并列几种不同型号规格的，表示这种材料只能选用其中一种型号规格的定额进行计价。如石方开挖定额导线名称后面列有火线或电线，只能取其中一种计价。

2) 凡一种材料分几种型号规格与材料名称同时并列的，如石方开挖定额中同时并列导火线和导电线，则表示这些名称相同而型号规格不同的材料都应同时计价。

3) 其他材料费和零星材料费是指完成该定额工作内容所需，但未在定额中列量的全部其他或零星材料费用，如工作面内的脚手架、排架、操作平台等的摊销费，地下工程的照明费，石方开挖工程的钻杆、空心钢，混凝土工程的养护用材料及其他用量少的材料等。

4) 材料从分仓库或相当于分仓库材料堆放地至工作面的场内运输所需的人工、机械及费用，已包括在各相应定额内。

5) 使用现行的 2002 年水利部定额时注意：根据国防科工委、公安部《关于做好淘汰导火索、火雷管、铵梯炸药相关工作的通知》(科工爆〔2008〕203 号) 精神，鉴于铵梯炸药技术含量低，安全性能差，威胁公共安全，于 2008 年 6 月起，全国范围内停止使用导火索、火雷管、铵梯炸药。

(9) 定额中的机械是指完成该定额子目工作内容所需的全部机械耗用量，包括主要机械和其他机械。主要机械以台 (组) 时数量在定额中列项。

1) 凡机械定额以组时表示的，其每组机械配置均按设计资料计算，但定额数量不得调整。例如，30089 子目中，13～14t 振动碾配 74kW 拖拉机，为一组。将这两种机械的台时费相加，即为组时费，定额数量不变。

2）凡一种机械名称之后，同时并列几种不同型号规格的，如土石方、砂石料运输定额中的自卸汽车后面列有不同吨位，表示只能选用其中一种吨位的自卸汽车定额计价。

3）凡一种机械分几种型号规格与机械名称同时并列，则表示这些名称相同而规格不同的机械都应同时计价。例如，斜井石方开挖，断面 $10m^2$、$15m^2$、$30m^2$、$60m^2$、$120m^2$、$240m^2$ 定额中，并列有风钻气腿式、风钻手持式两行，这两种机械应同时计价。

（10）定额中其他材料费、零星材料费、其他机械费，均以费率形式表示，其计算基数如下。

1）其他材料费，以主要材料费之和为计算基数。

2）零星材料费，以人工费、机械费之和为计算基数。

3）其他机械费，以主要机械费之和为计算基数。

（11）定额用数字表示的适用范围。

1）只用一个数字表示的，仅适用于该数字本身。当需要选用的定额介于两子目之间时，可用插入法计算。如平洞石方开挖，风钻钻孔，断面 $40m^2$，Ⅹ级岩石，应采用定额 20218 与 20222 子目进行插入计算。

2）定额中数字表示的适用范围。数字后用“以上”“以外”“大于”“超过”表示的，都不包括数字本身。数字后用“以下”“以内”“小于或等于”“不大于”表示的，都包括数字本身。数字用“××～××”表示的，是用于这两个数字区间的范围。相当于“××以上至××以下”，如 2000～2500，适用于大于 2000、小于或等于 2500 的数字范围。如沟槽石方开挖，底宽 4m，风钻钻孔，Ⅹ级岩石，应选用 20078 定额子目计算。

（12）定额中各章挖掘机定额，均按液压挖掘机拟定，使用时不作调整。

（13）定额中各章的汽车运输定额，适用于水利工程施工路况 10km 以内运输。运距超过 10km 时，超过部分按增运 1km 台时数乘以系数 0.75 计算。

水利建筑工程定额中的运输定额仅用于水电工程的施工场内运输。除人工（挑抬、胶轮车等）在有坡度的施工场地运输按实际斜距乘以系数外，其他运输项目的定额在使用时不计高差折平和路面等级系数。

（14）在使用建筑或安装工程定额时，应先看定额的总说明和各章的说明，搞清定额的使用范围和条件，注意各种调整系数。定额各章节说明或附注有关的定额调整系数，除注明外，一般均按连乘计算。

（15）营业税改为增值税后，在使用定额时应注意以下几点。

1）在增值税下，水工建筑工程细部结构指标暂不作调整；建筑工程定额、安装工程定额中以费率形式（%）表示的其他材料费、其他机械费费率不作调整。

2）在增值税下，以费率形式（%）表示的安装工程定额，其人工费费率不变，材料费费率除以调整系数 1.03，机械使用费费率除以调整系数 1.10，装置性材料费费率除以调整系数 1.13。计算基数不变，仍为含增值税的设备费。

3）水土保持工程概算定额中以费率形式（%）表示的其他材料费（零星材料费）、其他机械使用费（其他机械费）暂不作调整；飞机播种林草定额中的飞机费用不含增值税的价格计算。

【解决工作任务】

项目一所述某水利枢纽工程其他直接费费率（江西赣南地区不计冬季施工增加费、枢纽工程）：

建筑工程：0.5%＋0.5%＋0＋3.0%＋2.5%＋1.0% ＝7.5%

安装工程：0.5%＋0.7%＋0＋3.0%＋2.5%＋1.5%＝8.2%

间接费费率：枢纽工程土方工程 8.5% ，石方工程 12.5%，模板及混凝土浇筑工程 9.5%，钢筋制安工程 5.5%，钻孔灌浆及锚固工程 10.5%，其他工程 10.5%，安装工程 75%。

【课堂小练兵】

若项目一所述某水利枢纽工程为引水工程，自采砂石料，施工条件较好，没有大型建筑物。请列出其他直接费费率和石方工程间接费费率。

【知识拓展】

在江西，小型农田水利工程的新建、扩建、加固改造，其造价文件的编制选用什么定额编制规定合适？

选用《江西省农村水利工程设计概（估）算编制规定》（赣水建管字〔2011〕234 号）、《江西省农村水利建筑安装工程预算定额》和《江西省农村水利施工机械台时费定额》。

本编制规定及相应定额适用于江西省新建、扩建、加固改造的农村水利工程（小型农田水利工程和农村村镇集中供水工程）。小型农田水利工程：大型灌区≤$1.0m^3/s$、中型灌区≤$0.5m^3/s$、小型灌区的渠道、渠系建筑物和田间工程等末级渠系工程；农村村镇集中供水工程：供水规模≤10000t/d 的农村村镇集中供水工程。

任务 5.2　土方开挖工程单价编制

【讨论与分析】

1. 在图 5.2－1 所示二期基坑施工现场照片中找出土方开挖施工机械，叙述土方开挖施工工序。

2. 欣赏微课小视频。

5.4 土方开挖工程单价编制

【工作任务】

项目一所述某水利枢纽工程，二期溢流堰基坑开挖剖面如图 5.2－2 所示，其施工组织设计如下，项目一采用的主要材料预算价格见表 5.2－1。试计算本项目设计概算中二期溢流堰基坑砂卵石开挖工程概算单价。

图 5.2-1　二期基坑现场施工照片

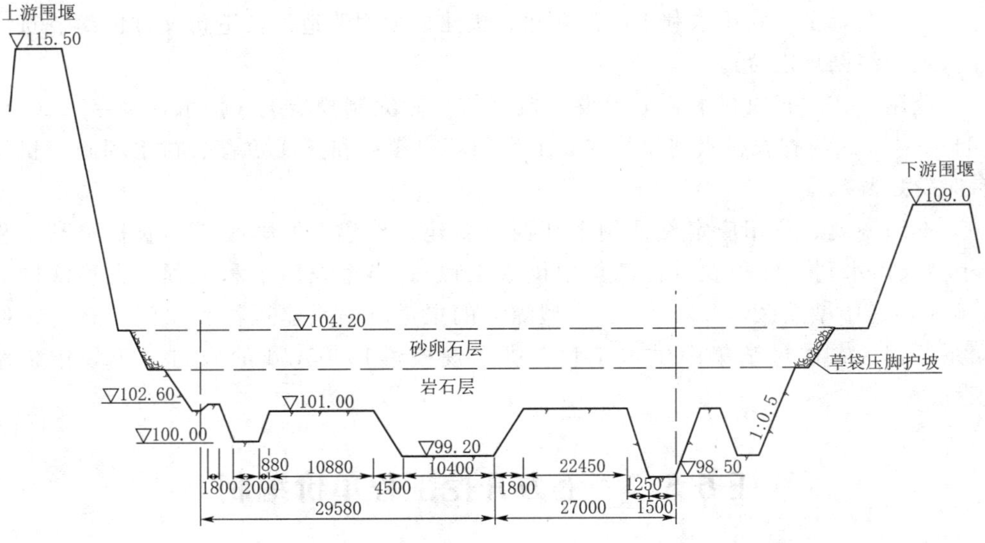

图 5.2-2　二期溢流堰基坑开挖剖面示意图

表 5.2-1　　项目一所述某水利枢纽工程采用的主要材料预算价格

序　号	名称及规格	单　位	不含税预算价格/元
1	水泥 32.5	kg	0.429
2	水泥 42.5	kg	0.479
3	钢筋	t	4304.32
4	砂	m^3	97.80
5	块石	m^3	106.80
6	卵石	m^3	102.02

续表

序　号	名称及规格	单　位	不含税预算价格/元
7	柴油	kg	7.74
8	汽油	kg	9.78
9	风	m^3	0.30
10	电	kW·h	0.84
11	水	m^3	0.66
12	炸药	kg	15.93
13	雷管	个	5

施工组织设计：坝体基坑地面高程为102.7～104.2m，开挖厚度为2～6m，开挖坡比为1∶1。砂卵石层开挖完毕后，立即用草袋对边坡进行护坡和护脚。同样采用梯级连续开挖，分层开挖厚度3.5～5m，砂卵石开挖采用$2m^3$反铲挖装，T220推土机集料，15T自卸汽车运料弃渣。开挖机械配置：$2m^3$反铲5台，15T自卸汽车25台，T220推土机2台，T120推土机2台。砂卵石开挖40%运至右岸料场地（0.5km）进行分筛利用，60%运至弃渣场（5km）。

【知识专项】

5.2.1　土方开挖工程的施工工序及常用施工机械

土方开挖工程按施工工序可分为开挖、运输两道工序，主要施工方法有人力施工、机械施工两种。人力施工效率低且成本高，只有当工作面狭窄或施工机械难以进入的部位才采用，如小断面沟槽开挖、陡坡上的小型土方开挖等。土方开挖施工流程图见图5.2-3。

土方挖装常用的机械有挖掘机、铲运机、装载机、推土机、自卸汽车、载重汽车、拖拉机和卷扬机等。

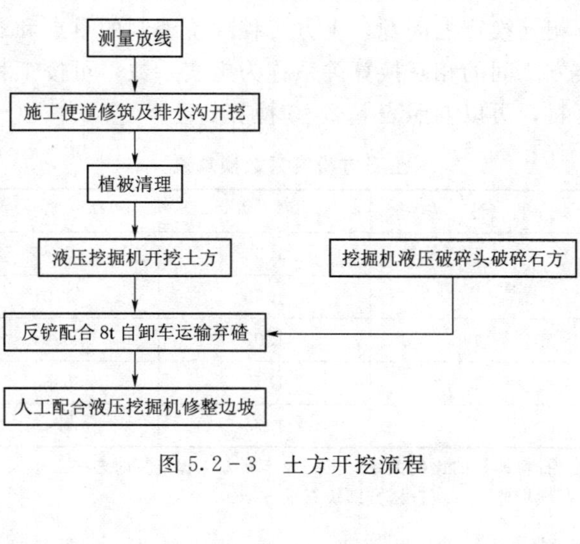

图5.2-3　土方开挖流程

1. 土的分类

现行《水利建筑工程概算定额》规定，土类级别划分，除冻土外，均按土石十六级分类法的前四级划分土类级别。即按土质名称、自然湿容重、外形特征、开挖方法等，土可分为Ⅰ类、Ⅱ类、Ⅲ类、Ⅳ类（表5.2－2）。

表5.2－2 土类分级表

土质级别	土质名称	自然湿容重/(kg/m³)	外形特征	开挖方法
Ⅰ	1. 砂土 2. 种植土	1650～1750	疏松，黏着力差或易透水，略有黏性	用锹或略加脚踩开挖
Ⅱ	1. 壤土 2. 淤泥 3. 含壤种植土	1750～1850	开挖时能成块，并易打碎	用锹需用脚踩开挖
Ⅲ	1. 黏土 2. 干燥黄土 3. 干淤泥 4. 含少量砾石黏土	1800～1950	黏手，看不见砂粒或干硬	用镐、三齿耙开挖或用锹需用力加脚踩开挖
Ⅳ	1. 坚硬黏土 2. 砾质黏土 3. 含卵石黏土	1900～2100	土壤结构坚硬，将土分裂后成块状或含黏粒砾石较多	用镐、三齿耙工具开挖

2. 土方工程的计量单位

预算定额和概算定额的土方开挖及运输定额，均按自然方为计量单位。填筑压实定额均以压实方为计量单位。

自然方：是指未经扰动的自然状态的土方。

松方：是指自然方经人工或机械开挖而松动过的土方。

压实方：是指填筑、回填经过压实后的成品方。

松方一般不作为定额计量单位，但可作为土方工程单价编制中换算不同计量单位的过渡单位。由于各施工工序土方状态不同，编制土方工程单价必然会遇到自然方、松方和压实方相互换算的问题，土方工程单价编制的重点和难点也在于此。自然方、松方和压实方之间的相互换算关系称为虚实系数，可按工程的实际试验资料测定。若无试验资料，可以参照表5.2－3换算。

表5.2－3 土石方松实系数换算表

项　目	自　然　方	松　方	压　实　方	码　方
土　方	1	1.33	0.85	
石　方	1	1.53	1.31	
砂　方	1	1.07	0.94	
混合料	1	1.19	0.88	
块　石	1	1.75	1.43	1.67

注 1. 松实系数是指土石料体积的比例关系，供一般土石方工程换算时参考。
2. 块石实方指堆石坝坝体方，块石松方即块石堆方。

3. 土方开挖工程量

（1）预算定额是基础定额，定额中不含超挖超填量，土方开挖应按实际开挖方量计算工程量。

（2）概算定额是在预算定额的基础上，进行综合、简化、扩大、过渡，定额中已包括施工操作损耗，允许超挖超填量、合理的施工附加量和体积变化等因素。例如，沟槽、柱坑、渠道、平洞、斜井、竖井等土方开挖定额中，已根据施工规范允许超挖厚度计入超挖量。使用概算定额，其工程量应按照设计图纸轮廓尺寸计算。槽形基坑开挖，其工程量应按设计断面并应按照土方施工规范规定的加宽增放坡度计算。对于增放边坡、设计沉陷所增加的方量均按设计提供的计算工程量（成品方）计入成品方工程量中。

5.2.2 土方开挖工程定额使用方法

1. 注意定额工作内容

土方开挖工程，除定额规定的工作内容外，还包括挖小排水沟、修坡、清除场地草皮杂物、交通指挥、安全设施及取土场和卸土场的小路修筑与维护等工作。

2. 注意项目的划分

按开挖尺寸划分：

（1）一般土方开挖定额，适用于一般明挖土方工程和上口宽超过16m的渠道及上口面积大于80m^{2}柱坑的土方工程。

（2）渠道土方开挖定额，适用于上口宽不大于16m的梯形断面、长条形、底边需要修整的渠道土方工程。

（3）沟槽土方开挖定额，适用于上口宽不大于8m的矩形断面或边坡陡于1：0.5的梯形断面，长度大于宽度3倍的长条形，只修底面不修边坡的土方工程，如截水墙、齿墙等各类墙基和电缆沟等。

（4）柱坑土方开挖定额，适用于上口面积不大于80m^2，长度小于宽度3倍，深度小于上口短边长度或直径，四侧垂直或边坡陡于1：0.5，不修边坡只修底面的坑挖工程，如集水坑、柱坑、机座等工程。

（5）平洞土方开挖定额，适用于水平夹角不大于6°、断面积大于2.5m^{2}的洞挖工程。

（6）斜井土方开挖定额，适用于水平夹角为6°～75°、断面积大于2.5m^{2}的洞挖工程。

（7）竖井土方开挖定额，适用于水平夹角大于75°、断面面积大于2.5m^2、深度大于上口短边长度或直径的洞挖工程，如抽水井工程、闸门井、交通井、通风井等。

3. 运输定额选用及计算方法

（1）当运距小于5km且又是整数运距时，如1km、2km、3km，直接按定额表中定额子目选用；当运距非整数运距时，可采用插入法计算其定额值。

（2）当运距小于1 km时，其定额值计算如下：

$$定额值=1km值-(2km值-1km值)\times(1-运距)$$

（3）当运距为5～10km时，其定额值计算如下：

$$定额值=5km值+(运距-5)\times增运1km值$$

（4）当运距大于10km时，其定额值计算如下：

定额值=5km值+5×增运1km值+(运距-10)×增运1km值×0.75

4. 注意根据工程实际情况调整定额值

（1）在计算砂砾（卵）石开挖和运输工程单价时，应按Ⅳ类土定额进行计算。

（2）预算定额：挖掘机、轮斗挖掘机或装载机挖装土（含渠道土方）自卸汽车运输各节，适用于Ⅲ类土。Ⅰ、Ⅱ类土和Ⅳ类土按表5.2-4所列系数进行调整。

表5.2-4　　人工、机械换算系数表

项　目	人工	机械	项　目	人工	机械
Ⅰ、Ⅱ类土	0.91	0.91	Ⅳ类土	1.09	1.09
Ⅲ类土	1	1			

（3）当采用推土机或铲运机施工时，推土机的推土距离和铲运机的铲运距离是指取土中心至卸土中心的平均距离；推土机推松土时，定额中推土机的台时数量应乘以系数0.8。

（4）挖掘机、装载机挖装土料自卸汽车运输定额，是按挖装自然方拟定的，如挖装松土时，其中人工及挖装机乘以调整系数0.85。

（5）推土机推土定额是按推自然方拟定的，如推松土时，定额中的人工工时及挖装机械的台时数量应乘以系数0.85。

（6）管道沟土方开挖：

概算定额：若采用“液压反铲挖掘机挖渠道土方自卸汽车运输”定额时，对定额人工消耗量要进行调减，Ⅰ～Ⅱ类土，减少13.10工时/100m^3；Ⅲ类土，减少14.40工时/100m^3；Ⅳ类土，减少15.70工时/100m^3。

预算定额：若采用“液压反铲挖掘机挖渠道土方自卸汽车运输”定额，不需要修边修底时，每100m^3减少人工14工时。

（7）平洞、斜井土方开挖定额中的轴流通风机台时数量，是按一个工作面长度200m拟定的，如超过200m，应按表5.2-5所列系数（用插入法计算）进行调整。

表5.2-5　　人工、机械换算系数表

工作面长度/m	调整系数	工作面长度/m	调整系数
200	1.00	700	2.28
300	1.33	800	2.50
400	1.50	900	2.78
500	1.80	1000	3.00
600	2.00		

5.2.3 土方工程单价编制

影响土方工程施工效率的主要因素有土的级别、取（运）土的距离、施工方法、施工条件和质量要求。土方工程单价应根据土的类别、施工方案，结合施工工序等条件选择合理的定额进行编制。

因为土方定额大多是按影响工效的参数来划分节和子目的，所以只有了解工程概况，掌握现场的地质条件和施工条件，根据合理的施工组织设计确定的施工方法及选用的机械设备来确定影响参数，才能正确地选用定额子目，这是编好土方开挖工程单价的关键。

土方开挖由挖装、运输两道工序组成。土方开挖、运输单价，一般合并为综合单价计算，也可以分别计算。

(1) 影响土方挖装工序的主要因素。

1) 土的级别。土的级别越高，开挖的难度越大，工效越低。

2) 设计要求的开挖形状。设计有形状要求的沟、渠、坑等都会影响工效，尤其断面越小，深度越深时，机械开挖效率越低。因此定额往往按沟、渠、坑等分节，各节再分别按其宽度、面积等划分子目。

3) 施工条件。不良施工条件，如水下开挖、冰冻都将严重影响开挖的工效。

(2) 影响土方运输的主要因素。

1) 运土距离。运土的距离越长，所需的时间也越长，但在一定的起始范围内，不是直线的反比关系，而是对数的曲线关系。

2) 土的级别。从开挖角度看，土的级别越高，其密度 (t/m^3) 越大，开挖的阻力也越大；从运输角度看，由于土石方都习惯采用体积作为单位，所以土的级别越高，运输每立方米土的产量越低。

3) 施工条件。装卸车的条件、路况、卸土场的条件等都影响运土的工效。如水下土方开挖施工、开挖断面小深度大的沟槽及长距离的土方运输等，都会降低施工工效，相应的工程单价就会提高。

【解决工作任务】

(1) 梳理施工组织设计，找出砂卵石开挖施工工序及施工机械。

项目一所述某水利枢纽工程砂卵石开挖主要采用 $2m^3$ 反铲挖装，T220 推土机集料，15T 自卸汽车运料弃渣。

(2) 根据施工组织设计，计算出综合运距。

砂卵石开挖 40%运至右岸料场地 (0.5km)，60%运至弃渣场 (5km)。

综合运距：0.5×40%+5×60%=3.2 (km)

(3) 据以上两项查找相应的定额编号。

根据《水利建筑工程概算定额》章说明“十三、砂砾（卵）石开挖和运输，按Ⅳ类土定额计算。”结合综合运距 3.2km，查得定额编号：10648、10649，插入法计算 3.2km 定额值。

计算 15t 自卸汽车定额值：7.19+ (8.29-7.19) / (4-3) × (3.2-3) = 7.41 (台时)

(4) 根据本项目工程概况确定人工单价及相关费率。

江西省水利枢纽工程人工预算单价：工长 11.55 元/工时、高级工 10.67 元/工时、中级工 8.9 元/工时、初级工 6.13 元/工时；

其他直接费费率（江西赣南地区不计冬期施工增加费）：0.5%+0.5%+0+

3%＋2.5%＋1%＝7.5%；

间接费费率：枢纽工程土方工程 8.5%。

（5）在表 5.2－6 中填入材料预算价格等已知信息，进行工程单价计算，特别注意材料价差的计算，柴油基价为 2.99 元/kg。施工机械台时单价计算方法见任务 4.3。

表 5.2－6　　建筑工程单价表

定额编号：10648、10649		项目名称：砂砾石开挖		定额单位	100m^3
施工方法	$2m^3$ 挖掘机挖土自卸汽车运输（Ⅳ类土）运距 3.2km				
编号	名称	单位	数量	单价/元	合价/元
一	直接费	元			1198.39
（一）	基本直接费	元			1114.78
1	人工费	元			30.04
（1）	初级工	工时	4.90	6.13	30.04
2	材料费	元			42.88
（1）	零星材料费	%	4.00	1071.9	42.88
3	机械使用费	元			1041.86
（1）	单斗挖掘机 液压 $2m^3$	台时	0.73	216.97	158.39
（2）	推土机 59kW	台时	0.36	68.48	24.65
（3）	自卸汽车 15t	台时	7.41	115.90	858.82
（二）	其他直接费	%	7.50	1114.78	83.61
二	间接费	%	8.50	1198.39	101.86
三	利润	%	7.00	1300.25	91.02
四	材料补差				545.49
（1）	柴油	kg	114.841	4.75	545.49
五	税金	%	9.00	1936.76	174.31
	合计	元			2111.07
	单价	元			21.11

查《水利工程施工机械台时费定额》可知，$2m^3$ 单斗挖掘机（液压）的柴油台时消耗量为 20.2kg/台时，59kW 推土机的柴油台时消耗量为 8.4kg/台时，15t 自卸汽车的柴油台时消耗量为 13.1kg/台时，由此可得：柴油消耗量＝0.73×20.2＋0.36×8.4＋7.41×13.1＝114.841（kg/100m^3）。

砂砾石开挖概算单价为：21.11 元/m^3。

【课堂小练兵】

1. 某水库工程位于江西省吉安市境内，大坝基础土方（Ⅲ类土）采用 $2m^3$ 液压挖掘机挖土装 15t 自卸汽车运输 8.5km。

请列出土方开挖概算工程单价中：①选用的定额编号；②15t 自卸汽车定额值；③柴油消耗数量。

2. 某灌溉工程位于江西省九江市，设计输水流量为 5m³/s，输水管道土方开挖（矩形断面宽 2m，长 3km）：采用 1m³ 液压挖掘机挖砂卵石，8t 自卸汽车运至弃渣场，平均运距 12.0km。

请列出土方开挖概算工程单价中：①选用的定额编号；②8t 自卸汽车定额值；③柴油消耗数量。

【课后作业】

用 Excel 完成“任务 5 课后作业：根据项目背景资料编制概算工程单价”中土方开挖工程单价编制。

【知识拓展】

了解隧洞土石方开挖机械——掘进机、盾构机，以及《水利工程概预算补充定额（掘进机施工隧洞工程）》（水总〔2007〕118 号）。

《水利工程概预算补充定额（掘进机施工隧洞工程）》作为 2002 年版《水利建筑工程预算定额》《水利建筑工程概算定额》《水利工程施工机械台时费定额》和《水利工程设计概（估）算编制规定》的补充，与其一并使用。

任务 5.3　石方开挖工程单价编制

5.5 石方开挖工程单价编制

【讨论与分析】

从项目一所述某水利枢纽工程施工组织设计中找出本工程厂房坝段石方开挖所采用的机械设备、主要施工工序、岩石级别。

【工作任务】

项目一所述某水利枢纽工程厂房石方开挖分层图如图 5.3-1 所示，试计算厂房坝段基础石方开挖概算工程单价。

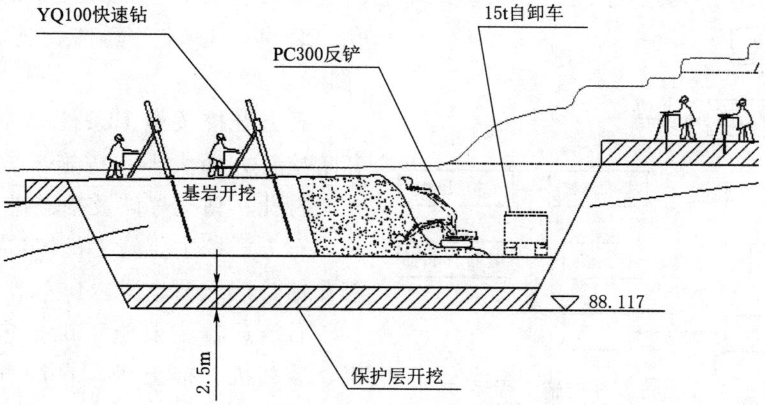

图 5.3-1　某水利枢纽工程厂房基坑开挖图

图 5.3-2 所示为本工程厂房已完成基坑开挖、基础底板混凝土浇筑、基础灌浆等项目，正在进行尾水管安装的施工场景。

施工组织设计：由于石方开挖层厚薄不均，平均深度为 10m，岩石强度系数平

图 5.3-2　某水利枢纽工程发电厂房现场施工照片

均值为 10，故石方爆破拟在主爆区采用 CM-351 型凿岩台车及 YQ-100B 型潜孔钻钻爆，边坡预裂孔采用 YQ-100B 型潜孔钻钻爆，石层较薄部位及保护层采用手风钻钻爆。出渣采用 $2m^3$ 反铲配 15t 自卸汽车运碴，根据土石方平衡及渣场规划，弃渣综合运距为 3.4km。弃碴场由 D85 推土机整平。

采用的材料价格见表 5.2-1。

【知识专项】

5.3.1　石方开挖施工工序及常用施工机械

石方开挖工程按施工工序可分为开挖、运输两道工序。石方开挖的工序由钻孔、装药、爆破、翻渣、清理等组成（图 5.3-3）。

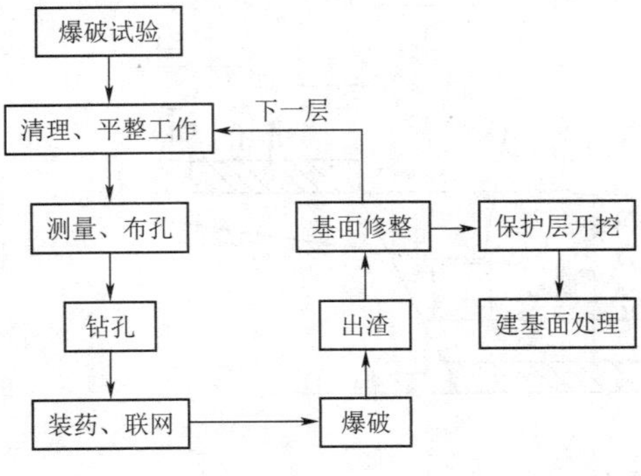

图 5.3-3　石方开挖施工程序

石方开挖按施工条件分为明挖石方和暗挖石方两大类，按施工方法可分为人工打孔、钻孔爆破及掘进机开挖三种。

石方开挖主要施工机械包括：风钻、潜孔钻、液压钻、凿岩台车等。

石渣运输主要施工机械包括：挖掘机、装载机、推土机、自卸汽车、电瓶机车、斗车等。

5.3.2　石方开挖爆破材料

1. 炸药

石方开挖的炸药有露天硝铵炸药、铵油炸药、胶质硝化甘油炸药、高威力硝铵炸药、浆状炸药、水胶炸药、乳胶炸药等。在水利工程建设中一般炸药代表型号规格如下：

（1）一般石方开挖，按2号岩石水胶炸药选用。

（2）平洞、斜井、竖井、地下厂房石方开挖按3号岩石水胶炸药或2号煤矿水胶炸药选用。

（3）边坡、槽、坑、基础石方开挖按2号岩石水胶炸药和3号岩石水胶炸药各半选用。

注：定额中一般石方开挖按2号岩石铵梯炸药拟定炸药的消耗量；平洞、斜井、竖井、地下厂房石方开挖按4号抗水岩石铵梯炸药拟定炸药的消耗量；边坡、槽、坑、基础石方开挖按2号岩石铵梯炸药和4号抗水岩石铵梯炸药各半计算拟定炸药的消耗量。

根据国防科工委、公安部《关于做好淘汰导火索、火雷管、铵梯炸药相关工作的通知》（科工爆〔2008〕203号）的规定，铵梯炸药已被淘汰，2号岩石铵梯炸药和4号抗水岩石铵梯炸药已停产，所以采用乳化炸药，定额炸药用量需进行调整。

2. 起爆材料

用于石方开挖中的起爆材料有导爆索、塑料导爆管、雷管、导线等。

3. 钻头

石方开挖定额中所列的“合金钻头”是指风钻（手持式、气腿式）用的钻头，“钻头”指液压履带钻或液压凿岩台车用的钻头。合金钻头数量，包括重复使用的次数在内，因此要把修磨费计入材料预算价格。

5.3.3 岩石级别

现行《水利建筑工程概算定额》中附录3 岩石类别分级表（表5.3-1），按土石十六级分类法把Ⅴ～ⅩⅥ级划分为岩石。

表5.3-1 岩石类别分级表

岩石级别	岩石名称	实体岩石自然湿度时的平均容重/（kg/m³）	净占时间/（min/m）			极限抗压强度/（kg/cm²）	强度系数 f
			用直径30mm合金钻头，凿岩机打眼（工作气压为4.5气压）	用直径30mm淬火钻头，凿岩机打眼（工作气压为4.5气压）	用直径25mm钻杆，人工单人打眼		
1	2	3	4	5	6	7	8
Ⅴ	1. 砂藻土及软的白垩岩 2. 硬的石炭纪的黏土 3. 胶结不紧的砾岩 4. 各种不坚实的页岩	1500 1950 1900～2200 2000		≤3.5	≤30	≤200	1.5～2

续表

岩石级别	岩石名称	实体岩石自然湿度时的平均容重/（kg/m^3）	净占时间/（min/m）			极限抗压强度/（kg/cm^2）	强度系数 f
			用直径30mm合金钻头，凿岩机打眼（工作气压为4.5气压）	用直径30mm淬火钻头，凿岩机打眼（工作气压为4.5气压）	用直径25mm钻杆，人工单人打眼		
Ⅵ	1. 软的有孔隙的节理多的石灰岩及贝壳石灰岩 2. 密实的白垩 3. 中等坚实的页岩 4. 中等坚实的泥灰岩	2200 2600 2700 2300		4 (3.5～4.5)	45 (30～60)	200～400	2～4

5.3.4 石方开挖工程定额使用方法

1. 注意定额工作内容

石方开挖及石渣运输定额，均按自然方计算。预裂爆破、防震孔、插筋孔、隧洞支撑等定额，按表头注明的计量单位计算。

石方开挖单价一般包含了钻孔、爆破、撬移、解小、翻渣、清面、修整断面、安全处理、挖排水沟坑等工作内容。

石方开挖定额中的其他（零星）材料费，是指除定额中已列示的炸药、雷管、导电线、导爆管（索）、钻头以外的零星材料，包括脚手架、排架、操作平台、棚架、漏斗等的搭拆摊销，冲击器、钻杆、空心钢的摊销费，炮泥、燃香、火柴等次要材料费。

石方开挖定额中的其他机械费，是指风钻施工中的修钎设备、用于场内运输的载重汽车及数量不大的一些零星机械等。

2. 注意概预算定额中项目划分的不同

(1) 内容不同。预算定额中本章名称为石方工程，包括一般石方、保护层、沟槽、坑、平洞、斜井、竖井、预裂爆破等石方开挖和石渣运输定额，共计56节，588个子目。

概算定额中本章名称为石方开挖工程，包括一般石方、基础石方、坡面、沟槽、坑、平洞、斜井、竖井、地下厂房等石方开挖及石渣运输定额，共计46节，569个子目。

(2) 项目划分不同。概算定额均已按各部位的不同要求，根据规范的规定，分别按一定比例考虑了底部保护层、坡面保护层开挖，预裂爆破，光面爆破等因素，编制单价时不再调整。

基础石方开挖：概算定额将一般石方、坡面石方、保护层石方、沟槽石方等项综合成基础石方开挖，适用于坝、闸、溢洪道、厂房、消力池等基础石方开挖工程。

概算定额中基础石方和坡面石方开挖定额应根据设计开挖线的垂直平均深度选用；明挖石方定额中的开挖定额梯段高度是综合考虑的，使用定额时无须调整。

预算定额中的保护层石方开挖，适用于设计规定不允许破坏岩层结构的石方开挖工程，如河床坝基、两岸坝基、发电厂基础、消能池、廊道等工程连接岩基部分，厚度按设计规定计算。

保护层开挖分底部保护层开挖和坡面保护层开挖，当自然地面与水平面的倾角≤20°时，为底部保护层开挖；自然地面倾角>20°时，为坡面保护层开挖。保护层开挖需用浅孔小炮。

3. 岩石级别调整系数

当岩石级别高于ⅩⅣ级时，按定额各节ⅩⅢ～ⅩⅣ级岩石开挖定额，乘以表5.3-2中所示系数进行调整。

表5.3-2 岩石级别调整系数

项目	系数		
	人工	材料	机械
风钻为主各节定额	1.30	1.10	1.40
潜孔钻为主各节定额	1.20	1.10	1.30
液压钻、多臂钻为主各节定额	1.15	1.10	1.15

4. 通风机台时量调整系数

洞井石方开挖定额中通风机台时量系按一个工作面长度400m拟定。如工作面长度超过400m时，应按表5.3-3中所示系数调整通风机台时定额量。

表5.3-3 通风机调整系数表

工作面长度/m	系数	工作面长度/m	系数	工作面长度/m	系数
400	1.00	1000	1.80	1600	2.50
500	1.20	1100	1.91	1700	2.65
600	1.33	1200	2.00	1800	2.78
700	1.43	1300	2.15	1900	2.90
800	1.50	1400	2.29	2000	3.00
900	1.67	1500	2.40		

5. 平洞、斜井、竖井石方开挖“其他材料费”和“其他机械费”计算

平洞、斜井、竖井石方开挖定额，若需采用插入法计算工程单价时，而两定额子目的“其他材料费”和“其他机械费”费率不同，或轴流通风机的规格不同，可根据具体情况采用其中一种即可。

6. 石渣运输单价编制

(1) 概预算定额的区别。

在概算定额石方开挖各节定额子目中均列有“石渣运输”项目，该项目的数

量，已包括完成每一定额单位有效实体所需增加的超挖量、施工附加量及施工损耗的数量。

现行预算定额的石方开挖各定额子目，其人工、材料、施工机械用量只包括完成每一定额单位设计断面工程量所需的消耗量，未包括所需增加的超挖量及施工附加量的消耗量。

（2）运输距离的确定。

1）水平运输距离的确定：是指从取料中心至卸料中心的距离。如坝基开挖的面积很大，应以坝基面积的中心点至弃渣场的中心点的距离作为水平运输距离。

2）石渣运输距离计算：

a. 一般机械运输石渣时坡度已考虑在内。

b. 洞内运距按工作面长度的一半计算。

c. 一个工程有几个弃渣场，而运输距离又不一样时，可按弃渣量比例算出加权平均运距，也可按各渣场运距及弃渣量分别计算。

（3）洞内运输与洞外运输。各节运输定额，一般都有“露天”和“洞内”两部分内容。当有洞内外连续运输时，洞内运输部分套用“洞内”运输定额的“基本运距”（装运卸）及“增运”子目，洞外运输部分套用“露天”定额的“增运”子目（仅有运输工序）。

当洞内、洞外为非连续运输（如洞内为胶轮车，洞外为自卸汽车）时，则洞外运输部分也套用“露天”定额的“基本运距”（装运卸）及“增运”子目。

选“平洞石渣运输”“斜井石渣运输”“竖井石渣运输”定额时，绞车要根据定额说明中绞车选型表来确定。

【解决工作任务】

（1）仔细阅读设计报告及图纸，查找或计算出本工程厂房石方开挖的岩石级别、开挖深度、开挖及弃渣使用的施工机械、石渣综合运距。

石方开挖平均深度10m；查《水利建筑工程概算定额》附录3岩石级别分级表，岩石强度系数平均值10对应的岩石级别为Ⅸ～Ⅹ；主要采用YQ-100B型潜孔钻钻爆，出渣采用$2m^3$反铲配15t自卸汽车运碴，弃渣综合运距为3.4km。

（2）查找相应的定额子目：

开挖20158，弃渣20470、20471。

弃渣只计算至基本直接费，然后嵌套入开挖工程单价进行综合计算。插入法计算运输机械定额值方法同土方开挖。

（3）根据本项目工程概况，确定人工单价、费率：

人工单价、费率、材料价格同土方开挖单价；施工机械台时单价计算方法见任务4.3。

间接费费率：枢纽工程石方工程12.5%。

（4）输入材料预算价格等已知信息，进行工程单价计算，应特别注意材料价差的计算。

1）计算石渣运输基本直接费（表5.3-4）。

表 5.3-4　　建筑工程单价表

定额编号：20470/20471		项目名称：石渣运输		定额单位：$100m^3$ 自然方	
施工方法	$2m^3$ 挖掘机装石渣，15t 自卸汽车运输（露天）运距 3.4km				
编号	名称及规格	单位	数量	单价/元	合价/元
一	直接费				
(一)	基本直接费				1679.55
1	人工费				62.53
(1)	初级工	工时	10.20	6.13	62.53
2	材料费				32.93
(1)	零星材料费	%	2	1646.62	32.93
3	机械费				1584.09
(1)	单斗挖掘机（液压）$2m^3$	台时	1.53	216.97	331.96
(2)	推土机 88kW	台时	0.77	110.41	85.02
(3)	自卸汽车 15t	台时	10.07	115.9	1167.11
4	柴油	kg	172.5		

注　查《水利工程施工机械台时费定额》可知，$2m^3$ 单斗挖掘机（液压）的柴油台时消耗量为 20.2kg/台时，88kW 推土机的柴油台时消耗量为 12.6kg/台时，15t 自卸汽车的柴油台时消耗量为 13.1kg/台时，由此可得：

柴油消耗量＝1.53×20.2＋0.77×12.6＋10.07×13.1＝172.5（$kg/100m^3$）

2）计算石方开挖运输综合单价（表 5.3-5）。

表 5.3-5　　建筑工程单价表

定额编号	20158	项目名称：基础石方开挖			定额单位：$100m^3$
施工方法	潜孔钻钻孔（开挖深度 10m），岩石级别Ⅸ～Ⅹ				
编号	名称	单位	数量	单价/元	合价/元
一	直接费	元			4912.95
(一)	基本直接费	元			4570.19
1	人工费	元			758.50
(1)	工长	工时	2.40	11.55	27.72
(2)	中级工	工时	25.70	8.90	228.73
(3)	初级工	工时	81.90	6.13	502.05
2	材料费	元			1229.38
(1)	合金钻头	个	1.38	15.30	21.11
(2)	潜孔钻钻头 100 型	个	0.16	632.00	101.12
(3)	DH6 冲击器	套	0.01	1048.00	10.48
(4)	炸药	kg	54.00	5.15	278.10
(5)	火雷管	个	74.00	5.00	370.00
(6)	电雷管	个	17.00	5.00	85.00

续表

编号	名称	单位	数量	单价/元	合价/元
(7)	导火线	m	115.00	1.00	115.00
(8)	导电线	m	79.00	1.00	79.00
(9)	其他材料费	%	16.00	1059.81	169.57
3	机械使用费	元			851.91
(1)	风钻 手持式	台时	6.99	56.44	394.52
(2)	潜孔钻 100 型	台时	1.95	194.84	379.94
(3)	其他机械费	%	10.00	774.46	77.45
4	石渣运输	m^3	103.00	16.80	1730.40
(二)	其他直接费	%	7.50	4570.19	342.76
二	间接费	%	12.50	4912.95	614.12
三	利润	%	7.00	5527.07	386.89
四	材料补差				1426.07
(1)	炸药	kg	54.00	10.78	582.12
(2)	柴油	kg	177.674	4.75	843.95
五	税金	%	9.00	7340.03	660.55
	合计	元			8000.58
	单价	元			80.01

注 柴油消耗量=172.5×1.03=177.674（kg/100m^3）

厂房坝段基础石方开挖概算单价为 80.01 元/m^3。

【课堂小练兵】

1. 某灌溉工程位于江西省九江市，设计输水流量为 5m^3/s，石方开挖：圆形隧洞轴线与水平面的夹角为 6°，设计过水断面面积为 6m^2，钢筋混凝土衬砌（衬砌厚度为 0.3m），总长 2.5km，双向掘进，隧洞进口端长度占隧洞总长 40%，出口端长度占隧洞总长 60%；岩石强度系数为 14，采用风钻钻孔，电力起爆，平均孔深为 10m；石渣运输采用 0.26m^3 风动装岩机装 1m^3 斗车运输至洞口临时堆渣场，临时堆渣场距隧洞进出口平均运距为 50m，临时堆渣场石渣再由 2m^3 装载机装 15t 自卸汽车运输 5km 至弃料场。编制隧洞石方开挖概算单价。

（1）画出石渣运输流程图，并计算出洞内、洞外综合运距。

（2）计算出隧洞开挖断面面积。

（3）列出选用的定额编号。

（4）计算隧洞工作面综合长度及通风机台时数量调整系数。

2. 某水库工程位于江西省吉安市境内，平洞石方开挖工程岩石级别为Ⅹ级，设计总长 2km，采用单向开挖，开挖采用手持式风钻钻孔爆破，火线起爆，开挖断面为 30m^2。石渣运输采用 3m^3 装载机装 25t 自卸汽车运输，洞口距离弃渣场 2km。

编制隧洞石方开挖概算单价。

（1）画出石渣运输流程图，并计算出斗车、自卸汽车综合运距。

（2）列出选用的定额编号。

（3）计算通风机台时数量调整系数。

5.6《“十四五”民用爆炸物品行业安全发展规划》

【知识拓展】

工业和信息化部《“十四五”民用爆炸物品行业安全发展规划》指出：优化产品结构。严格执行工业雷管减量置换为工业数码电子雷管政策，全面推广工业数码电子雷管，除保留少量产能用于出口或其他经许可的特殊用途外，2022 年 6 月底前停止生产、8 月底前停止销售除工业数码电子雷管外的其他工业雷管。

【课后作业】

用 Excel 完成“任务 5 课后作业：根据项目背景资料编制概算工程单价”中石方开挖工程单价编制。

任务 5.4　土方填筑工程单价编制

5.7 土方填筑工程单价编制

【讨论与分析】

1. 从下面【工作任务】施工组织设计中找出土方填筑的施工工序及使用的机械设备。

2. 土方填筑概预算单价编制方法的主要区别在哪？

3. $1g/cm^3=$ ________ kN/m^3

4. 欣赏微课小视频。

【工作任务】

施工组织设计：

项目一所述某水利枢纽工程下游防洪土堤土方填筑（图 5.4－1）：设计工程量为 $5000m^3$，采用土料场取土，需清除覆盖层（Ⅱ类土）$500m^3$，料场岩性为第四系中更新统残积层黏土，紫红色，稍湿，黏结力强，呈硬塑状。覆盖层清除采用 74kW 推土机推运 50m，$2m^3$ 液压挖掘机从 12.0km 的土料场取土，15t 自卸汽车运土。设计干密度为 $1.64\sim1.65g/cm^3$，采用振动碾压实。

材料预算价格见表 5.2－1，试计算项目一所述某水利枢纽工程下游防洪土堤土方填筑概算工程单价。

【知识专项】

5.4.1　概述

土方填筑项目：《水利建筑工程预算定额》第一章 土方工程中的土料填筑部分，《水利建筑工程概算定额》中“三—19 土石坝物料压实”定额。

在水利工程中，土坝、堤防、道路、围堰等施工往往需要大量的土方填筑。土方填筑工程一般分为土坝（堤）填筑和一般土方回填两种。两者的施工工艺大致相同，比较而言，土坝（堤）填筑对土料及碾压的要求更高。

土方填筑由备料、压实两大工序组成。其中，备料由土料场覆盖层清除摊销和

图 5.4-1 防洪土堤土方填筑

土料开采运输组成。

备料采用《水利建筑工程预算定额》第一章 土方工程定额，定额计量单位为自然方；压实定额计量单位为实方。土石松实系数换算见表 5.2-3。

5.4.2 土方填筑工程概算单价编制

1. 土方压实工序单价

采用《水利建筑工程概算定额》“三—19 土石坝物料压实”定额（表 5.4-1），该定额主要适用于土坝填筑，非土坝的土方填筑采用此节定额时需做调整。

表 5.4-1 **三—19 土石坝物料压实**

工作内容：推平、刨毛、压实，削坡、洒水、补夯边及坝面各种辅助工作。

(1) 自料场直接运输上坝

①土料 单位：100m³ 实方

项目	单位	拖拉机压实		羊脚碾压实	
		干密度/(kN/m³)			
		≤16.67	>16.67	≤16.67	>16.67
工长	工时				
高级工	工时				
中级工	工时				
初级工	工时	21.8	25.1	26.8	29.4
合计	工时	21.8	25.1	26.8	29.4
零星材料费	%	10	10	10	10
羊脚碾 5～7t	组时			1.81	2.33
拖拉机 59kW 8～12t 74kW	组时			1.30	1.68

续表

项　　目	单位	拖拉机压实		羊脚碾压实	
		干密度/(kN/m³)			
		≤16.67	>16.67	≤16.67	>16.67
拖拉机 74kW	台时	2.06	2.65		
推土机 74kW	台时	0.55	0.55	0.55	0.55
蛙式打夯机 2.8kW	台时	1.09	1.09	1.09	1.09
刨毛机	台时	0.55	0.55	0.55	0.55
其他机械费	%	1	1	1	1
土料运输（自然方）	m^3	126	126	126	126
编号		30075	30076	30077	30078

注　1. 定额中“土料运输（自然方）”单价，是指将土料运输至填筑部位处所发生的全部基本直接费，采用“第一章 土方开挖工程”相应定额子目，“土坝土方填筑”还需乘以1.02的坝面施工干扰系数。

2. 定额中“土料运输（自然方）”数量“126”适用于“土坝土方填筑”，已计入了体积变化、各项损耗、超填及施工附加量。如为非土坝的土方填筑工程项目，则将定额中“土料运输（自然方）”数量“126”改成“118”。

3. 如为非土堤、坝的一般土料压实，压实定额（编号30075～30082）中的人工、机械数量乘以0.6～0.8系数（见《水利工程概预算补充定额》）。

4. 压实定额（编号30075～30082）中零星材料费计算基数不含“土料运输（自然方）”费用。

5. 对不要求压实的一般土方回填，可按照施工方法查阅“第一章 土方开挖工程”定额进行计算。

2. 覆盖层清除摊销单价计算

覆盖层清除摊销单价计算公式为

$$
\begin{aligned}
\text{覆盖层清除摊销单价} &= \text{覆盖层清除总费用} \div \text{设计成品方量} \\
&= \text{覆盖层清除单价} \times \text{覆盖层清除量} \div \text{设计成品方量} \\
&= \text{覆盖层清除单价} \times \text{覆盖层清除摊销率}
\end{aligned} \tag{5.4-1}
$$

3. 土料备料单价计算

土料备料单价对应定额中“土料运输（自然方）”的单价，其计算公式为

$$\text{土料备料单价} = \text{覆盖层清除摊销单价} + \text{开采运输单价} \tag{5.4-2}$$

其中，土料开采运输单价按照施工方案查阅“第一章 土方开挖工程”定额进行计算，只计算至基本直接费即可。若向地方购买土料，则定额“土料运输（自然方）”单价中可能需加计“土料资源”等费用。

4. 综合单价计算

土方填筑综合概算单价有以下两种计算方法：

(1) 覆盖层清除摊销完全单价（含费税）+压实完全单价（土料开采运输基本直接费嵌套）。计算时应特别注意覆盖层清除摊销单价需乘以定额中“土料运输（自然方）”的用量系数。

(2) 土料备料单价只计算至基本直接费，嵌套至压实工序单价一并综合计算。其中，土料备料单价＝覆盖层清除摊销单价＋开采运输单价。

5.4.3 土方填筑工程预算单价编制

土方填筑工程预算单价计算公式如下：

$$\text{土方填筑工程预算单价}=[(1+A)\times\text{设计干密度}/\text{天然干密度}]\times\text{备料单价}+\text{压实单价} \quad (5.4-3)$$

其中，备料单价、压实单价均采用《水利建筑工程预算定额》第一章 土方工程定额子目。综合系数 A，包括开挖、上坝运输、雨后清理、边坡削坡、接缝削坡、施工沉陷、取土坑、试验坑和不可避免的压坏等损耗因素。根据不同的施工方法和坝料按表 5.4-2 选取综合系数 A，使用时不再调整。

表 5.4-2　综合系数 A 选用表

项　目	A/%	项　目	A/%
机械填筑混合坝坝体土料	5.86	人工填筑心（斜）墙土料	3.43
机械填筑均质坝坝体土料	4.93	坝体砂砾料、反滤料	2.20
机械填筑心（斜）墙土料	5.70	坝体堆石料	1.40
人工填筑坝体土料	3.43		

松填不夯实或采用小型机械压实应采用《水利建筑工程预算定额》"1-44 建筑物回填土石"。

【解决工作任务】

（1）读懂土料场信息，找出无用层和有用层土类级别，并计算出覆盖层摊销率。

土类级别：覆盖层（Ⅱ类土）；有用层：料场岩性为第四系中更新统残积层黏土，紫红色，稍湿，黏结力强，呈硬塑状—Ⅲ类土。

设计工程量为 5000m^3，需清除覆盖层 500m^3，则覆盖层摊销率＝500÷5000＝10%。

（2）人工单价、费率、材料价格同土方开挖单价。施工机械台时单价计算方法见任务 4.3。

（3）从施工组织设计中找到覆盖层清除方式及弃运距离，并结合覆盖层摊销率计算出覆盖层清除摊销基本直接费（表 5.4-3）。

表 5.4-3　建筑工程单价表

定额编号	10517、10518	项目名称	覆盖层清除	定额单位	100m^3
施工方法	74kW 推土机推（Ⅱ类土），推运 50m				
编号	名称及规格	单位	数量	单价/元	合计/元
（一）	基本直接费				258.50
1	人工费				19.62
	初级工	工时	3.20	6.13	19.62
2	材料费				23.50
	零星材料费	%	10.00	235.00	23.50
3	机械使用费				215.38
	74kW 推土机	台时	2.35	91.65	215.38
	柴油	kg	24.91		

（4）从施工组织设计中找到有用层开采运输方式及综合运距，并计算出土料开采运输的基本直接费（表 5.4－4）。

表 5.4－4　　　　建筑工程单价表

定额编号	10644、10645	项目名称	土料开采运输	定额单位	$100m^3$
施工方法	$2m^3$ 挖掘机开挖（Ⅲ类土），15t 自卸汽车运 12km				
编号	名称及规格	单位	数量	单价/元	合计/元
（一）	基本直接费				1935.48
1	人工费				27.59
	初级工	工时	4.50	6.13	27.59
2	材料费				74.44
	零星材料费	%	4.00	1861.04	74.44
3	机械使用费				1833.45
	挖掘机 液压 $2m^3$	台时	0.67	216.97	145.37
	推土机 59kW	台时	0.33	68.47	22.60
	自卸汽车 15t	台时	14.37	115.90	1665.48
	柴油	kg	204.55		

（5）从施工组织设计中找到土堤设计干密度及压实方式，找出定额编号，计算出土方填筑综合单价（表 5.4－5）。设计干密度为 $1.64 \sim 1.65g/cm^3$，采用振动碾碾压密实。注意单位换算：$1g/cm^3 = 9.8kN/m^3$。

表 5.4－5　　　　建筑工程单价表

定额编号	30081	项目名称	土方填筑	定额单位	$100m^3$（压实方）
施工方法	人工配合推土机摊铺平料，振动碾碾压密实，设计干密度 $16.5kN/m^3$				
编号	名称及规格	单位	数量	单价/元	合计/元
一	直接费				2944.16
（一）	基本直接费				2738.75
1	人工费				135.47
	初级工	工时	22.10	6.13	135.47
2	材料费				38.62
	零星材料费	%	10.00	386.15	38.62
3	机械使用费				250.68
	振动碾 凸块 13.5t	台时	0.86	169.27	145.57
	推土机 74kW	台时	0.55	91.65	50.41
	蛙式夯实机 2.8kW	台时	1.09	20.98	22.87
	刨毛机	台时	0.55	53.36	29.35
	其他机械费	%	1.00	248.20	2.48

续表

编号	名称及规格	单位	数量	单价/元	合计/元
4	土料运输（自然方）	m^3	118.00	19.61	2313.98
（二）	其他直接费	%	7. 50%	2738.75	205.41
二	间接费	%	8.50%	2944.16	250.25
三	企业利润	%	7.00	3194.41	223.61
四	材料补差				1274.09
	柴油	kg	268. 23	4.75	1274.09
五	税金	%	9.00	4692.11	422.29
六	合计				5114.40
	单价	元/m^3			51.14
	堤身填筑综合单价	元/m^3			51.14

土料运输（自然方）单价＝258.50/100×0.1＋1935.48/100＝19.61（元/m^3）

土方填筑综合单价＝51.14（元/m^3）

（6）注意柴油数量的计算。

覆盖层清除柴油消耗量＝24.91×0.1×1.18＝2.94（kg）

土料运输（自然方）柴油消耗量＝1.18×204.55＝241.37（kg）

压实柴油消耗量＝0.86×16.3＋0.55×10.6＋0.55×7.4＝23.92（kg）

合计柴油消耗量＝2.94＋241.37＋23.92＝268.23（kg）

【课堂小练兵】

该料场岩性为第四系中更新统残积层黏土，紫红色，稍湿，黏结力强，呈硬塑状。面积约为（37.5×10^4）m^2，无用层厚约为0.5m，无用层体积约为（18.75×10^4）m^3，有用层平均厚约为2.0m，有用层储存量约为（75.0×10^4）m^3。所取试样参数分析：其天然含水率为22.3%～22.3%，最优水率为21.3%～21.3%，设计干密度为1.64～1.65g/cm^3，黏粒含量为34.5%～38.6%，塑性指数为17.6～18.3。土料达设计干密度时的渗透系数为2.80×10^{-6}～3.91×10^{-6}cm/s。开采运输距离较远，平均运距约为28km。覆盖层清除：74kW推土机推（Ⅱ类土），推运90m；土料开采运输：2m^3挖掘机挖装，15t自卸汽车运输28km；压实：人工配合推土机摊铺平料，振动碾碾压密实。

（1）计算覆盖层摊销率。

（2）分别列出覆盖层清除、土料开采运输和土料压实的定额编号。

【课后作业】

用Excel完成“任务5课后作业：根据项目背景资料编制概算工程单价”中土方填筑工程单价编制。

【知识拓展】

1. 漫山遍野的土料可以随便开采吗？

未经许可擅自开采的，根据土方价值计算，列入盗窃罪。山东日照某人盗窃

1200m^3 土方作价为 12000 元，被判刑 3 年，并处罚金 2 万元。

2. 取土料场、弃土场使用后需要修复吗？修复措施产生的费用应列入工程投资的哪一部分？

取土场为水土流失重点防护工程之一，因此，取土场的水土保持工作显得尤为重要，取土场经平整后均须进行覆土改造，覆土土料来源为取土前剥离的表土。对于可绿化区域的取土场，经过削坡、平整及覆土后，对取土坑底、边坡和平台采取绿化措施，通过采取撒草籽、植灌木的绿化方式，并进行浇水、施肥、保水保墒等养护管理措施，保证苗木成活率，使得植被防护措施在短时间内能够尽快发挥水土保持效益，防治水土流失。

弃土场修复措施：弃土弃碴场挡墙防护、弃土弃碴场平整及覆土、弃土弃碴场复垦和绿化、弃土弃碴场剥离表土临时挡护措施等。

修复措施产生的费用列入工程投资的水土保持工程投资中。

任务 5.5 砌石、砂石填筑工程单价编制

【讨论与分析】

1. 说说你所了解的边坡防护形式有哪些。

2. 欣赏微课小视频。

5.8 砌石、砂石填筑工程单价编制

【工作任务】

项目一所述某水利枢纽工程护岸工程迎水面采用浆砌块石护坡，试计算 M7.5 浆砌块石护坡概算工程单价。材料价格同前。

施工组织设计如下：

砌筑用砂浆在现场用 JZC350 型移动式灰浆搅拌机拌制，胶轮车运输至砌筑现场，随伴随用。

水泥、块石由自卸汽车运至施工现场，然后人工搬运至砌筑工作面。砌筑前，人工将块石用水刷浇干净并保护湿润而不残留积水。浆砌块石采用坐浆法分层砌筑。

【知识专项】

5.5.1 概述

砌石工程可分为浆砌石和干砌石工程。砂石填筑包括抛石、砂石垫层、堆石等。

5.5.2 石料规格及标准

所用砌石料要求材质坚实、新鲜、无风化剥落层或裂纹，石材表面无污垢、水锈等杂质，用于表面的石材要求色泽均匀，石料的物理力学指标符合施工图纸的要求。

（1）碎石是指经破碎、加工分级后，粒径大于 5mm 的石块。

（2）卵石是指最小粒径大于 20cm 的天然河卵石。

（3）块石是指厚度大于 20cm，长、宽各为厚度的 2～3 倍，上下两面平行且大

致平整，无尖角、薄边的石块。

（4）片石是指厚度大于15cm，长、宽各为厚度的3倍以上，无一定规则形状的石块。

（5）料石是指毛条石经过修边打荒加工，外露面方正，各相邻面正交，表面凸凹不超过10mm的石料。

（6）毛条石是指一般长度大于60cm的长条形四棱方正的石料。

（7）砂石料是指天然砂卵（砾）石混合料。

（8）堆石料是指山场岩石经爆破后，无一定规格、无一定大小的任意石料。

（9）反滤料、过渡料是指土石坝或一般堆砌石工程的防渗体与坝壳（土料、砂砾料或堆石料）之间的过渡区石料，由粒径、级配均有一定要求的砂、砾石（碎石）等组成。

5.5.3 砌石工程施工工艺

砌石工程因具有就地取材、施工设备简单、施工工艺简便、造价低等优点，因而被广泛应用于水利工程中的护坡、护底、挡土墙、桥墩等部位；尤其是地方水利工程，应用最为广泛。砌石工程施工工艺流程如图5.5-1所示。

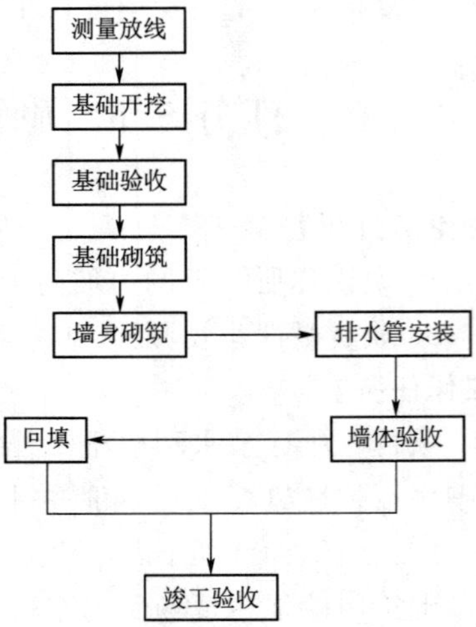

图5.5-1 砌石工程施工工艺流程图

5.5.4 石方填筑施工工艺

石方填筑施工工艺流程如图5.5-2所示。

5.5.5 砌石工程单价编制方法

砌石工程单价编制分为砌石备料单价编制、胶结材料单价编制和砌石单价编制三个步骤。

1. *砌石备料单价计算*

砌石备料单价按现行水利建筑工程概预算定额的“砂石备料”子目及前述砂石料单价的计算方法计算，包括运输至工地现场的运杂费。

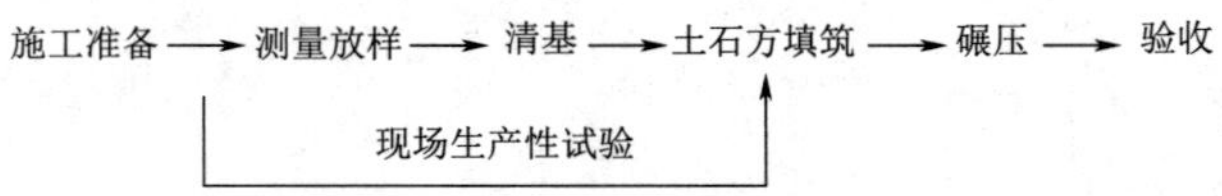

图5.5-2 石方填筑施工工艺流程图

计算砌石备料单价时，应注意自然方、堆方、码方的体积换算。如为外购块石、条石或料石时，应按主要材料预算价格计算方法计算。

施工组织设计时，应尽量考虑从石方开挖的石渣中捡集块石的可能性，以节约石料开采的费用，其利用数量应根据开挖石渣的多少和岩石的质量情况合理确定。

2. *胶结材料单价计算*

如为浆砌石或细石混凝土，则需根据设计确定胶结材料（如水泥砂浆、细石混凝土等）的强度等级，计算胶结材料的单价。

3. 砌石单价计算

砌石单价应根据设计确定的砌体形式、工程部位和施工方法，套用相应定额计算。砌石定额中的石料数量，均已考虑了施工操作损耗和体积变化（码方、清料方与实方间的体积变化）因素。

5.5.6 砂石填筑工程单价编制方法

砂石填筑工程单价由砂石料备料单价和压实单价两部分组成。

1. 砂石料备料单价

砂石料备料单价是指在砂石料场加工每 $1m^3$ 成品堆方砂石料，以及从料场堆存点装车并运输上坝至填筑工作面的费用。其由覆盖层清除摊销单价和开采运输单价组成，在堆石坝填筑概算综合单价中以“堆石料”材料单价（元/m^3 成品堆方）的形式表示（只计基本直接费）。

2. 压实单价

现行水利建筑工程概算定额的土石坝物料压实定额分自料场直接运输上坝和自成品供料场运输上坝两种情况，并按不同的碾压设备、不同的填筑物料（堆石料、砂砾料、反滤料、垫层料等）分别编制。

（1）自料场直接运输上坝。定额中土料的物料运输计量是按填筑干密度大于 $16.67kN/m^3$ 土坝拟定的，为 $126m^3$ 自然方，干密度较小的堤防填筑或一般土料压实，其土料运输量为 $118m^3$ 自然方，砂砾料运输量为 $118m^3$ 自然方，堆石料运输量为 $78m^3$ 自然方。

子目 30075～30084 中，土料或砂砾料运输费用采用土方开挖定额；子目 30085 适用堆石料考虑利用开挖石渣的情况，故不计堆石料的开采费用，只需按石方开挖运输定额计算运输费用。

（2）自成品供料场运输上坝。定额中物料运输计量单位为成品堆方，砂砾料运输量为 $139m^3$ 成品堆方，堆石料为 $121m^3$ 成品堆方，反滤料和垫层料为 $118m^3$ 成品堆方。

子目 30087、30090 中的反滤料、垫层料的备料和运输，采用砂石备料工程定额子目计算；子目 30086、30088 中的砂砾料备料和运输，采用相应定额计算；子目 30089 中的堆石料需要开采备料的，用碎石原料开采、运输定额计算，利用开挖石渣料的，则不计开采费用，只需按运输定额计算运输费。

《水利建筑工程概算定额》中三—19 节“土石坝物料压实”综合定额的单位均为压实后的成品实方，已计入从石料开采到上坝运输、压实过程中所有的损耗及超填、施工附加量，编制概算单价时，不得另计任何系数。

5.5.7 砌混凝土预制块工程

1. 施工工艺及其对应的定额

预制混凝土护坡是以混凝土预制块为主要材料砌筑的护坡，多用于石料匮乏地区和水流、波浪冲刷严重的地区。预制混凝土砌块护坡与土体之间应设置垫层，垫层可采用砂或砂石，垫层厚度不应小于 0.1m。混凝土预制块铺砌施工工艺流程如图 5.5-3 所示。

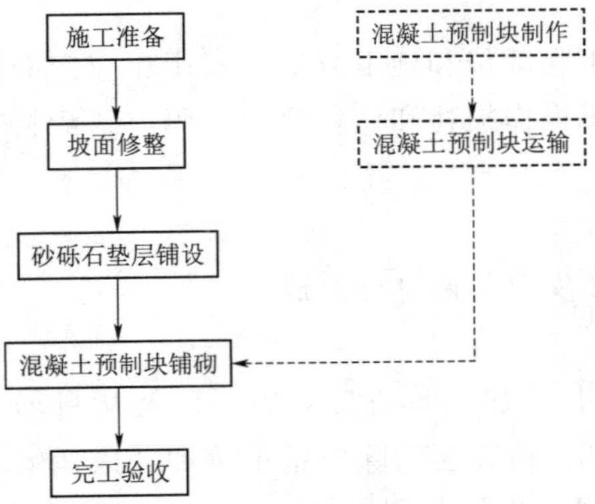

图 5.5-3 混凝土预制块铺砌施工工艺流程

混凝土预制块施工工艺包括浆砌和干砌两种。浆砌混凝土预制块在《水利建筑工程概预算定额》（水总〔2002〕116 号文）中第三章有对应的定额子目。干砌混凝土预制块工程定额子目在《水利工程概预算补充定额》（水总〔2005〕389 号文）中查找。干砌混凝土预制块工程定额计量单位为砌体方，按平面护坡、曲面护坡和护底三种形式选相应的定额子目。定额工作内容包括砌筑和找平。

2. 浆砌混凝土预制块工程单价编制方法

混凝土预制块在施工现场预制时（图 5.5-4），采用定额第四章混凝土工程中“混凝土板预制及砌筑”子目进行单价编制；混凝土预制块外购时，按材料预算价格计算方法计算混凝土预制块材料价格，包括运杂费、采购保管费等，注意扣除增值税进项税；然后采用定额第三章土石填筑工程中“浆砌预制混凝土块”子目进行单价编制（图 5.5-5）。干砌混凝土预制块，采用《水利工程概预算补充定额》进行单价编制。

图 5.5-4 混凝土预制块现场预制

图 5.5-5 浆砌混凝土预制块

【解决工作任务】

（1）仔细阅读工作任务和施工组织设计报告，查找砂浆级别和使用的施工机械。

JZC350 型移动式灰浆搅拌机拌制 M7.5 砂浆、胶轮车运输砂浆至砌筑现场；其他材料由自卸车运至施工现场，运杂费计入材料预算价格内。

（2）查找相应定额子目。

浆砌块石护坡为 30029；由于没有试验资料，通过《水利建筑工程概算定额》中附录“表 7-15 水泥砂浆材料配合表”查找 M7.5 水泥砂浆配合比。

（3）根据本项目工程概况，确定人工单价和费率。

人工单价、费率、材料价格同石方开挖单价；施工机械台时单价计算方法见任务 4.3。

(4) 输入材料预算价格等已知信息，进行工程单价计算，特别注意材料价差的计算（项目一使用的砂与砾石为自采砂石料，不计价差）。

1）计算出 M7.5 水泥砂浆的基价：

$$261\times0.255+1.11\times97.8+0.157\times0.66=175.22(\text{元}/\text{m}^3)$$

2）计算 M7.5 浆砌石护坡的价格（表 5.5-1）。

表 5.5-1 建筑工程单价表

定额编号	30029	项目名称	M7.5 浆砌石护坡	定额单位	100m^3 砌体方
施工方法	JZC350 型移动式搅拌机拌制 M7.5 砂浆、胶轮车运输砂浆至砌筑				
编号	名称	单位	数量	单价/元	合价/元
一	直接费	元			21989.21
（一）	基本直接费	元			20455.08
1	人工费	元			6376.98
(1)	工长	工时	17.30	11.55	199.82
(2)	中级工	工时	356.50	8.90	3172.85
(3)	初级工	工时	490.10	6.13	3004.31
2	材料费	元			13814.00
(1)	块石	m^3	108.00	70	7560.00
(2)	砌筑砂浆 M7.5	m^3	35.30	175.22	6185.27
(3)	其他材料费	%	0.50	13745.27	68.73
3	机械使用费	元			264.10
(1)	灰浆搅拌机 0.4m^3	台时	6.54	19.89	130.08
(2)	胶轮车	台时	163.44	0.82	134.02
（二）	其他直接费	%	7.50	20455.08	1534.13
二	间接费	%	12.50	21989.21	2748.65
三	利润	%	7.00	24737.86	1731.65
四	材料补差				5577.51
(1)	块石	m^3	108.00	36.8	3974.40
(2)	水泥 32.5	kg	9213.30	0.174	1603.11
五	税金	%	9.00	32047.02	2884.23
	合计	元			34931.25
	单价	元			349.31

注 此处 M7.5 水泥砂浆的用量为 35.3m^3；水泥用量=35.3×261=9213.3（kg/100m^3）浆砌石护坡单价为：349.31 元/m^3。

【知识拓展】

护坡砖：想象一下，在图 5.5－6 所示的材料各异、形态各异的护坡砖中，种上你喜欢的花草。

护坡挡土砖
400×300×150mm

空心六角护坡砖
边长 对角 厚度/cm
20 × 40 × 6（8/10/12/15/20）
25 × 50 × 6（8/10/12/15/20）
30 × 60 × 6（8/10/12/15/20）

联锁式护坡砖
400×230×80mm
500×300×100mm

实心六角护坡砖
边长 对角 厚度/cm
15 × 30 × 5（8/10/12/15/20）
20 × 40 × 6（8/10/12/15/20）
25 × 50 × 6（8/10/12/15/20）
30 × 60 × 6（8/10/12/15/20）

图 5.5－6 护坡砖

冰冷的“石头坡”将变成“花草坡”，如图 5.5－7 所示。

图 5.5－7 花草坡

【课堂小练兵】

江西省某河道工程迎水面采用 C15 混凝土防滑预制块护坡，混凝土防滑预制块厚度为 10cm，采用 M10 水泥砂浆勾缝。预制构件：采用现场预制（C15 混凝土—32.5，二级配），人工抬运装车，手扶拖拉机运输 200m 至铺砌施工现场，人工卸车，人工抬运至护坡工作面，人工分散铺砌。请编制该护坡概算工程单价。

（1）列出施工工序。

（2）列出选用的定额编号。

【课后作业】

用 Excel 完成“任务 5 课后作业：根据项目背景资料编制概算工程单价”中砌石工程单价的编制。

任务 5.6　混凝土工程单价编制

【讨论与分析】

1. 对照项目一所述某水利枢纽工程混凝土施工布置图及施工组织设计，阐述一期、二期工程分别采用什么机械设备来完成混凝土水平和垂直运输的。

2. 阐述你所了解到的混凝土拌制设备，及其使用范围。

3. 根据表 5.6-1 本项目混凝土配合比表（部分）及任务 4.6 的方法，计算溢流堰堰体 C15 混凝土—32.5（三级配）材料基价。

4. 欣赏微课小视频。

5.9 混凝土工程单价编制

【工作任务】

编制项目一所述某水利枢纽工程，一期溢流堰堰体 C15 混凝土—32.5（三级配）概算工程单价，材料价格同前。一期工程施工现场照片及混凝土施工布置图如图 5.6-1 和图 5.6-2 所示。

图 5.6-1　某水利枢纽工程一期工程施工现场照片

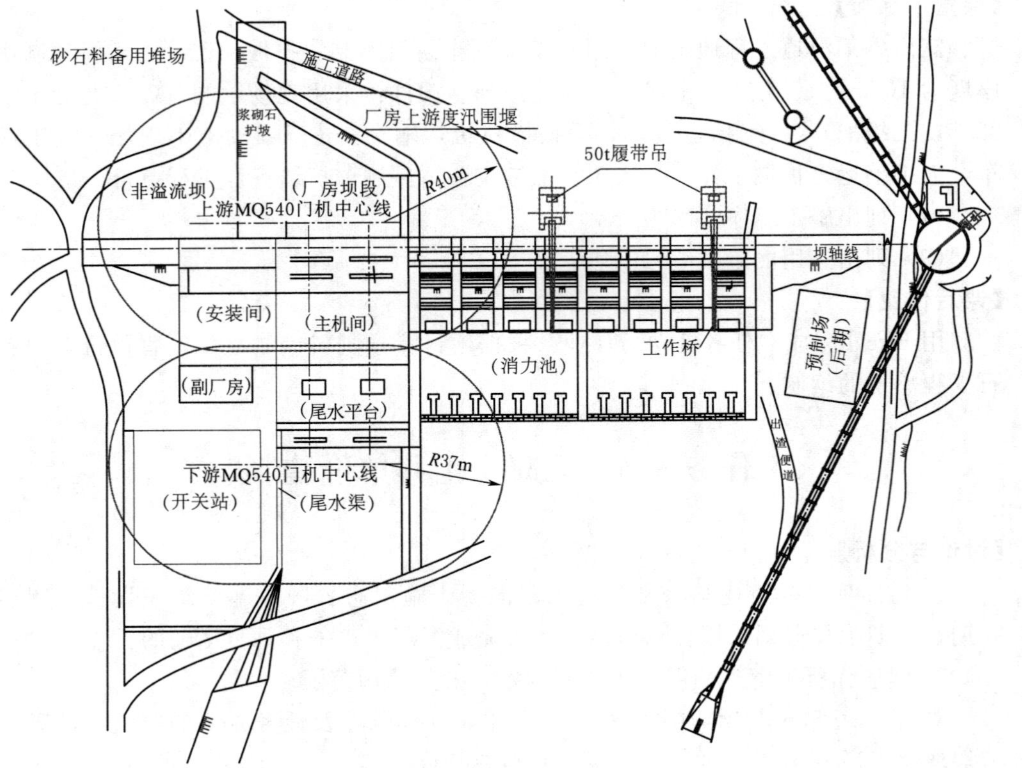

图 5.6-2 项目一混凝土施工布置图

混凝土施工组织设计：

1. 整体施工方案

项目一所述某水利枢纽工程混凝土主要采用（2×2.5）m^3 强制混凝土搅拌楼生产，10t 自卸汽车水平运输。

一期施工右侧 4 孔溢流坝段、右侧非溢流坝段、厂房、开关站。一期混凝土利用混凝土搅拌楼至上下游基坑施工道路作为混凝土运输主干道，由主干道末端引支路至上、下游基坑各取料点。右侧 4 孔溢流坝段浇筑拟采用 2 台 50t 履带吊入仓；右侧非溢流坝段混凝土绝大部分位于厂房上游侧布置的门机覆盖范围内，拟主要采用该门机浇筑；厂房及厂房坝段混凝土主要由 MQ5400/30 门机吊运入仓，同时采用轮胎吊或混凝土泵送等方式辅助入仓。

二期施工左侧 4 孔溢流坝段及船闸，左岸二期工程所需混凝土仍由设在右岸的（2×2.5）m^3 强制混凝土搅拌楼生产，10t 自卸汽车通过已完建的一期工程坝面作为交通道路，运输至溢流坝段 5# 墩头，由设置在此的混凝土真空溜筒将混凝土料溜到二期基坑内，再通过二期基坑内交通道路，用 10t 自卸汽车运输至各混凝土施工部位。在溢流坝段上游侧布置 2 台 50t 履带吊（另用 1.5m^3 长铲辅助入仓）。

对于导墙、岸墙及挡土墙等零星混凝土，则主要采用轮胎式起重机浇筑。

2. 混凝土拌和系统

项目一所述某水利枢纽工程拟配备一座（2×2.5）m^3 强制混凝土搅拌楼，铭牌产量为 135m^3/h，搅拌楼的布置如图 5.6-3 及图 5.6-4 所示。

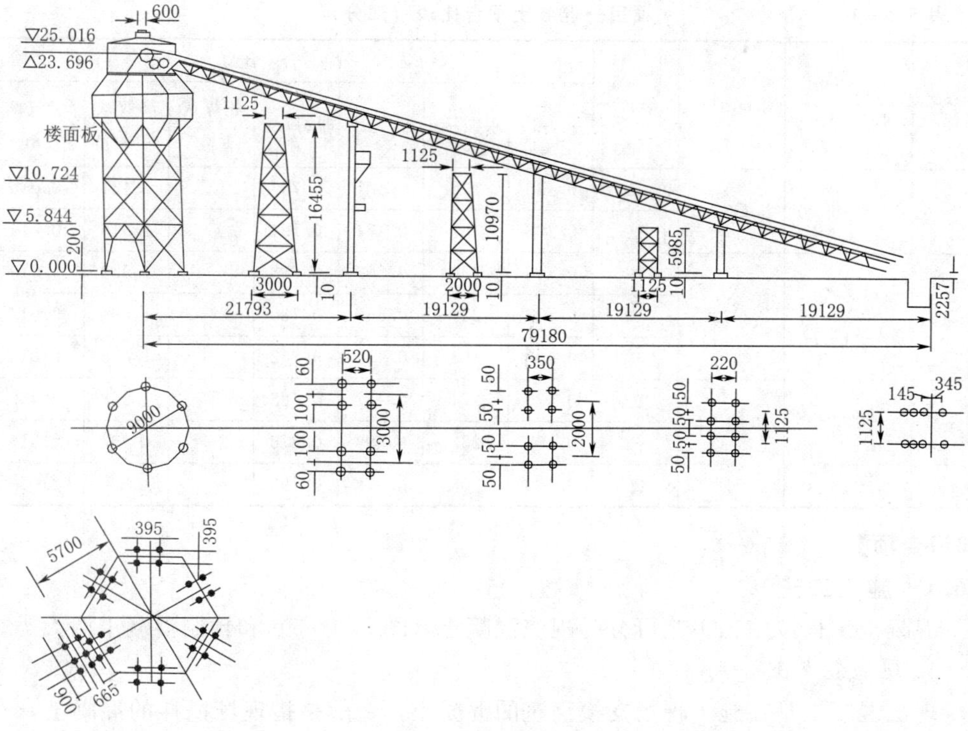

图 5.6-3　项目一（2×2.5）m^3 强制搅拌楼外形和基础布置图（单位：mm）

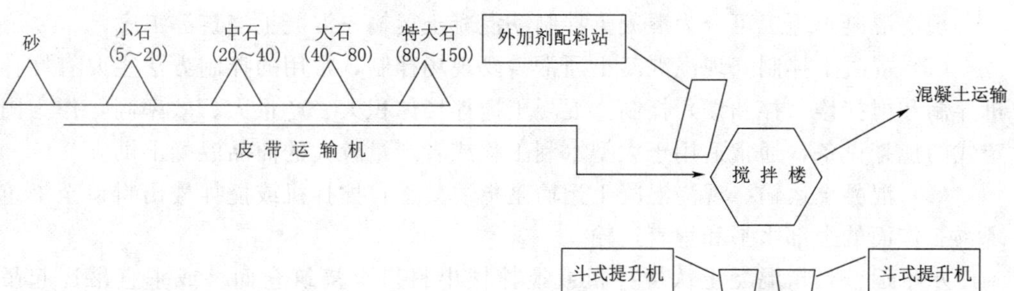

图 5.6-4　项目一混凝土系统生产流程示意图

骨料系统420.13元/组时，水泥系统488.62元/组时。

3. 混凝土配合比设计

项目一经试配并结合设计对混凝土的要求调整得出施工配合比见表5.6-1。

表5.6-1　　项目一混凝土配合比表（部分）

序号	混凝土强度等级	水泥型号	级配	配合比						
				水/m^3	水泥/kg	砂/m^3	卵石/m^3	粉煤灰/kg	高效减水剂/kg	引气剂/kg
1	C15	P. O32.5	二	0.128	196	0.501	0.767		1.421	0.015
			三	0.108	187	0.474	0.794		1.316	0.014
2	C20	P. O32.5	一	0.148	279	0.507	0.688		1.953	0.019
			二	0.128	234	0.467	0.780		1.694	0.017
			三	0.108	193	0.433	0.852		1.428	0.015
3	C25	P. 042.5	二	0.130	274	0.432	0.788		1.988	0.02
			三	0.108	232	0.399	0.876		1.68	0.017
4	C30	P. 042.5	二	0.130	303	0.416	0.793		2.17	0.022

【知识专项】

5.6.1 施工工艺

混凝土工程按施工工艺可分为现浇混凝土（图5.6-5）和预制混凝土两大类。

1. 现浇混凝土

现浇混凝土是在施工现场支模浇筑的混凝土，一般是指现场搅拌的混凝土，在结构构件设计位置处浇灌入模、成型、密实和硬化的混凝土。现浇混凝土又可分为常态混凝土、碾压混凝土和沥青混凝土。

现浇混凝土施工可分为混凝土拌制→混凝土运输→混凝土浇筑等工序。

（1）混凝土拌制。现浇混凝土通常需要现场拌制，常用的拌制方法主要有搅拌机拌制和搅拌楼（拌和楼）拌制。混凝土搅拌楼体积大、产量大、效率高，作为固定式的搅拌设备，通常适用于大型水利工程或者产量较大的商品混凝土供应。

（2）混凝土运输。现浇混凝土运输是指混凝土自搅拌机或搅拌楼出料口至浇筑现场工作面的全部水平和垂直运输。

水平运输是指混凝土从搅拌机或搅拌楼出料口至浇筑仓面（或垂直吊运起吊点）水平距离的运输；垂直运输是指混凝土从垂直吊运起点至浇筑仓面垂直距离的运输。

混凝土的运输方式与运输机械由施工组织设计确定。常见的运输方法有以下几种：

1）人力运输。人力运输主要适用于分散的少量混凝土浇筑。

2）汽车运输。效率高、成本低，是水平运输最常用的方法。

3）卷扬机运输。采用井架配合卷扬机进行垂直运输，操作简单、成本低，适用于中小型工程。

4）起重机运输。主要包含门式起重机、塔式起重机、履带式起重机、缆索起重机等，这种运输方法在大型工程中的混凝土垂直运输中普遍使用。

5）胶带机运输。可采用皮带机运输直接入仓，速度快、效率高，但成本较高，同时质量不容易控制。

6）其他方法。如人工索道运输、混凝土泵运输、搅拌车运输、斜坡道卷扬机运输等。

7）组合运输。可根据地形条件将以上几种运输方式进行组合。

（3）混凝土浇筑。混凝土浇筑是指将混凝土浇筑入模直至塑化的过程，常见的浇筑方法有人工入仓和混凝土泵入仓。

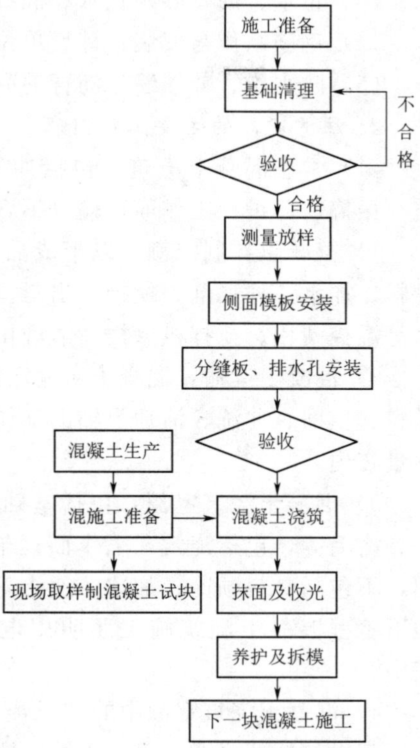

图 5.6-5　现浇混凝土施工工艺流程示意图

2. 预制混凝土

预制混凝土是指在工厂或工地现场（非最后设计位置）制作混凝土制品的混凝土，预制混凝土在别处浇制而非在最后的施工现场。常用的混凝土预制构件有预制混凝土闸门、压力管、无压管、梁、板、柱、桩等。

预制混凝土施工过程一般包括混凝土预制构件预制→预制构件运输→预制构件安装等工序。

（1）混凝土预制及安装。混凝土构件预制工艺是在工厂或工地预先加工制作建筑物或构筑物的混凝土部件的过程。现场采用预制混凝土构件进行装配化施工，具有节约劳动力、克服季节影响、便于常年施工等优点。

（2）预制构件运输。常见的预制构件运输机械有胶轮车、拖拉机和起重机等。

5.6.2 正确使用定额

现行水利建筑工程概预算混凝土定额包括常态混凝土、碾压混凝土、沥青混凝土、混凝土预制及安装、钢筋制作及安装，以及混凝土拌制、运输、止水等定额子目。

编制工程造价时，应根据设计提供的资料，确定建筑物施工部位，并根据施工组织设计中的混凝土强度等级和级配、施工方法及运输方案、搅拌系统布置形式等来选用相应的定额。

1. 注意定额的计量单位

（1）混凝土拌制、运输：计量单位均为半成品方，不包括干缩、运输、浇筑和超填等损耗的消耗量在内。

（2）混凝土浇筑：除注明者外，计量单位均为成品实体方。

(3) 止水、沥青砂柱止水、混凝土管安装：计量单位为延长米。

(4) 钢筋制作与安装：计量单位为t。

(5) 防水层、伸缩缝、沥青混凝土涂层、斜墙碎石垫层涂层：计量单位为m^2。

2. 注意定额的主要工作内容

(1) 常态混凝土浇筑：包括冲（凿）毛、冲洗、清仓、铺水泥砂浆、平仓浇筑、振捣、养护，工作面运输（不含浇筑现场垂直运输）及辅助工作。

1）混凝土拌制定额：以半成品方为计量单位，按拌制常态混凝土拟定，包括配料、加水、外加剂、搅拌、出料、清洗及辅助工作，不包括骨料预冷、加冰、通水等温控费用。搅拌机（楼）清洗用水已计入拌制定额的零星材料费中。

2）混凝土运输：混凝土运输定额均以半成品方为计量单位，包括装料、运输、卸料、空回、冲洗、清理及辅助工作，不包括干缩、运输、浇筑和超填等损耗的消耗量在内。

3）混凝土浇筑定额：包括基础面清理、施工缝处理、入仓、平仓、振捣、养护、凿毛等，包括浇筑和工作面运输所包含的全部人工、材料和机械的数量及费用，不包括骨料预冷、加冰、通水等温控费用。混凝土浇筑仓面清洗及养护用水，地下工程混凝土浇筑施工照明用电，已分别计入浇筑定额的用水量及其他材料费中。

4）混凝土浇筑定额中的“混凝土”，是指完成单位产品所需的混凝土半成品量，其中包括冲（凿）毛、干缩、运输、浇筑和超填等损耗的消耗量在内，不包括拌制、运输、浇筑等工序的人工、材料和机械费用。

(2) 碾压混凝土浇筑：包括冲毛、冲洗、清仓、铺水泥砂浆、平仓、碾压、切缝、养护、工作面运输及辅助工作。

(3) 沥青混凝土浇筑：包括配料、混凝土加温、铺筑、养护，模板制作、安装、拆除、修整，以及场内运输和辅助工作。

(4) 预制混凝土制作及安装：包括预制场冲洗、清理、配料、拌制、浇筑、振捣、养护，模板制作、安装、拆除、修整，预制构件吊装、校正、固定、焊接、二期混凝土浇筑、填缝灌浆，现场冲洗、拌浆、砌筑、勾缝（指预制混凝土板砌筑），以及预制场和安装现场场内运输及辅助工作。

(5) 钢筋制作与安装：钢筋制作与安装定额中，其钢筋定额消耗量已包括钢筋制作与安装过程中的加工损耗、搭接损耗及施工架立钢筋附加量。

3. 关于“模板”问题

在混凝土工程定额中，常态混凝土和碾压混凝土定额中不包含模板制作与安装，模板的费用应按模板工程定额另行计算；预制混凝土及沥青混凝土定额中已包括模板的相关费用，计算时不得再计算模板费用。预制混凝土定额中的模板材料为单位混凝土成品方的摊销量，已考虑了周转。

4. 注意“节”定额表下面的“注”

在使用有些定额子目时，应根据定额表下“注”的要求来调整人工、机械的定额消耗量。

5.6.3 混凝土工程单价编制

编制混凝土工程单价之前，应仔细查阅施工组织设计及图纸：确定混凝土浇筑的工程部位、尺寸；预制还是现浇；混凝土类别（常态混凝土、碾压混凝土、沥青混凝土……）、混凝土强度等级、级配等。

1. 混凝土材料单价

计算混凝土材料单价的准备工作：确定混凝土配合比用量、骨料种类、材料基价等。配合比按试验资料计算；无试验资料时，可采用定额附录的混凝土材料配合比表中的列示量。

2. 混凝土拌制单价

编制混凝土拌制单价的准备工作：查阅施工组织设计确定拌制方式、拌制设备、搅拌系统工艺流程。混凝土搅拌系统工艺流程如图 5.6-6 所示。

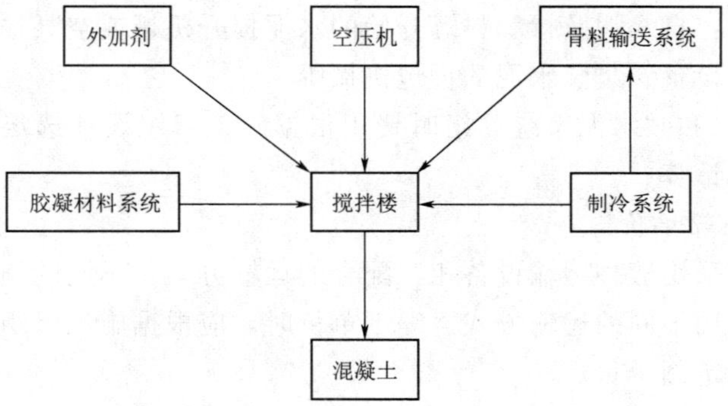

图 5.6-6 混凝土搅拌系统工艺流程

混凝土拌制可包括配料、运输、搅拌、出料等工序。进行混凝土拌制单价计算时，应根据所采用的拌制机械来选用现行定额中的相应子目。为避免重复计算其他直接费、间接费、利润、税金，在进行拌制单价计算时，只计算定额基本直接费。

另外，在使用拌制定额时，应注意混凝土拌制定额是按常态混凝土拟定，若拌制加冰、加掺合料等其他混凝土，则应对混凝土拌制定额进行调整。调整系数见表 5.6-2。

表 5.6-2 混凝土拌制定额调整表

搅拌楼规格	混凝土类别			
	常态混凝土	加冰混凝土	加掺合料混凝土	碾压混凝土
1×2.0m^3 强制式	1.00	1.20	1.00	1.00
2×2.5m^3 强制式	1.00	1.17	1.00	1.00
2×1.0m^3 自落式	1.00	1.00	1.10	1.30
2×1.5m^3 自落式	1.00	1.00	1.10	1.30

续表

搅拌楼规格	混凝土类别			
	常态混凝土	加冰混凝土	加掺合料混凝土	碾压混凝土
$3\times1.5m^3$ 自落式	1.00	1.00	1.10	1.30
$2\times3.0m^3$ 自落式	1.00	1.00	1.10	1.30
$4\times3.0m^3$ 自落式	1.00	1.00	1.10	1.30

3. “骨料系统”“水泥系统”组时费

定额各节用搅拌楼拌制现浇混凝土定额子目中，以组时表示的“骨料系统”和“水泥系统”是指骨料、水泥进入搅拌楼之前与搅拌楼相衔接而必须配备的有关机械设备。

“骨料系统”：自搅拌楼骨料仓下廊道内接料斗开始的胶带输送机及供料设备。

“水泥系统”：自水泥及掺和料罐开始的水泥提升机械或空气输送设备，以及胶带运输机、吸尘设备、袋装水泥的拆包机械等。

“骨料系统”和“水泥系统”组时费用根据施工组织设计选定的施工工艺和设备配备数量自行计算。

4. 混凝土运输单价

水利工程多采用数种运输设备相互配合的运输方案，不同的施工阶段、不同的浇筑部位可能采用不同的运输方式。编制单价时，应根据施工组织设计选定的运输方式来选用运输定额子目。

（1）现浇混凝土运输：混凝土运输作为混凝土浇筑定额中的一项基本直接费，为避免重复计算其他直接费、间接费、利润、税金，在进行运输单价计算时，只计算定额基本直接费。另外，浇筑定额中的混凝土运输数量已包括完成每一定额单位有效实体所需增加的超填量和施工附加量等。

（2）预制混凝土构件运输：指预制场至安装现场之间的运输。预制混凝土构件在预制场和安装现场的运输，包括在预制及安装定额内。

5. 混凝土浇筑单价

编制混凝土浇筑单价的准备工作：查阅施工组织设计及图纸确定混凝土浇筑的工程部位、尺寸。施工条件对混凝土浇筑工序影响很大，其中主要因素有仓面面积、施工条件等。仓面面积大，便于发挥人工及机械效率，工效高。计算现行混凝土浇筑单价时应注意以下几点：

（1）现行浇筑定额中包括浇筑和工作面运输（不包括现场垂直运输）所需全部人工、材料和机械数量和费用。

（2）各类混凝土衬砌定额中所列示的开挖断面和衬砌厚度按设计尺寸选取。若定额与设计厚度不符，可用插入法计算。

6. 预制混凝土单价

编制预制混凝土单价时，应根据预制构件的适用范围，选用相应的定额计算。

预制混凝土单价一般包括混凝土搅拌、运输、预制、预制构件运输及安装等工序单价。现行《水利建筑工程概算定额》中，混凝土预制及安装定额包括混凝土搅拌及预制、场内混凝土运输，场外混凝土运输及场外预制件运输需根据所采用的运输机械选用相应的定额，另计运输单价。

若预制混凝土构件单位重量超过定额中起重机械起重量时，可用相应起重量的机械替换，台时量不变。

7. 钢筋制作与安装

钢筋制作与安装定额中，其钢筋定额消耗量已包括钢筋制作与安装过程中的加工损耗、搭接损耗及施工架立筋附加量（钢筋制作与安装定额，不分部位、规格型号综合计算）。

【解决工作任务】

(1) 通过施工方案、初步设计图纸，找出混凝土配合比、施工工序及施工机械。

拌制：2×2.5m^3 强制式混凝土搅拌楼。

混凝土水平运输：10t 自卸汽车运 2km（综合运距）。

混凝土垂直运输：2 台 50t 履带吊罐入仓，吊高小于 15m。

浇筑部位：溢流堰堰体。

(2) 查找定额编号：拌制为 40179、水平运输为 40205、垂直运输为 40247、浇筑为 40004。

(3) 人工单价、其他直接费费率、材料价格同前；混凝土浇筑工程间接费费率为 9.5%；施工机械台时单价计算方法见任务 4.3。

(4) 输入材料预算价格等已知信息，进行工程单价计算，特别注意材料价差的计算。

1) 根据表 5.6-1 计算溢流堰堰体 C15 混凝土—32.5（三级配）混凝土材料基价，见表 5.6-3。项目一砂砾料为自采，无材差。

表 5.6-3　　混凝土材料单价计算表

编号	名称及规格	单位	预算量	调整系数	材料预算单价			混凝土材料价格		
					预算价/元	基价/元	价差/元	预算价/元	基价/元	价差/元
一	C15	m^3						216.09	183.56	32.54
1	32.5 水泥	kg	187	1	0.429	0.255	0.174	80.22	47.69	32.54
2	粗砂	m^3	0.474	1	97.8	97.8		46.36	46.36	
3	卵石	m^3	0.794	1	102.02	102.02		81.00	81.00	
4	水	m^3	0.108	1	0.66	0.66		0.07	0.07	
5	减水剂	kg	1.316	1	6.37	6.37		8.38	8.38	
6	引气剂	kg	0.014	1	3.98	3.98		0.06	0.06	

2）计算拌制单价基本直接费，见表5.6-4。

表5.6-4　　　　建筑工程单价表

定额编号	40179	项目名称	混凝土拌制	定额单位	$100m^3$
施工方法	强制式搅拌楼拌制混凝土 搅拌楼容量 $2\times2.5m^3$				
编号	名称及规格	单位	数量	单价/元	合价/元
一	直接费				
(1)	基本直接费				1235.52
二	人工费				139.60
(1)	工长	工时	1.10	11.55	12.71
(2)	高级工	工时	2.10	10.67	22.41
(3)	中级工	工时	7.40	8.9	65.86
(4)	初级工	工时	6.30	6.13	38.62
三	材料费				58.83
(1)	零星材料费	%	5	1176.69	58.83
四	机械费				1037.09
(1)	混凝土搅拌楼 $2\times2.5m^3$	台时	0.81	371.61	301.00
(2)	骨料系统	组时	0.81	420.13	340.31
(3)	水泥系统	组时	0.81	488.62	395.78

3）计算混凝土垂直运输单价基本直接费，见表5.6-5。

表5.6-5　　　　建筑工程单价表

定额编号	40247	项目名称	混凝土垂直运输	定额单位	$100m^3$	
施工方法	50t履带机吊运混凝土					
编号	名称及规格	单位	数量	单价/元	合价/元	备注
(一)	基本直接费				518.40	
1	人工费				92.71	
(1)	中级工	工时	7.80	8.9	69.42	
(2)	初级工	工时	3.80	6.13	23.29	
2	材料费				47.13	
(1)	零星材料费	%	10	471.27	47.13	
3	机械费				378.56	柴油
(1)	混凝土罐 $3m^3$	台时	1. 68	10.94	18.38	
(2)	履带起重机 油动 50t	台时	1. 68	214.39	360.18	18.6
	合计				518.40	
	柴油	kg	31.248			

柴油消耗量＝18.6×1.68＝31.248（$kg/100m^3$）

混凝土垂直运输单价基本直接费：5.18元/m^3。

4）计算混凝土水平运输单价基本直接费，见表5.6－6。

表5.6－6　　建筑工程单价表

定额编号	40205	项目名称	混凝土水平运输	定额单位	100m^3	
施工方法	自卸汽车运混凝土 运距2km					
编号	名称及规格	单位	数量	单价/元	合价/元	备注
一	直接费					
(1)	基本直接费	元			1477.78	
二	人工费				173.58	
(1)	中级工	工时	14.20	8.9	126.38	
(2)	初级工	工时	7.70	6.13	47.20	
三	材料费				70.37	
(1)	零星材料费	%	5	1407.41	70.37	
四	机械费				1233.83	柴油
(1)	自卸汽车 10t	台时	14.08	87.63	1233.83	10.8
	柴油	kg	152.064			
	合计				1477.78	

柴油消耗量＝10.8×14.08＝152.064（kg/100m^3）

混凝土水平运输单价基本直接费：14.78元/m^3。

（5）将混凝土拌制、运输基本直接费嵌入混凝土浇筑单价进行综合计算，见表5.6－7。

表5.6－7　　建筑工程单价表

定额编号	40004	项目	溢流堰堰体混凝土浇筑	定额单位	100m^3	
施工方法	常态混凝土坝（堰）体 一般层厚浇筑机械化 纯混凝土 C15 三级配 水泥 32.5 水胶比 0.65 砌筑砂浆 M7.5					
编号	名称	单位	数量	单价/元	合价/元	备注
一	直接费	元			26448.67	
(一)	基本直接费	元			24603.41	
1	人工费	元			1015.73	
(1)	工长	工时	5.10	11.55	58.91	
(2)	高级工	工时	5.10	10.67	54.42	
(3)	中级工	工时	64.20	8.90	571.38	
(4)	初级工	工时	54.00	6.13	331.02	
2	材料费	元			19494.51	
(1)	纯混凝土 C15，三级配	m^3	103.00	183.56	18906.68	

续表

编号	名称	单位	数量	单价/元	合价/元	备注
(2)	砌筑砂浆 M7.5	m^3	1.00	175.22	175.22	
(3)	水	m^3	46.00	0.66	30.36	
(4)	其他材料费	%	2.00	19112.26	382.25	
3	机械使用费	元			731.89	柴油
(1)	振动器 插入式 1.5kW	台时	1.06	3.02	3.20	
(2)	变频机组 8.5kV·A	台时	0.53	15.76	8.35	
(3)	混凝土平仓振捣机 40kW	台时	1.23	139.37	171.43	7.6
(4)	风(砂)水枪 6m^3/min	台时	7.53	64.06	482.37	
(5)	其他机械费	%	10.00	665.35	66.54	
4	混凝土拌制	m^3	104.00	12.36	1285.44	
5	混凝土垂直运输	m^3	104.00	5. 18	538.72	
6	混凝土水平运输	m^3	104.00	14.78	1537.12	
(二)	其他直接费	%	7.50	24603.41	1845.26	
二	间接费	%	9.50	26448.67	2512.62	
三	利润	%	7.00	28961.29	2027.29	
四	材料补差				4346.78	
(1)	水泥 32.5	kg	19522	0.174	3396.83	
(2)	柴油	kg	199.99	4.75	949.95	
五	税金	%	9.00	35335.36	3180.18	
	合计	元			38515.54	
	单价	元			385.16	

注 M7.5 砌筑砂浆价格同任务 5.5。

柴油消耗量=(31.248+152.064)×1.04+7.6×1.23=199.99(kg/100m^3)。

水泥消耗量=187×103+261×1=19522(kg/100m^3)。

砂、卵石为自采砂石料，没有基价和价差。

价差：19522×0.174+199.99×4.75=4346.78(元/100m^3)。

C15 混凝土溢流堰堰体概算综合单价：385.16 元/m^3。

【课堂小练兵】

某中型灌区的灌溉隧洞(平洞)衬砌工程，隧洞为直墙圆拱形，成洞直墙高 4m，底宽 3m，上半圆半径为 1.5m，隧洞设计衬砌厚度为 0.5m。隧洞开挖示意如图 5.6-7 所示。

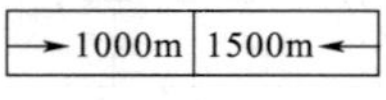

图 5.6-7 隧洞开挖示意图

若分进口和出口两个工作面衬砌，两个工作面长度与隧洞开挖工作面长度一致，进口和出口分别距离混凝土搅拌站 0.5km 和 2km；使用混凝土 C25(二级配)—42.5，采用 1 台 2×1m^3 搅拌楼拌制混凝土，10t 自卸汽车运输，混凝土泵入仓浇筑；洞内、洞外综合运距按接近定额规格的数据取整，不考虑内插和外延。

（1）计算混凝土洞内外综合运距。

（2）计算隧洞开挖断面面积。

（3）列出选用的定额编号。

【知识拓展】

大体积混凝土温控费用计算参见《水利建筑工程概算定额（下册）》中“附录10 混凝土温控费用计算参考资料”。

【课后作业】

用 Excel 完成“任务 5 课后作业：根据项目背景资料编制概算工程单价”中隧洞混凝土衬砌工程单价编制。

任务 5.7 模板工程单价编制

【讨论与分析】

1. 回顾任务 3 回答以下问题：周转性材料主要有哪些？周转性材料摊销量如何计算？

2. 仔细阅读本工程模板施工方案，请说出本工程采用了哪些类型的模板？

3. 欣赏微课小视频。

5.10 模板工程单价编制

【工作任务】

模板工程施工方案：

项目一所述某水利枢纽工程左右岸混凝土非溢流重力坝采用 D15 多卡模板（图 5.7-1）。

图 5.7-1 项目一混凝土重力坝多卡模板（悬臂组合钢模）

溢流坝段包括8个溢流孔及相应的闸墩、消力池、消力池T形墩、消力池导墙等，溢流堰采用卷扬机牵引式滑升模板，人工抹面，闸墩上下游面采用定型圆弧钢模板，牛腿采用承重式桁架模板，门槽二期混凝土采用木模板。

厂房大体积混凝土包括主厂房下部、进尾水闸墩、导墙及厂房挡水坝等；厂房小体积混凝土包括主厂房上部、安装间、副厂房等以板、梁、柱为主的部位。流道底板基础混凝土部位采用散装钢模拼装、纵缝采用定型键槽模板；流道部位采用大型承重桁、钢木组合模板；门槽部位采用定型木模；曲面采用异型钢木组合模板；小体积混凝土采用木模和钢模板。

试计算本工程混凝土重力坝多卡模板概算工程单价。材料价格同前。

多卡模板安装拆除方法：为了保证混凝土外观质量，左右岸重力坝混凝土浇筑采用D15多卡模板。多卡模板由10t平板车运输，35t轮胎吊安装和拆除。按照施工图纸进行模板安装的测量放样，并设置必要的控制点，以便检查校正。模板安装过程中，设置足够的临时固定措施，以防变形和倾覆。起始仓立模时，在锚筋埋设高程通长布置一道已钻好锚筋孔的木模板，将蛇形锚筋和定位锥用螺栓固定在木模板的孔位上。浇完混凝土并拆模后，再将勾挂螺栓拧入预埋的定位锥中，即可挂装模板。

浇完混凝土的仓位脱模时，收紧支撑螺杆，模板后倾，在定位锥中拧入勾挂螺栓，模板即可脱位提升，再挂装到新安装的勾挂螺栓上。已卸除模板的勾挂螺栓和定位锥可回收再用，对定位锥形成的孔洞用砂浆封堵。

【知识专项】

5.7.1 模板的定义

模板是一种用于建筑施工中的辅助工具，主要用于固定混凝土的模型，使其在施工中能够达到预期的形状、尺寸和质量要求。

5.7.2 模板的类型

模板主要由面板系统、连接系统和支撑系统三部分组成，可从以下几方面进行分类：

（1）按制作材料，模板可分为木模板、钢模板、钢胶合板模板、竹胶合板模板、塑料模壳模板、钢框橡胶模板、铝合金胶合板模板、混凝土和钢筋混凝土预制模板等。一般来说，木模板主要适用于小型混凝土的结构工程，钢模板主要适用于大型混凝结构施工。

（2）按模板形状，模板可分为平面模板和曲面模板。

（3）按受力条件，模板可分为承重模板和侧面模板。侧面模板按其支撑受力方式，又可分为简支模板、悬臂模板和半悬臂模板。

（4）按架立和工作特征，模板可分为固定式模板、拆移式模板、移动式模板和滑动式模板。固定式模板多用于起伏的基础部位或特殊的异形结构，如蜗壳或扭曲面，因大小不等、形状各异，难以重复使用。拆移式模板、移动式模板、滑动式模板可重复或连续在形状一致或变化不大的结构上使用，有利于实现标准化和系列化生产。

5.7.3 模板安装及拆除施工工序

模板安装必须按设计图纸测量放样，对重要结构应多设控制点，以利于检查校正。模板的安装包括放样、立模、支撑加固、吊正找平、尺寸校核、堵塞缝隙及清仓去污等工序。

模板的拆除应遵守下列规定：

(1) 模板拆除时，应根据锚固情况分批拆除锚固连接件，防止大片模板坠落。

(2) 模板拆除时应使用专门工具，以减少混凝土及模板的损伤。

(3) 模板拆除时应遵循相关规定，若无规定，可采取“先安后拆、后安先拆，先拆非承重模板、后拆承重模板”的原则，并自上而下进行拆除。

5.7.4 模板工程定额使用方法

模板工程定额包括平面模板、曲面模板、异形模板、针梁模板、滑模、钢模台车等制作及安装拆除定额。其中，预算定额共计 25 节 128 个子目，概算定额共计 22 节 102 个子目。

1. 计量单位

模板工程定额计量单位，除注明者外，模板定额的计量面积为混凝土与模板的接触面积，即建筑物体形及施工分缝要求所需的立模面面积。

模板工程量应根据设计图纸及混凝土浇筑分缝图计算。在初步设计之前没有详细图纸时，可参考水利建筑工程定额“附录 9 水利工程混凝土建筑物立模面系数参考表”中的数据估算。

2. 模板定额中的材料

(1) 模板定额中的材料，除模板本身外，还包括支撑模板的立柱、围令、桁(排)架及铁件等。对于悬空建筑物（如渡槽槽身）的模板，计算到支撑模板结构的承重梁（或枋木）为止，承重梁以下的支撑结构未包括在定额内。

(2) 模板定额材料中的铁件包括铁钉、铁丝及预埋铁件。铁件和预制混凝土柱均按成品预算价格计算。

(3) 滑模台车、针梁模板台车和钢模台车的行走机构、构架、模板及其支撑型钢，为拉滑模板或台车行走及支立模板所配备的电动机、卷扬机、千斤顶等动力设备，均作为整体设备以工作台时计入定额。

(4) 滑模台车定额中的材料包括滑模台车轨道及安装轨道所用的埋件、支架和铁件。

(5) 针梁模板台车和钢模台车轨道及安装轨道所用的埋件等，均应计入其他临时工程。

(6) 概算定额第 1 节至第 11 节的模板定额中，其他材料费的计算基数，不包括模板本身的价值。

(7) 模板材料单价，有下列两种计算方法：

1) 若施工企业自制模板，按模板制作定额计算出基本直接费，作为模板的预算价格代入安装拆除定额，统一计算模板综合单价。

2) 如采用外购模板，定额中的模板预算价格计算公式为：

外购模板摊销一次费用＝[外购模板预算价格(不含增值税)－残值]÷周转次数×综合系数　　(5.7-1)

式中，残值为 10%、钢模周转次数为 50 次、木模周转次数为 5～10 次、综合系数为 1.15（含露明系数及维修损耗系数)。

3. 预制混凝土模板工程单价编制方法

坝体廊道模板，均采用一次性（一般为建筑物结构的一部分）预制混凝土模板。混凝土模板预制及安装，可参考水利建筑工程概预算定额“第四章 混凝土预制及安装”定额编制补充定额。

4. 模板工程概、预算定额的主要区别

(1) 为简化概算编制，便于操作，概算定额在预算定额的基础上，将堵头模板、键槽模板等按一定比例综合计入相关定额子目，以减少工程单价的计算量。

(2) 工程单价计算方法不同。预算定额中模板的制作及安装拆除定额是分别计列的。使用预算定额编制预算单价时，将模板制作及模板安装拆除工程单价算出后，两者相加，即为模板综合单价。例如，悬臂组合钢模板，采用 50001 及 50002 定额子目算出完整工程单价（含费税），两者相加，即为该模板的综合单价。

概算定额中模板安装拆除子目中，嵌套有模板用量 100m^2，用概算定额中模板制作定额计算出模板材料单价（基本直接费)，嵌套入模板安装拆除子目中，计算出模板综合工程单价。

【解决工作任务】

(1) 找出混凝土重力坝多卡模板施工工序及施工机械。

D15 多卡模板（悬臂组合钢模），由 10t 平板车运输，35t 轮胎吊安装和拆除。

(2) 查找相应的定额子目。

安装拆除为 50005，制作为 50065。

(3) 人工单价、其他直接费率、材料价格同前，模板工程间接费费率为 9.5%；施工机械台时单价计算方法见任务 4.3。

(4) 输入材料预算价格等已知信息，进行工程单价计算，特别注意材料价差的计算。

(1) 计算模板制作单价基本直接费，见表 5.7-1。

表 5.7-1　　建筑工程单价表

定额编号	50065	项目名称	悬臂组合钢模板制作	定额单位	100m^2	
施工方法	悬臂组合钢模板制作					
编号	名称	单位	数量	单价/元	合价/元	备注
一	直接费	元				
(一)	基本直接费	元			3448.25	
1	人工费	元			433.41	
(1)	工长	工时	4.00	11.55	46.20	

续表

编号	名称	单位	数量	单价/元	合价/元	备注
(2)	高级工	工时	11.00	10.67	117.37	
(3)	中级工	工时	23.50	8.90	209.15	
(4)	初级工	工时	9.90	6.13	60.69	
2	材料费	元			2842.29	
(1)	组合钢模板	kg	101.00	4.00	404.00	
(2)	型钢	kg	493.00	4.20	2070.60	
(3)	卡扣件	kg	17.00	6.00	102.00	
(4)	铁件	kg	26.00	5.50	143.00	
(5)	电焊条	kg	10.80	6.20	66.96	
(6)	其他材料费	%	2.00	2786.56	55.73	
3	机械使用费	元			172.55	汽油
(1)	型钢剪断机 13kW	台时	0.97	33.53	32.52	
(2)	钢筋切断机 20kW	台时	0.13	28.91	3.76	
(3)	钢筋弯曲机 ϕ6－40	台时	0.32	18.65	5.97	
(4)	载重汽车 5t	台时	0.36	50.55	18.20	7.2
(5)	电焊机 交流 25kV·A	台时	8.09	12.84	103.88	
(6)	其他机械费	%	5.00	164.33	8.22	
	汽油	kg	2.592			

汽油消耗量＝0.36×7.2＝2.592（kg）

（2）计算模板安拆单价（表5.7－2）。将模板制作单价（基本直接费）嵌入材料费一并进行计算。注意其他材料费计算基数不含模板本身价值。

表5.7－2　　建筑工程单价表

定额编号	50005	项目名称	悬臂组合钢模安装拆除	定额单位	100m²	
施工方法	悬臂组合钢模板 平面					
编号	名称	单位	数量	单价/元	合价/元	备注
一	直接费	元			3461.73	
(一)	基本直接费	元			6668.21	
1	人工费	元			940.63	
(1)	工长	工时	10.30	11.55	118.97	
(2)	高级工	工时	9.60	10.67	102.43	
(3)	中级工	工时	74.20	8.90	660.38	
(4)	初级工	工时	9.60	6.13	58.85	
2	材料费	元			4824.09	
(1)	模板	m²	100	34.48	3448.00	

续表

编号	名称	单位	数量	单价/元	合价/元	备注
(2)	铁件	kg	234.00	5.50	1287.00	
(3)	电焊条	kg	3.80	6.20	23.56	
(4)	其他材料费	%	5.00	1310.56	65.53	
3	机械使用费	元			903.49	柴油
(1)	汽车起重机 8t	台时	9.61	79.00	759.19	7.7
(2)	电焊机 交流 25kV·A	台时	2.06	12.84	26.45	
(3)	其他机械费	%	15.00	785.64	117.85	
(二)	其他直接费	%	7.50	6668.21	500.12	
二	间接费	%	9.50	7168.33	680.99	
三	利润	%	7.00	7849.32	549.45	
四	材料补差				368.87	
(1)	汽油	kg	2.592	6.705	17.38	
(2)	柴油	kg	73.997	4.75	351.49	
五	税金	%	9.00	8767.64	789.09	
	合计	元			9556.73	
	单价	元			95.57	

柴油消耗量＝7.7×9.61＝73.997（$kg/100m^2$）

D15 多卡模板综合单价：95.57 元/m^2。

【课后作业】

用 Excel 完成“任务 5 课后作业：根据项目背景资料编制概算工程单价”中隧洞衬砌钢模制作与安装工程单价编制。

任务 5.8　钻孔灌浆工程单价编制

【讨论与分析】

1. 灌浆施工时，如果实际每米消耗的水泥用量与定额用量不同，可以调整定额用量吗？如何调整？

2. 计算平均地层时，为什么要把上部开挖范围内的透水性强的风化层和下部不在设计灌浆范围内的相对不透水地层都剔除掉？

3. 欣赏微课小视频。

5.11 钻孔灌浆工程单价编制

【工作任务】

本水利枢纽工程溢流坝段和非溢流坝段灌浆施工顺序为坝基的开挖，开挖完毕即可进行盖重混凝土的浇筑，盖重混凝土达到强度要求后进行钻孔、固结灌浆，固结灌浆完毕并检查合格后进行钻孔、帷幕灌浆，验收合格后混凝土上升。

试计算本工程帷幕灌浆概算工程单价，材料价格同前，查阅图纸获知岩石平均地层为Ⅸ～Ⅹ，平均透水率为 4～8Lu。帷幕灌浆施工现场如图 5.8-1 所示。

图 5.8-1 项目一帷幕灌浆施工现场

项目一帷幕灌浆施工方案：

1. 工程布置

混凝土坝基础主帷幕灌浆为直孔，孔距为 2.5m，单排布置，孔深为 10～21.5m。在河床中段的四孔溢流堰下还布置一排副帷幕，孔距为 2.5m，孔底高程为 84m。

2. 施工程序

（1）帷幕灌浆按分序加密施工。每一个单元施工时，先打抬动观测孔，在抬动观测仪器装置完毕，并完成灌浆前的测试工作后，再按以下顺序进行施工：

Ⅰ序孔（先导孔）→Ⅱ序孔→Ⅲ序孔→Ⅳ序孔（如果需要加密）→检查孔。

（2）对帷幕灌浆的每一孔段，均按以下程序进行作业：

钻孔→冲洗→简易压水试验→灌浆→……下一循环。

3. 钻孔施工

（1）抬动观测孔布置在坝基帷幕灌浆范围内，孔径为 ϕ91mm，在进行裂隙冲洗、压水试验和灌浆施工的全过程安设抬动变形观测装置，用具有自动报警功能的 LH2001 型智能测控仪进行变形观测，确保抬动变形值不超过设计值。

（2）在Ⅰ序孔中选取部分孔作为先导孔，其数量不少于帷幕灌浆孔总数的 10%，钻孔孔径为 ϕ91mm。按施工图要求自上而下分段卡塞进行“单点法”或“五点法”压水试验，然后灌浆。

（3）帷幕灌浆开孔孔径为 ϕ91mm，按工程师指示埋设孔口管，以下孔径为 ϕ76mm，采用 JJX-3S 型高精度测斜仪进行全孔跟踪测斜，及时纠偏，保证孔斜偏差值满足设计要求；如纠偏无效时，则按工程师的指示报废原孔，重新钻孔。

（4）帷幕灌浆先导孔、检查孔、抬动观测孔均采取岩芯，用XY－2PC型地质钻机配金刚石钻头造孔，岩芯获得率达到80%以上，按规定进行岩芯编录，并根据工程师的指示对钻取的岩芯和混凝土芯每箱拍2张彩色照片，做好钻孔操作记录，将成果提交工程师。

4. 灌浆施工

（1）帷幕灌浆一般采用孔内循环，自上而下分段进行灌浆。

（2）在灌浆前应根据工程师的指示采用风水联合冲洗或用导管通入大流量水流，从孔底向孔外冲洗的方法进行冲洗，在岩溶、断层、大裂隙等地质条件较复杂的区域，按工程师的指示或通过现场试验确定的方法进行。帷幕灌浆的一般孔段在灌浆前均应做简易压水试验。

（3）在混凝土与基岩的接触部位单独作为一段先进行灌浆，段长为2m，接触段灌浆结束后应待凝结24h。

（4）严格按灌浆试验、施工图纸或工程师指示控制灌浆压力，为防止抬动，接触段和注入率大的孔段灌浆，采取逐段分级升压，并严格控制注入率。

（5）除第一段外，灌浆应在较短时间内达到设计压力，如开始时由于吸浆量大等原因，不能立即达到设计压力，则在正常操作下尽快达到设计压力。

（6）灌浆用水泥为普通硅酸盐42.5级水泥，其细度为通过80μm方孔筛，筛余量不大于5%。

（7）采用SGB6－10灌浆泵灌浆，严格按设计水胶比、变浆标准和技术标准进行灌浆，并及时处理灌浆过程中出现的异常情况。用三参数TS－2型智能灌浆记录仪记录，及时整理归档灌浆资料，按规定程序和时间报送工程师审查。

5. 检查与封孔

（1）帷幕灌浆结束14d后，按照总孔数的10%布置检查孔，检查孔孔径为ϕ91mm，用XY－2PC型地质钻机进行钻孔取芯和地质编录，做“五点法”压水试验，以分析检查孔压水试验成果为主，结合钻孔取芯资料、试验资料、灌浆记录和测试成果等评定其质量，帷幕灌浆压水试验合格标准为$q \leqslant 5$Lu。

（2）所有钻孔在灌浆结束并经监理人验收合格后，按照设计要求采用置换和压力灌浆法认真封孔，并对其封孔质量逐孔进行检查。

基础处理与接触灌浆施工机械设备见表5.8－1。坝基帷幕灌浆布置（部分截图）如图5.8－2所示。

表5.8－1　　某水利枢纽工程基础处理与接触灌浆施工机械设备表

序号	设备名称	型号或规格	数量/台	功率/kW
1	支架式钻机	YG－80	3	风动马达
2	地质钻机	XY－2PC	4	17×12
3	灌浆泵	SGB6－10	6	110.5×15
4	高速搅拌机	NJ－600	6	7.5×10

续表

序号	设备名称	型号或规格	数量/台	功率/kW
5	慢速搅拌机	$1m^3$	4	1.5×20
6	双层搅拌桶	JJS-2A	4	1.5×10
7	泥浆泵	3PNL	4	22×5
8	空压机	VY-9/7	2	75×2
9	电焊机	BX1-500	2	28×2
10	智能测控仪	LH2001	4	
11	高精度测斜仪	JJX-3S	2	
12	智能灌浆记录仪	TS-2	4	
13	平板汽车	EQ144	2	
14	手压灌浆泵	丰收-3型	2	

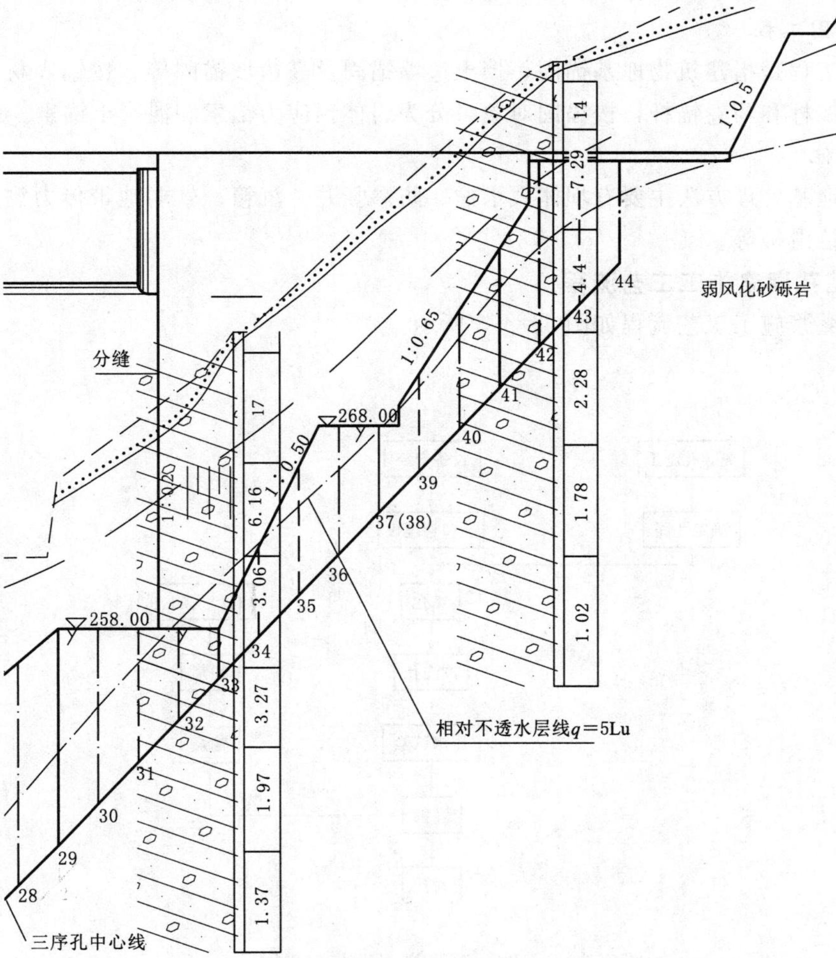

图 5.8-2 坝基帷幕灌浆布置图（部分截图）

【钻孔灌浆工程知识专项】

5.8.1 地基处理工程的种类

由于建筑物对地基的要求和地基的地质条件不同，地基处理工程的种类很多，按处理方法可分为灌浆、防渗墙、桩基、锚固和其他。

1. 灌浆

（1）按作用可分为帷幕灌浆、固结灌浆、接触灌浆、接缝灌浆和回填灌浆。

（2）按灌浆材料可分为水泥灌浆、黏土灌浆和化学灌浆。

（3）按灌浆压力可分为低压灌浆（＜0.5MPa）、中压灌浆（0.5～4MPa）和高压灌浆（＞4MPa）。

2. 防渗墙

防渗墙有钢筋混凝土防渗墙、素混凝土防渗墙、黏土混凝土防渗墙、固化灰浆防渗墙和泥浆槽防渗墙等。

3. 桩基

桩基主要有钻孔灌浆、振冲桩和高压喷射等。

4. 锚固工程

锚固工程是指建筑物地基锚固、挡土边墙锚固及高边坡锚固等。按锚固材料可分为砂浆锚杆和药卷锚杆，按锚固对象可分为岩体预应力锚索和混凝土锚索。

5. 其他

其他地基处理方法主要有坝体截水槽、防渗竖井、沉箱、软弱地带传力洞、混凝土塞和抗滑桩等。

5.8.2 钻孔灌浆施工工艺流程

钻孔灌浆施工工艺流程如图5.8-3所示。

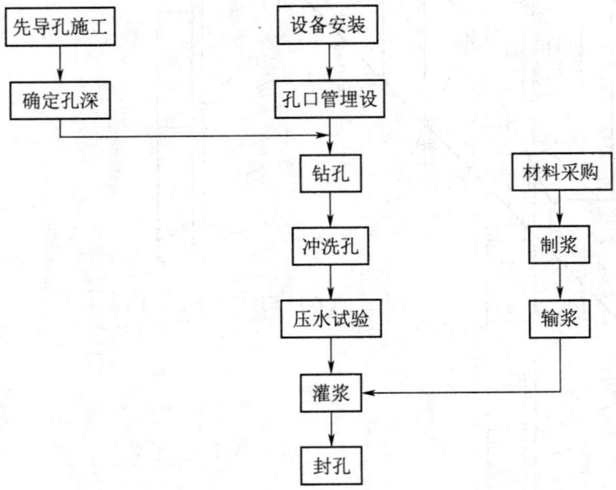

图5.8-3 钻孔灌浆施工工艺流程图

5.8.3 影响钻孔灌浆施工工效的主要因素

1. 岩石（地层）级别

岩石（地层）级别是钻孔工序的主要影响因素。岩石级别越高，对钻进的阻力越大，钻进工效越低，钻具消耗越多。

2. 岩石（地层）的透水性

透水性是灌浆工序的主要影响因素。透水性强（透水率高）的地层可灌性好，吃浆量大，单位灌浆长度的耗浆量大；反之，灌注每吨浆液干料所需的人工、机械台班（时）用量就少。

关于岩石的平均级别和平均透水率。岩石的级别和透水率分别为钻孔和灌浆两道工序的主要参数，应准确确定。水工建筑物的地基绝大多数不是单一地层，各层的岩石级别和透水率各不相同。

为了简化计算，几乎所有的工程都采用平均岩石级别和平均透水率计算钻孔灌浆单价。在计算这两个重要参数的平均值时，一定要注意计算的范围应和设计确定的钻孔灌浆范围完全一致，也就是说，不要简单地把水文地质剖面图中的数值进行平均，要注意把上部开挖范围内的透水性强的风化层和下部不在设计灌浆范围内的相对不透水地层都剔除掉。

3. 施工方法

一次灌浆法和自下而上分段灌浆法的钻孔和灌浆两道工序互不干扰，工效高。自上而下分段灌浆法的钻孔与灌浆工序相互交替，干扰大、工效低。

4. 施工条件

露天作业时，机械的效率能正常发挥；隧洞（或廊道）内作业影响机械效率的正常发挥，尤其是对较小的隧洞或廊道，限制了钻杆的长度，增加了接换钻杆次数，降低了工效。

5.8.4 钻孔灌浆定额使用方法

钻孔灌浆工程包括钻孔、灌浆、防渗墙、桩、其他钻孔工程等。预算定额共32节218个子目，概算定额共28节309个子目。

1. 定额中的地层划分

(1) 钻孔工程定额，按一般石方工程定额十六级分类法中Ⅴ～ⅩⅣ级拟定，大于ⅩⅣ岩石，可参照有关资料拟定定额。

(2) 冲击钻钻孔定额按地层特征划分为十一类。

(3) 钻混凝土工程除节内注明外，一般按粗骨料的岩石级别计算。

2. 灌浆工程定额中水泥用量的确定

灌浆工程定额中的水泥用量是概预算基本量。如有实际资料（如表5.8-2所示的帷幕灌浆现场记录等），可按实际消耗量调整。

3. 概预算定额章说明要注意的相同点

(1) 孔径、孔深的影响。孔径大（或深），钻进所需的功率也大，所以概预算定额章说明中规定，终孔孔径大于91mm（或孔深超过70m）时，改用300型钻机。

（2）廊道系数。钻杆长度受廊道高度制约，钻杆长度又是影响钻进工效的因数。故对不同廊道高度，定额要进行调整。

在廊道或隧洞内施工时，人工、机械定额应乘以表5.8-3所列的系数。

表5.8-2　　帷幕灌浆现场记录表（部分）

孔号	BSW-1-28	所在单元	01		排号	上游排			孔序	Ⅰ序孔	
段次	01	灌浆位置	5.08m至7.08m						段长	2.00m	
桩号	0+144.00	孔口高程	88.08		本次灌浆始止日期						
序号	起始时间/(hh：mm：ss)	终止时间/(hh：mm：ss)	间隔/min	灌浆压力/MPa	灌浆流量/(L/min)	最大压力/MPa	水胶比	浆液比重/(g/cm³)	累积注浆量/L	累积注灰量/kg	单位注入量/(kg/m)
1	05：34：40	05：39：40	5.00	0.38	25.46	0.43	3.00：1	1.205	127.30	38.33	19.17
2	05：39：40	05：44：40	5.00	0.39	24.86	0.45	3.00：1	1.205	251.60	75.77	37.89

表5.8-3　　廊道或隧洞内施工人工、机械定额系数

廊道或隧洞高度/m	2～2.0	2.0～3.5	3.5～5.0	5.0以上
系数	1.19	1.10	1.07	1.05

（3）孔斜系数。钻孔的斜度也是影响钻进工效的因素之一。

地质钻机钻灌不同角度的灌浆孔或观测孔、试验孔时，人工、机械、合金片、钻头和岩芯管定额应乘以表5.8-4所列的系数。

表5.8-4　　孔　斜　系　数

钻孔与水平夹角	0°～60°	60°～75°	75°～85°	85°～90°
系数	1.19	1.05	1.02	1.00

（4）水利建筑工程概预算定额中的“钻孔灌浆及锚固工程”章节的灌浆压力划分标准为：高压＞3MPa；中压1.5～3MPa；低压＜1.5MPa。

（5）水利建筑工程概预算定额中的“钻孔灌浆及锚固工程”章节的各节灌浆定额中，水泥强度等级的选择应符合设计要求，设计未明确的，可按以下标准选择：回填灌浆为32.5；帷幕与固结灌浆为32.5；接缝灌浆为42.5；劈裂灌浆为32.5；高喷灌浆为32.5。

4. 钻孔灌浆工程概预算定额章说明的主要区别

钻孔灌浆工程属于隐蔽工程，其质量检查大多通过打检查孔（井）做压水试验（或压浆检查）来完成的。

预算定额与概算定额的主要区别是前者未包括检查的内容，而后者已将相应的检查内容摊入各相关定额中。预算定额规定：检查孔按灌浆方法和灌浆后的平均透水率值，选用相应定额计算。

当钻机在平台上钻孔，平台高度较高时也会影响钻进工效。预算定额规定：在有架子的平台上钻孔，平台到地面孔口高差超过2.0m时，钻机和人工定额应乘以1.05的系数。

5. 使用定额子目要注意的地方

（1）第 1、2 节 钻机钻岩石层灌浆孔。

1）孔深系数。孔越深，钻进难度越大，换接钻杆次数就越多，所以工效也就越低，因此钻机钻岩石层灌浆孔的人工和钻机定额应乘以表 5.8－5 所列系数。

表 5.8－5 孔深系数

孔深/m	≤30	30～60	50～70	70～90	>90
系数	0.94	1.00	1.07	1.17	1.31

2）不同钻孔类型。试验孔、观测孔、检查孔、先导孔较一般的灌浆孔，都有其特殊的技术要求，这些要求都将影响其工效，所以，使用水利建筑工程预算定额中的这两节定额时，应按要求进行调整：钻试验孔，人工、钻机定额乘以系数 1.1；钻观测孔，人工、钻机定额乘以系数 1.25。

3）第 1 节与第 2 节的区别。

第 1 节适用于钻孔作业连续完成，不与灌浆作业干扰，而第 2 节则是钻孔与灌浆作业交替进行。

（2）第 3 节 风钻钻灌浆孔，洞内作业时应按要求进行调整：洞内作业，人工机械乘以系数 1.15。

（3）“钻机钻土坝（堤）灌浆孔 ”节专用于钻土坝（或土堤），与“土坝（堤）劈裂灌浆”节配套使用。该节分两个子目：泥浆固壁钻进子目，适用浸润线以下潮湿的土坝（堤）内钻进；套管固壁钻进子目，适用于浸润线以上干燥的土坝（堤）内钻进。

（4）“钻机钻（高压喷射）灌浆孔 ”节与“高压摆喷灌浆”节配套使用。

其余调整系数不再赘述。在选用定额编号前，需仔细研究定额适用范围、工作内容及注解。

5.8.5 钻孔灌浆工程单价编制

在计算钻孔灌浆工程单价时，应根据设计确定的孔深、灌浆压力等参数，以及岩石的级别、透水率等，按施工组织设计确定的钻机、灌浆方式、施工条件来选择概预算定额相应的定额子目，这是正确计算钻孔灌浆工程单价的关键。

工程的项目设置、工程量数量及其单位均必须与定额的设置、规定相一致，如不一致，应进行科学的换算。

钻孔工程量按实际钻孔深度计算，计量单位为 m。计算钻孔工程量时，应按不同岩石类别分项计算，混凝土钻孔一般按Ⅹ类岩石级别计算。

灌浆工程量按实际灌浆范围计算，计算单位为 m。计算工程量时，应按不同岩层的不同单位吸水率或单位干料消耗量分别计算。

为了简化计算，可采用一个平均的岩石级别和平均透水率计算。

（1）帷幕灌浆：现行定额分造孔及帷幕灌浆两部分，造孔和灌浆均以单位延长米（m）计，帷幕灌浆概算定额包括制浆、灌浆、封孔、孔位转移、检查孔钻孔、压水试验等内容。预算定额则需另计检查孔压水试验，检查孔压水试验按试段计。

（2）固结灌浆：现行定额分造孔及固结灌浆两部分，造孔和灌浆均以单位延长米（m）计，其中灌浆分为基础固结灌浆和隧洞固结灌浆。固结灌浆定额已计入灌浆前的压水试验和灌浆后的补浆及封孔灌浆等工作。预算定额灌浆后的压水试验要另行计算。

压水试验适用范围：现行概算定额中，压水试验已包含在灌浆定额中；预算定额中的压水试验适用于灌浆后的压水试验；灌浆前的压水试验和灌浆后的补灌及封孔灌浆已计入定额；压水试验“一个压力点法”适用于固结灌浆，“三压力五阶段法”适用于帷幕灌浆；压浆试验适用于回填灌浆。

（3）劈裂灌浆：多用于土坝（堤）除险加固坝体的防渗处理。概算定额分钻机钻土坝（堤）灌浆孔和土坝（堤）劈裂灌浆，均以单位延长米（m）计。劈裂灌浆定额已包括检查孔、制浆、灌浆、劈裂观测、冒浆处理、记录、复灌、封孔、孔位转移和质量检查等工作。定额是按单位孔深干料灌入量不同而分类的。

（4）回填灌浆：定额分隧洞回填灌浆和钢管道回填灌浆。隧洞回填灌浆适用于混凝土衬砌段。隧洞回填灌浆定额的工作内容包括预埋管路、简易平台搭拆、风钻通孔、制浆、灌浆、封孔、检查孔钻孔、压浆试验等。定额是以设计回填面积为计量单位的，按开挖面积划分定额子目。

隧洞回填灌浆，一般按顶拱中心角 90°～120°范围内的拱背面积计算工程量，高压管道回填灌浆按钢管外径面积计算工程量。

（5）坝体接缝灌浆：现行概算定额分预埋铁管法和塑料拔管法，定额适用于混凝土坝体，按接触面积（m^2）计算工程量。

【混凝土防渗墙知识专项】

5.8.6 防渗墙施工内容

建筑在冲积层上的挡水建筑物，一般设置混凝土防渗墙，这是一种有效的防渗处理措施。

防渗墙施工包括造孔和浇筑混凝土两部分内容。

（1）造孔。防渗墙的成墙方式大多采用槽孔法。造孔采用冲击钻机、反循环钻、液压开槽机等机械进行。一般用冲击钻较多，其施工程序包括造孔前的准备、泥浆制备、造孔、终孔验收、清孔换浆等。

（2）浇筑混凝土。防渗墙采用导管法浇筑水下混凝土。其施工工艺为浇筑前准备、配料拌和、浇筑混凝土、质量验收。由于防渗墙混凝土不经振捣，因而混凝土应具有良好的和易性。要求入孔时坍落度为18～22cm，扩散度为34～38cm，最大骨料粒径不大于4cm。

5.8.7 防渗墙定额使用的注意事项

（1）定额项目将造孔和浇筑分列，造孔按十一类地层分类。

（2）概算：造孔和浇筑定额均以阻水面积（$100m^2$）为单位，按墙厚分列子目；《水利工程概预算补充定额》（水总〔2005〕389号文）中补充了混凝土防渗墙概算子目，如图5.8-4所示。

（3）预算：造孔定额以折算进尺（100 m 折算米）为单位，折算米＝槽长×平

第七章　钻孔灌浆及锚固工程

图 5.8-4　混凝土防渗墙补充概算定额子目

均槽深÷槽底厚度$=LH/d$；浇筑定额以 $100m^3$ 为单位，未包括超填量及施工附加量，故使用该定额时，应按定额表表注的规定，计入 K_1、K_2、K_3 三个系数。

（4）预算定额第 18、19 节，一、二期槽孔间的搭接，若采用钻凿法，应按定额表表注 2 加计钻孔工程量，如采用接头管法则不加计工程量，但在混凝土浇筑定额中计入接头管的费用。概算定额则已按钻凿法加计了搭接工程量。

（5）定额中钢材主要是钻头、钢导管的摊销，钢板卷制导管制作使用电焊机台时和焊条消耗定额已综合考虑。

【解决工作任务】

（1）梳理工作任务：

1）钻孔。用 XY-2PC 型地质钻机进行钻孔，钻孔孔径 $\phi\leqslant$91mm，孔深为 10～21.5m，孔深小于 30m 时，人工和钻机定额乘以 0.94，单排，岩石级别为Ⅸ～Ⅹ。

2）灌浆。自上而下分段的方式进行灌浆，透水率为 4～6Lu，灌浆采用 42.5 级普通硅酸盐水泥，采用 SGB6-10 灌浆泵灌浆。

（2）查找相应的定额子目：钻孔为 70006，灌浆为 70039。

（3）人工单价、其他直接费费率、材料价格同前，钻孔灌浆工程间接费费率为 10.5%；施工机械台时单价计算方法见任务 4.3。

（4）输入材料预算价格等已知信息，进行工程单价计算，特别注意材料价差的计算。

1）计算钻帷幕灌浆孔综合单价，见表 5.8-6。

表 5.8-6　　**建筑工程单价表**

定额编号	70006	项目名称	钻帷幕灌浆孔	定额单位	100m
施工方法	钻机钻岩石层帷幕灌浆孔（自上而下灌浆法）岩石级别 Ⅸ～Ⅹ				
编号	名称	单位	数量	单价/元	合价/元
一	直接费	元			18433.76
(一)	基本直接费	元			17147.68
1	人工费	元			4466.93
(1)	工长	工时	28.20	11.55	325.71

续表

编号	名称	单位	数量	单价/元	合价/元
(2)	高级工	工时	56.40	10.67	601.79
(3)	中级工	工时	200.22	8.90	1781.96
(4)	初级工	工时	286.70	6.13	1757.47
2	材料费	元			4372.07
(1)	金刚石钻头	个	4.30	310.00	1333.00
(2)	扩孔器	个	3.00	256.00	768.00
(3)	岩芯管	m	4.50	100.00	450.00
(4)	钻杆	m	4.00	107.00	428.00
(5)	钻杆接头	个	4.40	58.00	255.20
(6)	水	m^3	860.00	0.66	567.60
(7)	其他材料费	%	15.00	3801.80	570.27
3	机械使用费	元			8808.68
(1)	地质钻机150型	台时	163.56	48.38	7913.03
(2)	其他机械费	%	5.00	7913.03	395.65
(二)	其他直接费	%	7.50	17147.68	1286.08
二	间接费	%	10.50	18433.76	1935.54
三	利润	%	7.00	20369.30	1425.85
四	税金	%	9.00	21795.15	1961.56
	合计	元			23756.71
	单价	元			237.57

钻孔单价为：237.57元/m。

2）计算帷幕灌浆综合单价，见表5.8-7。

表5.8-7　建筑工程单价表

定额编号	70039	项目名称	帷幕灌浆	定额单位	100m
施工方法	坝基岩石帷幕灌浆（自上而下灌浆法）透水率4～6Lu				
编号	名称	单位	数量	单价/元	合价/元
一	直接费	元			25396.74
(一)	基本直接费	元			23624.87
1	人工费	元			8156.46
(1)	工长	工时	46.00	11.55	531.30
(2)	高级工	工时	104.00	10.67	1109.68
(3)	中级工	工时	418.00	8.90	3720.20
(4)	初级工	工时	456.00	6.13	2795.28
2	材料费	元			1920.26

续表

编号	名称	单位	数量	单价/元	合价/元
(1)	水泥 42.5	t	4.900	255	1249.50
(2)	水	m^3	659.00	0.66	434.94
(3)	其他材料费	%	14.00	1684.44	235.82
3	机械使用费	元			13548.15
(1)	灌浆泵 中低压泥浆	台时	196.50	41.51	8156.72
(2)	灰浆搅拌机	台时	172.40	19.89	3429.04
(3)	地质钻机 150 型	台时	26.80	48.38	1296.58
(4)	胶轮车	台时	25.20	0.82	20.66
(5)	其他机械费	%	5.00	12903.00	645.15
(二)	其他直接费	%	7.50	23624.87	1771.87
二	间接费	%	10.50	25396.74	2666.66
三	利润	%	7.00	28063.40	1964.44
四	材料补差				1097.60
(1)	水泥 42.5	t	4.900	224	1097.60
五	税金	%	9.00	31125.44	2801.29
	合计	元			33926.73
	单价	元			339.27

灌浆单价为：339.27 元/m。

坝基岩石帷幕灌浆综合概算单价包括钻孔单价和灌浆单价两部分，坝基岩石帷幕灌浆综合概算单价＝237.57＋339.27＝576.84（元/m）。

【课后作业】

完成“任务 5 课后作业：根据项目背景资料编制概算工程单价”中隧洞固结灌浆工程单价编制。

【知识拓展】

水利人的长期工作任务：水库除险加固

在我国农村，有大量的中小型土石坝，形成了一大批中小型水库。从数据来看，大部分水库兴建于 20 世纪五六十年代，由于当时技术条件的限制，大多数工程存在先天不足，运行几十年后，加之管理落后，多数水库已经成为病险水库，土石坝的主要病险问题是渗漏问题，处理此类问题的主要方法有混凝土防渗墙、高压喷射灌浆、劈裂灌浆、膏状稳定浆液灌浆、土工膜防渗等。

混凝土防渗墙加固的主要特点是能够适应各种复杂地质条件，在水库运转条件下也可进行施工；防渗体采用置换方式，相对其他隐蔽工程施工，此方法更容易监控，耐久性好，防渗性能高。此法主要是沿土石坝的坝轴线方向建造一道混凝土防渗墙，防渗墙可以选建在坝体部分和基岩以下一定深度处，从而截断坝体和坝基的渗漏通道。混凝土防渗墙已经普遍应用于病险水库加固中。

高压喷射灌浆是通过钻机钻孔，将喷射管置于孔内，通过喷射出的高压射流冲切直接破坏土体，同时将水泥浆液与被冲切土体掺和搅拌，喷嘴及时上提，浆液凝固达到防渗效果。该技术是沿坝轴线方向布设钻孔，逐孔进行高压喷射灌浆，通过灌浆凝结体相互搭接，从而形成连续的防渗墙，防渗加固大坝的目标。

劈裂灌浆是在土坝沿坝轴线上竖向钻孔，通过一定压力灌浆将坝体沿坝轴线方向劈开，灌注泥浆，从而形成5～20cm的连续泥墙，从而达到防渗加固的目的。劈裂灌浆可以起到防渗加固作用，该加固方法的主要特点是施工相对简便，投入少。存在的缺点主要是该方法主要适于坝高50m以下的均质坝和宽心墙坝，必须配合水库低水位进行施工；灌浆压力控制难度较大，施工过程中容易产生失稳、滑坡现象；灌入坝体中的泥浆固结时间相对较长，耐久性不强；灌浆与刚性物结合处耐冲刷能力弱；对施工队伍的技术要求高。

任务5.9 锚固工程单价编制

【讨论与分析】

如设计要求的锚杆规格、根数与定额不同时，如何调整定额钢筋消耗量？

【工作任务】

项目一某水利枢纽工程左岸非溢流坝段局部有高边坡开挖，需采用锚杆支护（图5.9-1）。锚杆施工采用支护施工台车作业。YT-28气腿式风钻钻孔，人工插筋，岩石级别Ⅸ～Ⅹ。

试计算Φ25砂浆（M20）锚杆（L＝3m）概算工程单价。

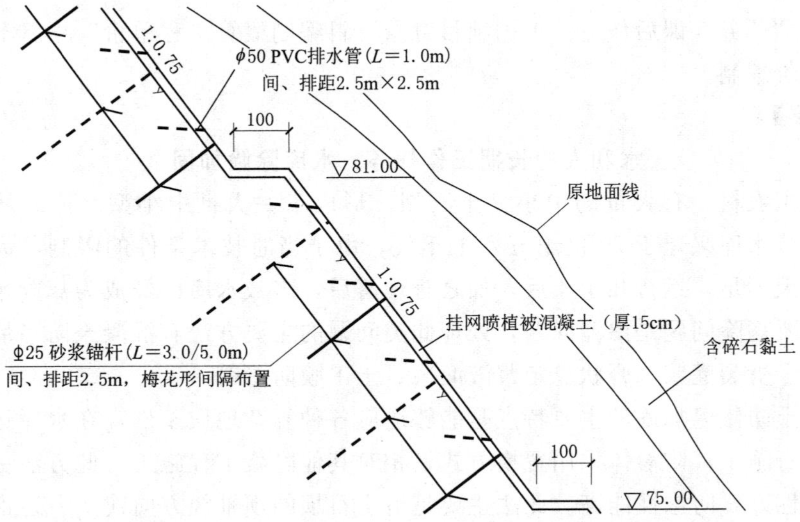

图5.9-1 项目一左岸锚杆支护施工图（截图）

【知识专项】

5.9.1 锚固工程分类

锚固工程指建筑物地基锚固、挡土边墙锚固及高边坡锚固等；按锚固材料划分有砂浆锚杆和药卷锚杆；按锚固对象划分有岩体预应力锚索和混凝土锚索。

5.9.2 锚固工程施工工艺

5.9.2.1 锚杆施工工艺流程

定位→钻孔→清孔→砂浆制备→锚杆准备→注浆→插锚杆→密实。

1. 钻孔、清孔

钻孔设备应根据地质条件、钻孔深度、钻孔方向和孔径大小选择钻机。工程中一般采用风钻、SGZ－1（M）、YQ－100、XJ－100－1、东风－300 专用锚杆钻机、履带钻、地质钻机等钻机。

钻孔完成后，用压力风将孔内岩屑吹出孔外，并将孔口作临时性封堵以防异物掉入孔内。

2. 锚杆安装与注浆

采用先注浆后插杆的工艺施工时，在孔内注入水泥砂浆后，立即将锚杆插入孔内，然后在孔口将锚杆临时固定。

采用先插筋后注浆的工艺施工时，灌浆管、排气管与锚筋同时安装，灌浆管距孔底 50～100mm，注浆时，边注浆边向外拔管。

砂浆灌注采用 2SNS 型砂浆泵进行。砂浆搅拌均匀，随拌随用，一次拌制的砂浆应在初凝前用完，并严防石块、杂物混入。

3. 加楔固定

注浆完成后，立即在孔口加楔固定锚杆、锚筋，并将孔口作临时性堵塞，确保锚杆、锚筋在孔内居中。锚杆、锚筋施工完成后，3d 内严禁敲击、碰撞、拉拔锚杆、锚筋和悬挂重物。

4. 检验和试验

试验包括注浆密实度试验和拉拔试验。

5.9.2.2 主要材料要求

锚杆：锚杆的材料按施工图纸的要求，选用高强度的螺纹钢筋。

水泥：注浆锚杆和锚筋束的水泥砂浆采用强度等级不低于 42.5 级的普通硅酸盐水泥。

砂：采用最大粒径小于 2.5mm 的中细砂。

水泥砂浆：砂浆强度等级满足施工图纸的要求，注浆锚杆水泥砂浆的强度等级不低于 M20。

外加剂：按施工图纸要求，在注浆锚杆和锚筋束水泥砂浆中添加的速凝剂和其他外加剂，其品质不得含有对锚杆和锚筋束产生腐蚀作用的成分。

钢筋、水泥、砂浆等原材料和半成品按规定要求取样试验，试验结果报送监理工程师。

5.9.2.3 喷锚支护一般工艺

喷锚支护的一般工艺为：凿毛→配料→上料、拌和→挂网喷锚→喷混凝土→处理回弹料、养护。混凝土一般采用湿喷法施工工艺，利用自卸汽车运料，用TK-961型混凝土喷射机自上而下分层喷射，人工喷水养护，喷射前岩面采用高压风、水枪联合作业。

挂网：用设计规格的钢筋现场绑扎钢筋网。钢筋网经纬方向上的钢筋均应顺着坡面弯折并用预埋的铅丝固定，以使编织好的钢筋网紧贴坡面。网孔分布要均匀，规格不大于设计网孔尺寸，孔数有变化时，采用搭接方式调整，搭接长度不小于规范要求。每个网格交点均要绑扎，且绑扎要牢固。在钢筋网与锚杆交叉点处应利用锚杆焊接固定钢筋网，以保证喷射混凝土时钢筋网不晃动。

挂网喷射混凝土的施工程序如图5.9-2所示。

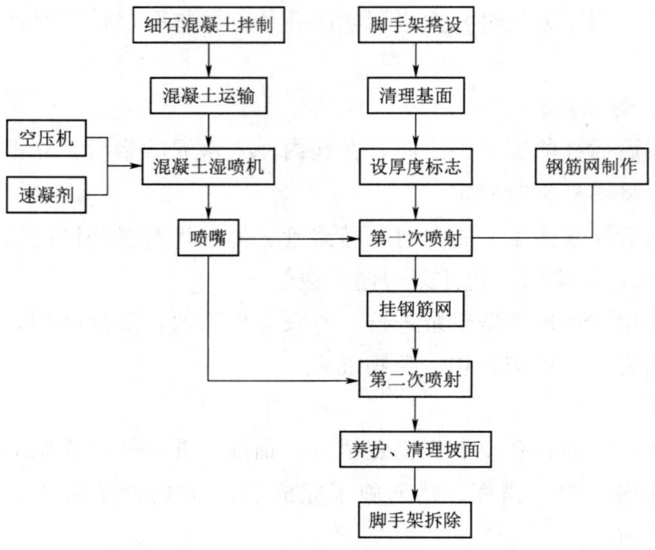

图5.9-2 挂网喷射混凝土施工程序框图

5.9.3 锚固工程定额使用

1. 项目划分

锚固工程定额共有锚杆、锚索、喷浆（混凝土）、钢筋网等内容。

锚杆定额分别按锚固材料（砂浆、药卷）、造孔机械（风钻、履带钻、凿岩台车）、施工条件（地面、地下）、根数（单根、多根）、长度分别设节。

锚索按锚固对象（岩体、混凝土）、锚索类型（粘接型、无粘接型）、吨位分别设节。

喷浆（混凝土）定额的计量，以喷后的设计有效面积（体积）计算，定额已包括了回弹及施工损耗量。

锚筋桩可参照相应的锚杆定额。

定额中的锚杆附件包括垫板、三角铁和螺帽等。

2. 如何按实际情况调整锚杆钢筋消耗量

锚杆（索）定额中的锚杆（索）长度是指入岩石的设计有效长度，按规定应留的外露部分及加工过程中的损耗，均已计入定额。

如设计要求的锚杆规格、根数、外露长度与定额不同时，按下式调整：

$$定额钢筋消耗量=每根锚杆长度(m/根)\times 100根\times 钢筋每米质量(kg/m)\times(1+a\%) \quad (5.9-1)$$

$$钢筋每米质量(kg/m)=0.00617\times 钢筋的直径(mm)\times 钢筋的直径(mm) \quad (5.9-2)$$

式中 $a\%$——已计入定额，按规定应留的外露部分及加工过程中的损耗。

通过对应的定额子目中已有锚杆规格定额钢筋消耗量可反推出 $a\%$ 。

【解决工作任务】

（1）从施工方案中查找施工工序及施工机械；

Φ25（M20 砂浆）锚杆（$L=3m$）；采用支护施工台车作业，YT－28 气腿式风钻钻孔，人工插筋；岩石级别Ⅸ～Ⅹ。

（2）查找相应定额编号为 70315。

（3）人工单价、其他直接费费率、材料价格同前，锚固工程间接费费率为 10.5%；施工机械台时单价计算方法见任务 4.3。

（4）输入材料预算价格等已知信息，进行工程单价计算，特别注意材料价差的计算。

1）计算 M20 砂浆（42.5 级水泥）基价。

$457\times 0.86\times 0.255+1.06\times 97.80+0.274\times 0.66=204.07$（元/$m^3$）

注：0.86 为水泥用量换算系数（32.5 级～42.5 级），参照《水利建筑工程概算定额》“附录 表 7－16 水泥强度等级换算系数参考表”。

2）计算锚固工程单价（表 5.9－1）。

表 5.9－1　　建筑工程单价表

定额编号	70315	项目名称	锚固工程	定额单位	100根
施工方法	地面砂浆锚杆（钢筋Φ25，$L=3m$）——风钻钻孔，岩石级别Ⅸ～Ⅹ，砂浆 M20【水泥 42.5】				
编号	名称	单位	数量	单价/元	合价/元
一	直接费	元			9603.53
（一）	基本直接费	元			8933.52
1	人工费	元			1564.16
（1）	工长	工时	11.00	11.55	127.05
（2）	中级工	工时	74.00	8.90	658.60
（3）	初级工	工时	127.00	6.13	778.51
2	材料费	元			4248.83
（1）	合金钻头	个	8.20	15.30	125.46
（2）	锚杆附件	kg	144.00	5.00	720.00

续表

编号	名称	单位	数量	单价/元	合价/元
(3)	M20【水泥 42.5】	m^3	0.34	204.07	69.38
(4)	钢筋ф25	kg	1254.00	2.56	3210.24
(5)	其他材料费	%	3.00	4125.08	123.75
3	机械使用费	元			3120.53
(1)	风钻气腿式	台时	37.50	77.77	2916.38
(2)	其他机械费	%	7.00	2916.38	204.15
(二)	其他直接费	%	7.50	8933.52	670.01
二	间接费	%	10.50	9603.53	1008.37
三	利润	%	7.00	10611.90	742.83
四	材料补差				2211.89
(1)	水泥 42.5	kg	133.627	0.224	29.93
(2)	钢筋ф25	kg	1254.00	1.74	2181.96
五	税金	%	9.00	13566.62	1221.00
	合计	元			14787.62
	单价	元			147.88

水泥消耗量＝0.34×457×0.86＝133.627（kg/100 根）

（钢筋ф25，L＝3m）锚固工程概算单价为 147.88 元/根。

【课后作业】

用 Excel 完成“任务 5 课后作业：根据项目背景资料编制概算工程单价”中 ϕ25（M20 砂浆）锚杆（L＝2m）工程单价编制。

任务 5.10 疏浚工程单价编制

【讨论与分析】

1. 江河疏浚开挖与吹填经常同时进行，为什么？

2. 江河疏浚开挖与吹填常用的施工机械有哪些？

【工作任务】

挖泥船开挖与吹填施工效率高，成本低，是否所有的江河治理工程都可以推广使用？

【知识专项】

5.10.1 概述

疏浚工程主要应用于内河航道疏浚整治、出海口疏浚，湖、渠道、海边的开挖与清淤工程，为水上作业，以挖泥船应用最广。挖泥船按移动方式分为自航式、非自航式；按动力装置分为蒸汽式、抽动式、电动式、燃油电动式、燃油液压传动式；按工作机构原理和输送方式划分为机械式、水力式和气动式三大类。常用的机械式挖泥船有链斗式、抓斗式、铲扬式、反铲式，链斗略加改进即可成为采砂船。水力式挖泥船有绞吸式、耙吸式、射流式及冲吸式等，以绞吸式运用最广（图 5.10-1）。

吹填施工的工艺流程是采用机械挖土，以压力管道输送泥浆至作业面，完成作业面上土颗粒沉积淤填。江河疏浚开挖经常与吹填工程相结合，这样可充分利用江河疏浚开挖的弃土对堤身两侧的池塘洼地进行充填，进行堤基加固；吹填法施工不受雨天和黑夜的影响，能连续作业，施工效率高。在土质符合要求的情况下，也可用于堵口或填筑新堤。

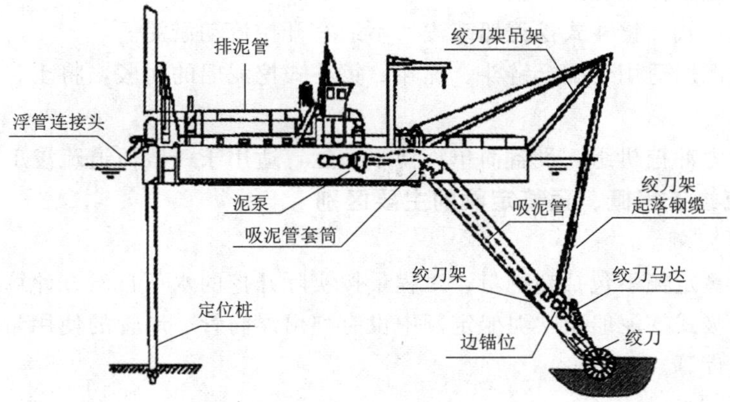

图 5.10-1 绞吸式挖泥船

5.10.2 疏浚工程定额使用方法

1. 定额子目设置

疏竣工程定额包括绞吸式挖泥船、链斗式挖泥船、抓斗及铲斗式挖泥船、吹泥船、水力冲挖机组及其他。概算定额及预算定额均为 6 节、1589 个子目。

2. 定额章说明

(1) 计量单位除注明者外，均按水下自然方计算，吹填工程陆上方应折算为水下自然方。

(2) 工况级别的确定。

概预算定额均按一级工况制定。据调查了解，一般情况下都是一级工况；只有在施工期内遇有特殊情况，如超限风浪、雨、雾、潮汐、水位、流速、冰凌等客观原因，直接影响正常施工时间太多，平均占总工期内每班都超过 1h 以上的才能考虑工况系数，而不是短期内因客观原因影响工效就考虑工况系数。

因此，编制概预算时一般工程都按一级工况计算即可。

(3) 排泥管线长度计算方法。

水利建筑工程预算定额中绞吸式挖泥船及吹泥船定额子目没有列出排泥管的组时、根时数量，需根据工程情况计算。计算方法如下：

1) 排泥管线长度。排泥管线长度是指自挖泥（砂）区中心至排泥（砂）区中心，浮筒管、潜管、岸管各管线长度之和。其中，浮筒管是水中部分，因受水流影响，与挖泥船、岸管连接而弯曲的需要，其长度按直线距离乘1.4系数计算。岸管长度可根据实际地形计算。

2）浮筒管组时数＝浮筒管线长度÷每组长度×挖泥船艘时定额。

3）岸管根时数＝岸管管线长度÷每根长度×挖泥船艘时定额。

3. 其他几项说明

（1）挖泥船定额的人工是指对排泥管线的巡视、检修、维护等辅助用工。不包括陆上排泥管线的安装、拆除、排泥场围堰填筑和维修用工。当挖泥船定额调整时，人工定额亦做相应的调整。

（2）抓斗式、铲斗式挖泥船疏浚，不适宜开挖流动淤泥。

（3）吹泥船适用于配合链斗、抓斗、铲斗式挖泥船的泥驳，将土、沙吹填到指定的地方。

（4）水力冲挖机组，设备简单，便于搬运，适用于一般河道疏浚工程。

5.10.3 疏竣工程概、预算定额的主要区别

1. 预算定额

（1）预算定额不包括超挖量，工程量按实际开挖的水下自然方计算。

（2）绞吸式挖泥船及吹泥船定额中没有列出浮筒管、岸管的使用量，应根据工程实际情况计算。

2. 概算定额

（1）以预算定额为基础，扩大系数为1.03。

（2）定额中包括超挖、回淤量在内，工程量应按照设计的开挖断面尺寸计算。

5.10.4 疏竣工程概、预算定额的使用注意事项

疏浚工程定额各节系数较多，使用定额前首先要认真阅读章说明及各节备注中的系数及要求，以免误解或用错定额。

1. 排高系数

以基本排高的米数为基础，每增（减）1m，定额乘（除）以规定的系数。

这说明工程实际排高只有与基本排高相吻合时，定额不作调整。实际排高超过或不足基本排高时，定额均需作调整。

为了便于计算，排高按整数米控制，不足1m者不作调整。例如：某定额子目的基本排高为5m。

（1）工程实际排高为4.5m或5.5m左右，定额不作调整。

（2）工程实际排高4m或6m时，定额应按规定进行调整。

2. 挖深系数

以基本挖深的米数为准，每挖深增加1m，其基本定额增加一定的数量。

这说明工程实际挖深在基本挖深范围内，定额就不作调整。只有实际挖深超过基本挖深时，定额才增加一定的数量。

为了便于计算，挖深按整数米控制，不足1m者不作调整。例如：某定额子目的基本挖深为6m。

（1）工程实际挖深为4.5m或6.5m左右，定额不作调整。

(2) 工程实际挖深为7m或8m时，定额应按规定进行调整。

3. 调整定额的计算方法

大于基本排高，调整后的定额值 A=基本定额×$(k_1)^n$

小于基本排高，调整后的定额值 B=基本定额÷$(k_1)^n$

超过基本挖深，调整后的定额增加值 C=基本定额×$(n\times k_2)$

调整后定额综合值 $D=A+C$ 或 $D=B+C$

式中　k_1——各定额表注中，每增（减）1m的超排高系数；

k_2——各定额表注中，每超过基本挖深1m的定额增加系数；

n——大于（或小于）定额基本排高或超过定额基本挖深的数值，m。

在计算超排高和超挖深时，定额表中的“其他机械费”，费率不变。

【解决工作任务】

挖泥船开挖与吹填施工效率高，成本低，是否所有的江河治理工程都可以推广使用？

挖泥船开挖与吹填施工现场需要船舶组装、停靠、避风、度汛及维修等条件，如码头、避风锚地、修船厂、机械设备加工能力及水陆起重、运输设备等情况。

疏浚工程主要是指深度挖掘航道或港口水域的水底泥、沙、石等并加以处理的工程。疏浚工程主要适合开发改善和维护航道、港口水域，一般不适合应用在中小河流清淤治理工程。

任务5.11　其他工程单价编制

【讨论与分析】

1. 水泥混凝土路面概算单价，是否包括“模板制安、混凝土拌制、运输”费用？

2. 如图5.11-1所示，项目一下游防洪堤堤顶水泥混凝土路面工程量为3500m^2，换算成体积为多少立方？

【工作任务】

某水利枢纽工程下游防洪堤堤顶路面（图5.11-1）采用C25水泥（42.5）混凝土路面二级配，压实厚度为22cm，0.4m^{3}移动式混凝土搅拌机随拌随用，混凝土采用8t自卸汽车运输，编制此混凝土路面工程概算单价。

【知识专项】

5.11.1　其他工程定额组成内容

1. 水总（2002）116号概预算定额关于本章内容

(1) 其他工程定额位于水利建筑工程概预算定额第九章，由两部分组成：一是临时工程，主要内容有围堰、公路、桥梁、码头、水塔、轨道、管路、线路、房屋等临建工程；二是一些不宜放在概预算定额第一至第八章的零星项目，主要内容有塑料薄膜、复合柔毡、土工膜、土工布、草皮等铺设。

(2) 汽车吊桥系柔式吊桥，跨径在150m以内，皮带输送吊桥宽度为3.5m，

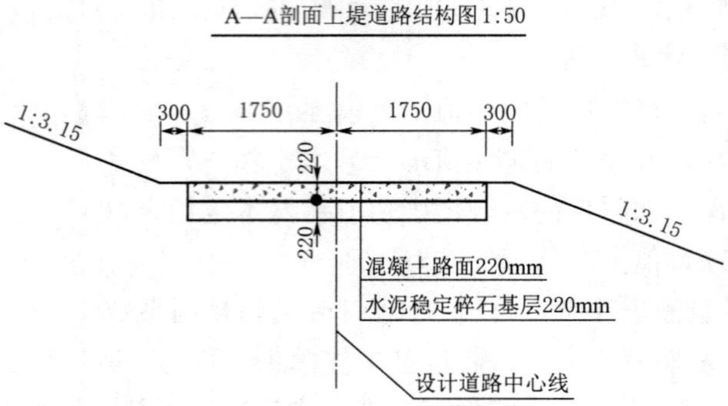

图 5.11-1　项目一下游防洪堤堤顶道路结构图（截图）

过单条皮带输送机。

（3）塑料薄膜、土工膜、复合柔毡、土工布铺设 4 节定额，仅指这些防渗（反滤）材料本身的铺设，不包括其上面的保护（覆盖）层和下面的垫层砌筑。其定额单位 $100m^2$ 是指设计有效防渗面积。

（4）临时工程定额中的材料数量，均系备料量，未考虑周转回收。周转及回收量可按该临时工程使用时间参照《水利建筑工程概算定额》中所列材料使用寿命及残值进行计算。

2.《水利工程概预算补充定额》（水总〔2005〕389 号）关于本章内容

（1）《水利建筑工程概预算补充定额》中的其他工程包括钢管管道铺设、预应力（自应力）混凝土管管道铺设、预应力钢筋混凝土管管道铺设、玻璃钢管管道铺设、顶管、复合柔毡铺设——热焊连接、土工膜铺设——热焊连接定额共 7 节。

（2）管道工程定额适用于长距离输水管道的埋地铺设，不适用于室内、厂（坝）区内的管道铺设（安装），也不适用于电站、泵站的压力钢管及出水管的安装。

（3）定额计量单位为管道铺设成品长度，管道铺设计量单位为 1km；顶管工程计量单位为 10m。

（4）管道铺设按管道埋设编制。定额管材每节长度是综合取定的，实际不同时，不作调整。

（5）材料消耗定额"（）"内数字根据设计选用的品种、规格按未计价装置性材料计算。

（6）管道工程定额包括阀门安装，不包括阀门本体价值，阀门根据设计数量按设备计算。

（7）钢管道的防腐处理费用包含在管材单价中，设计要求的必须在现场进行的特殊防腐措施费用另行计算。

5.11.2　定额使用注意事项

（1）注意定额单位：公路基础与公路路面定额单位为 $1000m^2$。

（2）注意定额工作内容："九一1 袋装土石围堰（2）拆除"指就地拆除，如需外运可参照土方运输定额另计运输费用；“水泥混凝土路面”定额工作内容包括模板制安、混凝土拌制运输，这两部分费用不需另外计算；“人工铺草皮”节适用于散铺草皮。

【解决工作任务】

(1) 梳理工作任务：C25 水泥混凝土路面，压实厚度为 20cm，0.4m^3 移动式混凝土搅拌机随拌随用，混凝土采用 8t 自卸汽车运输。

(2) 查找定额编号：90026、90027。

1) 注意定额工作内容。水泥混凝土路面定额工作内容包括：模板制安、混凝土配料、拌和、运输、浇筑、振捣、养护等。

2) 注意定额单位为 1000m^2。

(3) 人工单价、其他直接费费率、材料价格同前，其他工程间接费费率为 10.5%；施工机械台时单价计算方法见任务 4.3；混凝土配合比见水利建筑工程概算定额附录 7。

(4) 输入材料预算价格等已知信息，进行工程单价计算，特别注意材料价差的计算。

1) 计算 C25 混凝土材料基价（纯混凝土 C25，二级配，水泥 42.5 级）：

289×0.255＋0.49×97.8＋0.81×102.02＋0.15×0.66＝204.36（元/m^3）

因本工程砂、砾石为自采，没有基价及材差。

2) 计算 C25 混凝土路面工程概算单价，见表 5.11－1。

表 5.11－1　　**建筑工程单价表**

定额编号	90026、90027	项目名称	C25 水泥混凝土路面	定额单位	1000m^2	
施工方法	C25 水泥混凝土路面，压实厚度 22cm，0.4m^3 移动式混凝土搅拌机随拌随用，混凝土采用 8t 自卸汽车运输					
编号	名称	单位	数量	单价/元	合价/元	备注
一	直接费	元			72046.55	
(一)	基本直接费	元			67020.05	
1	人工费	元			16032.61	
(1)	工长	工时	63.00	11.55	727.65	
(2)	中级工	工时	816.00	8.90	7262.40	
(3)	初级工	工时	1312.00	6.13	8042.56	
2	材料费	元			46934.72	
(1)	纯混凝土	m^3	224.40	204.35	45856.14	
(2)	锯材	m^3	0.30	1283.19	384. 96	
(3)	其他材料费	%	1.50	46241.10	693.62	
3	机械使用费	元			4052.72	柴油
(1)	混凝土搅拌机 0.4m^3	台时	38. 00	27.67	1051.46	
(2)	自卸汽车 8t	台时	37.70	74.49	2808.27	10.2
(3)	其他机械费	%	5.00	3859.73	192.99	

续表

编号	名称	单位	数量	单价/元	合价/元	备注
(二)	其他直接费	%	7.50	67020.05	5026.50	
二	间接费	%	10.50	72046.55	7564.89	
三	利润	%	7.00	79611.44	5572.80	
四	材料补差				16353.76	
(1)	水泥 42.5	kg	64851.60	0.224	14526.76	
(2)	柴油	kg	384.54	4.75	1826.57	
五	税金	%	9.00	101537.57	9138.38	
	合计	元			110675.95	
	单价	元			110.68	

水泥消耗量＝224.40×289＝64851.60（$kg/1000m^2$）

柴油消耗量＝10.2×37.7＝384.54（$kg/1000m^2$）

C25 混凝土路面综合概算单价为 110.68 元/m^2。

【课后作业】

用 Excel 完成“任务 5 课后作业：根据项目背景资料编制概算工程单价”中公路碎石路基工程单价编制。

任务 5.12　任务 5 课后作业：根据项目背景资料编制概算工程单价

【项目背景】

某中型灌区位于海南省五指山，灌溉 1 万亩农田，其干渠设计流量 4.5m^3/s。本次续建配套包括的内容主要为：干渠除险加固长 5km，该干渠为梯形断面，上口宽 4m，下口宽 2m，高 1m，边坡 1∶1；隧洞 1 处（灌溉洞 0＋763～1＋963），该灌溉隧洞（平洞）石方开挖，岩石强度系数 f＝12，隧洞为直墙圆拱形，成洞直墙高 2.8m，底宽 3.6m，上半圆半径 1.8m，隧洞设计衬砌厚度为 0.3m。

该工程施工内容的相关施工方法如下：

（1）机械开挖渠道土方，土的级别为Ⅲ类，施工采用 1m^3 挖掘机挖土，10t 自卸汽车运 5.8km 至堆料场堆放。

（2）渠道填方段土方填筑料来自渠道土方开挖料，土料运输采用 1m^3 挖掘机挖土，10t 自卸汽车运 5.8km 至填方段，压实采用拖拉机压实，干密度为 16.2kN/m^3。

（3）隧洞石方开挖，总长 2km，双向掘进，隧洞口分别距离露天弃渣场 3km 和 2km；开挖采用风钻钻孔爆破（电雷管爆破），石渣的运输采用 1m^3 装载机装 8t 自卸汽车运输弃渣；开挖面积取整数。

（4）隧洞进出口为 M7.5 扭面翼墙。

(5) 隧洞混凝土衬砌分进口和出口两个工作面衬砌，两个工作面长度与隧洞开挖工作面长度一致，进口和出口分别距离混凝土搅拌站 0.5km 和 2km；使用混凝土 C25（二级配）—42.5，采用 1 台 $2\times1m^3$ 搅拌楼拌制混凝土，10t 自卸汽车运输，混凝土泵入仓浇筑；洞内、洞外综合运距按接近定额规格的数据取整，不考虑内插和外延。

(6) 隧洞钢筋制作与安装。

(7) 隧洞衬砌钢模制作与安装。

(8) 隧洞固结灌浆，手持风钻钻孔，孔深 3m，岩石级别Ⅸ～Ⅹ，透水率 4～6Lu。

(9) 隧洞进口边坡采用喷锚支护，⌀25（M20 砂浆）锚杆（$L=2m$），采用支护施工台车作业，YT－28 气腿式手风钻钻孔，人工插筋，岩石级别Ⅸ～Ⅹ。

(10) 灌区公路碎石路基（厚 15cm），压路机压实。

【工作任务】

计算（1）～（10）概算工程单价。已知材料预算价格见表 5.12－1。

表 5.12－1　　材料预算价格表

序号	材料名称及规格	计量单位	预算价格/元	序号	材料名称及规格	计量单位	预算价格/元
1	水泥 42.5	t	550	13	汽油	kg	7.5
2	水	m^3	1.2	14	钢筋	kg	4.5
3	中砂	m^3	130	15	铁件	kg	5.2
4	雷管	个	6	16	预制混凝土柱	m^3	450
5	炸药	kg	9.5	17	组合钢模板	kg	5.8
6	风	m^3	0.3	18	卡扣件	kg	5.3
7	导电线	m	1.5	19	电焊条	kg	6.2
8	电	kW·h	1.35	20	型钢	kg	4.2
9	柴油	kg	7.15	21	锯材	m^3	1050
10	碎石	m^3	150	22	铁丝	kg	5.7
11	合金钻头	个	70	23	锚杆附件	kg	4.7
12	块石	m^3	108	24	空心钢	kg	5.4

任务6　设备费及安装工程单价编制

【知识目标】

1. 掌握水利水电设备安装工程定额的内容及使用注意事项。

2. 熟练掌握水利水电设备安装工程单价编制的计算方法。

3. 掌握设备费的组成及计算。

4. 熟悉编制水利水电设备安装工程单价需要的各类编制规定及文件。

【岗位技能目标】

1. 能根据机电、金结设备安装图，选用安装工程单价定额子目。

2. 能进行设备厂家询价，能辨别出较真实的设备出厂价，会查找设备费计算的各类文件。

【素养目标】

党的二十大报告指出，坚持把发展经济的着力点放在实体经济上。推进新型工业化，加快建设制造强国、质量强国、航天强国、交通强国、网络强国、数字中国。实施产业基础再造工程和重大技术装备攻关工程，支持专精特新企业发展，推动制造业高端化、智能化、绿色化发展。

【思政导引】

我国能源资源分布的区域经济发展很不平衡，三西（山西省、陕西省、内蒙古自治区西部）地区蕴藏着全国煤炭资源总储量的65%，西南三省一市（四川省、云南省、贵州省及重庆市）蕴藏的可开发水电资源占全国的50.7%，然而，这两个区域经济发展水平均较低，资源的开发利用受到制约。华东和华中地区经济发展迅速，对能源和电力需求大，但能源资源贫乏，需要接受外区送电。实施“北煤南运”和“西电东送”就构成了我国能源配置的基本格局。

溪洛渡水电站

溪洛渡水电站是国家“西电东送”的骨干工程，工程以发电为主，兼有防洪、拦沙和改善上游航运条件等综合效益，并可为下游电站进行梯级补偿。电站主要供电华东、华中地区，兼顾川、滇两省用电需要，是金沙江“西电东送”距离最近的骨干电源之一，也是金沙江上最大的水电站。截至2022年6月2日13时15分，溪洛渡水电站累计生产清洁电能已突破 5000 亿 kW·h，相当于替代标准煤约 1.52 亿 t，减排二氧化碳约 4.16 亿 t。

溪洛渡水电站位于四川省雷波县和云南省永善县接壤的金沙江峡谷段，左右岸电站各安装 9 台 77 万 kW 的发电机组，总装机容量 1386 万 kW，仅次于三峡、巴西伊泰普和白鹤滩水电站，在世界在建和已建电站中位居第四位。

溪洛渡水电站是典型的"三高三大"水电站。"三高"即高坝（300m 级）、高地震烈度（基本烈度Ⅷ度）、高速水流（接近 50m/s）；"三大"即大流量（最大泄量约 $50000m^3/s$）、大地下厂房（顶拱跨度超 30m）、大型机组（单机容量 770MW）。溪洛渡双曲拱坝坝底高程为 324.5m，坝顶高程为 610m，坝高为 285.5m，是国内第三高拱坝。地下厂房洞室群数量（342 条洞室）和尺寸均为世界之最。

任务 6.1 设备费计算

【讨论与分析】

1. 设备体腔内的填充物，如________、________、________其价值计入设备。
2. 设备喷锌费用应列入________。
3. 什么是装置性材料？如何分类？定额中的未计价装置性材料指的是________。
4. 设备费包括________、________、________、________。
5. 大型机组及其他大型设备分瓣运至工地后的拼装费用，应包括在________内。
6. 大型变压器充氮费应列入________。
7. 变压器中的变压器油款列入在________内。
8. 欣赏微课小视频。

6.1 设备费计算

【工作任务】

项目一所述某水利枢纽工程购买的 150000kV·A 变压器（图 6.1-1），由铁路运输 1300km，再由公路运输 80km 到工地安装现场，变压器的出厂价为 285 万元/台，运输保险费费率为 0.4%，变压器的充氮费为 1 万元。每台变压器用变压器油 32t，变压器油的单价为 20 元/kg，请计算该变压器的设备费。

【知识专项】

6.1.1 设备与材料的划分

1. 设备与工器具的划分

设备与工器具主要按单项价值进行划分，凡单项价值为 2000 元或 2000 元以上者，作为设备；否则，作为工器具。

2. 设备与装置性材料的划分

（1）设备体腔内的填充物：设备体腔内的定量填充物应视为设备，其价值计入设备。

1）透平油：其作用是散热、润滑、传递受力，主要用在水轮机、发电机的油

图 6.1-1　项目一变压器

槽内，调速器及油压装置内，进水阀本体的操作机构内、油压装置内。

2）变压器油：其作用是散热、绝缘和灭电弧，主要用在变压器、油浸电抗器、所有带油的互感器、油断路器、消弧线圈、大型试验变压器内。其相应油款在设备出厂价内。

3）六氟化硫：断路器中六氟化硫作为设备，其价值计入设备费。

（2）不论成套供货，还是现场加工或零星购置的储气罐、阀门、盘用仪表、机组本体上的梯子、平台和栏杆等均作为设备，不能因供货来源不同而改变设备性质。

（3）如管道和阀门构成设备本体部件时，应作为设备，否则应作为材料。

（4）随设备供应的保护罩、网门等已计入相应设备出厂价格内时，应作为设备，否则应作为材料。

（5）电缆、电缆头、电缆和管道用的支架、母线、金具、滑触线支架、屏盘的基础型钢、钢轨、石棉板、穿墙隔板、绝缘子、一般用保护网、罩门、梯子、平台栏杆和蓄电池木架等，均作为材料。

（6）设备喷锌费用应列入设备费。

3. 装置性材料的确定

装置性材料是个专用名称，它本身属于材料，但又是被安装的对象，安装后构成工程的实体。

装置性材料可分为主要装置性材料和次要装置性材料。凡是在定额各项目中作为主要安装对象的材料，即为主要装置性材料，如轨道、管路、电缆、母线、一次拉线、接地装置、保护网、滑触线等。其余的均为次要装置性材料，如轨道的垫板、螺栓电缆支架、母线金具等。

主要装置性材料在定额中，一般作未计价材料，须按设计提供的规格、数量和工地材料预算价计算其费用（另加定额规定的损耗率），如果没有足够的设计资料，可参考《水利水电设备安装工程概算定额》附录2～附录11确定主要装置性材料耗用量（已包括损耗在内）；次要装置性材料因品种多，规模小，且价值也较低，已计入概算定额中，在编制概算时，不必另计。

6.1.2 设备费的计算

1. 设备原价

以出厂价或设计单位分析论证后的询价为设备原价。

（1）国产设备。其原价是指出厂价。

（2）进口设备。以到岸价和进口征收的税金、手续费、商检费及港口费等各项费用之和为原价。

（3）大型机组及其他大型设备分瓣运至工地后的拼装费用，应包括在设备原价内。

2. 运杂费

运杂费是指设备由厂家运至工地现场所发生的一切运杂费用，包括运输费、装卸费、包装绑扎费、大型变压器充氮费及可能发生的其他杂费。

运杂费分为主要设备运杂费和其他设备运杂费，均按占设备原价的百分率计算，计算公式为

$$运杂费=设备原价\times运杂费费率 \qquad (6.1-1)$$

（1）主要设备运杂费费率，见表6.1-1。

表6.1-1　　主要设备运杂费费率表　　%

设备分类		铁路		公路		公路直达基本费率
		基本运距1000km	每增运500km	基本运距100km	每增运20km	
水轮发电机组		2.21	0.30	1.06	0.15	1.01
主阀、桥机		2.99	0.50	1.85	0.20	1.33
主变压器	120000kV·A及以上	3.50	0.40	2.80	0.30	1.20
	120000kV·A以下	2.97	0.40	0.92	0.15	1.20

注 1. 设备由铁路直达或铁路、公路联运时，分别按里程求得费率后叠加计算，如果设备由公路直达，则应按公路里程计算费率后，再加上公路直达基本费率。
2. 特大（重）件运输的道路桥涵加固措施费不包括在运杂费内，若发生此费用则应列入相应部分。
3. 主要设备若初步设计阶段暂不能确定设备厂家时，设备运杂费可按设备原价的4%～6%计算。工程地点距铁路近者，费率取小值，远者取大值。

（2）其他设备运杂费费率，见表6.1-2。

表6.1-2　　其他设备运杂费费率表　　%

类别	适用地区	费率
Ⅰ	北京、天津、上海、江苏、浙江、江西、安徽、湖北、湖南、河南、广东、山西、山东、河北、陕西、辽宁、吉林、黑龙江等省（直辖市）	3～5
Ⅱ	甘肃、云南、贵州、广西、四川、重庆、福建、海南、宁夏、内蒙古、青海等省（自治区、直辖市）	5～7

工程地点距铁路线近者，费率取小值，远者取大值。新疆、西藏地区的设备运杂费费率可视具体情况另行确定。

3. 运输保险费

运输保险费是指设备在运输过程中的保险费用。按有关规定计算，其计算公式为

运输保险费＝设备原价×运输保险费费率　　(6.1－2)

4. 采购及保管费

采购及保管费是指建设单位和施工企业在负责设备的采购、保管过程中发生的各项费用，按设备原价、运杂费之和的0.7%计算。其计算公式为

采购及保管费＝(设备原价＋运杂费)×0.7%　　(6.1－3)

采购及保管费主要包括：

(1) 采购保管部门工作人员的基本工资、辅助工资、职工福利费、劳动保护费、养老保险费、失业保险费、医疗保险费、工伤保险费、生育保险费、住房公积金、教育经费、办公费、差旅交通费、工具用具使用费等。

(2) 仓库、转运站等设施的运行费、维修费、固定资产折旧费、技术安全措施费和设备的检验、试验费等。

5. 运杂综合费率

运杂综合费率计算公式为

运杂综合费率＝运杂费费率＋(1＋运杂费费率)
×采购及保管费费率＋运输保险费费率　　(6.1－4)

上述运杂综合费率，适用于计算国产设备运杂费。进口设备的国内段运杂综合费率，按国产设备运杂综合费率乘以相应国产设备原价占进口设备原价的比例系数进行计算（即按相应国产设备价格计算运杂综合费率）。

6. 设备费计算注意事项

(1) 大型机组及其他大型设备分瓣运至工地后的拼装费用，应包括在设备原价内，即

设备原价＝设备出厂价＋工地现场的拼装费用

(2) 大型变压器充氮费计入运杂费，而运杂费按占设备原价的百分率计算，所以大型变压器充氮费不需要单独计算。

(3) 变压器油其相应油款在设备出厂价内，如已知设备出厂价，则变压器油不需要单独计算。

(4) 水轮机中的透平油、断路器中六氟化硫作为设备，其价值计入设备费，需要单独计算并入设备费，即

设备费＝设备原价＋运杂费＋运输保险费＋采购及保管费＋透平油(或六氟化硫)价款

(5) 如果设备由公路直达，应按公路里程计算费率后，再加上公路直达基本费率。

7. 交通工具购置费

交通工具购置费是指工程竣工后，为保证建设项目初期生产管理单位正常运行

必须配备的生产、生活、消防车辆和船只所产生的费用。

交通设备数量应由设计单位按有关规定，结合工程规模确定；设备价格根据市场情况，结合国家有关政策确定。

无设计资料时，可按表 6.1-3 方法计算。除高原、沙漠地区外，不得用于购置进口、豪华车辆。灌溉田间工程不计此项费用。

计算方法：以第一部分建筑工程投资为基数，按表 6.1-3 的费率，以超额累进方法计算。

表 6.1-3　　交通工具购置费费率表

第一部分建筑工程投资/万元	费率/%	辅助参数/万元
10000 及以内	0.50	0
10000～50000	0.25	25
50000～100000	0.10	100
100000～200000	0.06	140
200000～500000	0.04	180
500000 以上	0.02	280

简化计算公式为：第一部分建筑工程投资×该档费率＋辅助参数。

【解决工作任务】

（1）设备原价计算。国产设备其原价是指出厂价，其变压器油款在设备出厂价内。

设备原价＝285 万元/台。

（2）运杂费计算。变压器属于主要设备，查表 6.1-1 中 150000kV·A 变压器对应的费率，大型变压器充氮费含在运杂费内。

运杂费＝（3.5%＋0.4%＋2.8%）×2850000＝190950（元/台）

（3）运输保险费＝2850000×0.4%＝11400（元/台）

（4）采购及保管费＝（2850000＋190950）×0.7%＝21286.65（元/台）

设备费＝2850000＋190950＋11400＋21286.65＝3073637（元/台）

6.2 任务 6.1 习题

【课后作业】

扫一扫，练一练。

任务 6.2　安装工程单价编制

6.3 安装工程单价编制

【讨论与分析】

1. 安装工程单价表现形式有哪几种？
2. 列举出你所知道的未计价装置性材料。
3. 未计价装置性材料费如何计算？
4. 随设备成套供应的管路及部件的安装工程单价如何编制？
5. 欣赏微课小视频。

【工作任务】

试计算项目一所述某水利枢纽工程中的电力电缆（ZR - YJV22 - 10 - 3×25）概算工程单价。全厂电力电缆清单见表6.2-1，机电安装现场如图6.2-1所示。

表6.2-1 项目一全厂电力电缆清单

序号	项目名称	型号与规格	单位	工程量
1	电力电缆	ZR - YJV22 - 10 - 3×25	m	100
2	电力电缆	ZR - YJV22 - 35 - 3×50	m	200
3	电力电缆	ZR - VV22 - 1 -四芯 95～185mm²	m	4000
4	电力电缆	ZR - VV22 - 1 -四芯 25～120m²	m	3000
5	电力电缆	ZR - VV22 - 1 -四芯 4～16mm²	m	7600

发电机安装

水轮机安装

图6.2-1 项目一机电安装现场照片

【知识专项】

6.2.1 安装工程单价表现形式

《水利水电设备安装工程概算定额》采用实物量和安装费率两种定额表现形式。

1. 实物量形式的安装单价

（1）实物量定额：

1）《水利水电设备安装工程概算定额》中人工工时、材料、机械台时等，均以实物量表示。其中，材料和机械仅列出主要品种的型号、规格及数量，如品种、型号、规格不同，均不作调整。其他材料和一般小型机械及机具分别按占主要材料费和主要机械费的百分率计列。

2）装置性材料根据设计确定品种、型号、规格及数量，并计入规定的操作损耗量。

3）《水利水电设备安装工程概算定额》附录中列有部分定额子目的装置性材料数量，供参考采用。

4）使用电站主厂房桥式起重机进行安装工作时，桥式起重机台时费不计基本折旧费和安装拆卸费。

（2）实物量形式的安装单价计算方法及程序见表 6.2-2。

表 6.2-2　实物量形式的安装单价计算方法及程序

序号	项　目	计　算　方　法
（一）	直接费	（1）＋（2）
（1）	基本直接费	①＋②＋③
①	人工费	Σ定额劳动量（工时）×人工预算单价（元/工时）
②	材料费	Σ定额材料用量×材料预算价格
③	施工机械使用费	Σ定额机械使用量（台时）×施工机械台时费（元/台时）
（2）	其他直接费	（1）×其他直接费费率之和
（二）	间接费	人工费×间接费费率
（三）	企业利润	［（一）＋（二）］×企业利润率
（四）	材料补差	Σ各种基价、限价材料补差
（五）	未计价装置性材料费	未计价装置性材料用量×材料预算单价
（六）	税金	［（一）＋（二）＋（三）＋（四）＋（五）］×税率
（七）	安装工程单价	（一）＋（二）＋（三）＋（四）＋（五）＋（六）

2. 安装费率形式的安装单价

（1）安装费率定额：

1）以设备原价作为计算基础，安装工程人工费、材料费、机械使用费和装置性材料费均以费率（%）形式表示，除人工费费率外，使用时均不作调整。计算公式为

$$安装工程直接费＝设备原价×费率(\%) \quad (6.2-1)$$

2）人工费率的调整，应根据定额主管部门当年发布的北京地区人工预算单价，与该工程设计概算采用的人工预算单价进行对比，测算其比例系数，以此调整人工费费率指标。

3）进口设备安装应按《水利水电设备安装工程概算定额》的费率，乘以相应国产设备原价水平对进口设备原价的比例系数，换算为进口设备安装费率。例如，某项进口设备原价为同类国产设备原价的 1.6 倍，该国产设备的安装费率为 8%，则：

该进口设备安装费率＝国产设备安装费率 8%/1.6＝5%

费率形式的安装单价计算方法及程序见表 6.2-3。

表 6.2-3　费率形式的安装单价计算方法及程序

编号	名　称	计　算　方　法
(一)	直接费/%	(1) + (2)
(1)	基本直接费/%	①+②+③+④
①	人工费/%	定额人工费 (%)
②	材料费/%	定额材料费 (%) /1.03
③	装置性材料费/%	定额装置性材料费 (%) /1.13
④	机械使用费/%	定额机械费 (%) /1.10
(2)	其他直接费/%	(1) ×∑其他直接费费率
(二)	间接费/%	①×间接费费率
(三)	企业利润/%	[(一) + (二)] ×利润率
(四)	税金/%	[(一) + (二) + (三)] ×税率
(五)	单价/%	(一) + (二) + (三) + (四)
安装工程单价=单价 (%) ×设备原价 (含增值税)		

注　依据《水利工程营业税改征增值税计价依据调整办法》及《水利部办公厅关于调整水利工程计价依据增值税计算标准的通知》(办财务函〔2019〕448 号): 以费率形式 (%) 表示的现行安装工程定额，其人工费费率不变，材料费费率除以调整系数 1.03，机械使用费费率除以调整系数 1.10，装置性材料费费率除以调整系数 1.13。计算基数不变，仍为含增值税的设备费。

6.2.2 《水利水电设备安装工程概算定额》使用方法及注意事项

(1)《水利水电设备安装工程概算定额》是编制设计概算的依据，主要适用于新建、扩建的大中型水利设备安装工程。

(2) 该定额包括水轮机安装、水轮发电机安装、大型水泵安装进水阀安装、水力机械辅助设备安装、电气设备安装、变电站设备安装、通信设备安装、起重设备安装、闸门安装、压力钢管制作及安装共十一章及附录。

(3) 该定额采用实物量和安装费率两种定额表现形式。定额包括的内容为设备安装和构成工程实体的主要装置性材料安装的直接费。安装工程单价中的其他直接费、现场经费、间接费、企业利润和营业税等三税税金，应另按有关规定进行计算。

(4) 该定额按每班八小时工作制进行施工。人工和机械定额包括基本工作、辅助工作、准备与结束、不可避免的中断必要的休息、工程检查、交接班、班内工作干扰、夜间施工工效影响、常用工具的小修保养、加水加油等全部操作时间在内。

(5) 该定额除各章说明外，还包括以下工作内容和费用：

1) 设备安装前后的开箱、检查、清扫、滤油、注油、刷漆和喷漆工作。

2) 安装现场内的设备运输。

3) 随设备成套供应的管路及部件的安装。

4) 设备的单体试运转、管和罐的水压试验、焊接及安装的质量检查。

5) 现场施工临时设施的搭拆及其材料、专用特殊工器具的摊销。

6）施工准备及完工后的现场清理工作。

7）竣工验收移交生产前对设备的维护、检修和调整。

（6）该定额不包括的工作内容和费用：

1）鉴定设备制造质量的工作，材料的质量复检工作。

2）设备、构件的喷锌、镀锌、镀铬及要求特殊处理的工作；由于消防需要，电缆敷设完成后，需在电缆表面涂刷防火材料，以及预留孔洞、消防堵料的费用。

3）施工照明费用。

4）属于厂家责任的设备缺陷处理和缺件所需费用。

5）由于设备运输条件的限制及其他原因，需在现场从事属于制造厂家的组装工作。如水轮机分瓣转轮组焊、定子矽钢片现场叠装、定子线圈现场整体下线及铁损试验工作等。

（7）按设备质量划分子目的定额，当所求设备的质量介于同型设备的子目之间时，可按插入法计算安装费。其计算公式如下：

$$A=\frac{(C-B)(a-b)}{c-b}+B \tag{6.2-2}$$

式中 A——所求设备的安装费；

B——较所求设备小而最接近的设备安装费；

C——较所求设备大而最接近的设备安装费；

a——A 项设备的质量；

b——B 项设备的质量；

c——C 项设备的质量。

（8）该定额适用于海拔在2000m以下地区的建设项目，海拔在2000m以上地区，其人工和机械定额乘以表6.2-4中的调整系数。

表6.2-4 海拔高程系数表

项目	海拔高程/m					
	2000～2500	2500～3000	3000～3500	3500～4000	4000～5000	4500～5000
人工	1.10	1.15	1.20	1.25	1.30	1.35
机械	1.25	1.35	1.45	1.55	1.65	1.75

注 调整系数应以水利工程的拦河坝或水闸顶海拔高程为准。没有拦河坝或水闸工程的以厂房顶部海拔高程为准。一个建设项目只采用一个调整系数。

（9）使用该定额时，除有规定外，对不同的地区、施工企业、机械化程度和施工方法等因素，均不作调整。

（10）该定额的数字适用范围，用以下方式表示：

1）只用一个数字表示的，仅适用于该数字的本身。

2）数字后面用“以上”“以外”表示的，均不包括数字本身；数字后面用“以下”“以内”表示的，均包括数字本身。

3）数字用上下限（如2000～2500）表示的，相当于自2000以上至2500以下止。

（11）计算装置性材料预算用量时，应按表6.2-5所列操作损耗率计入操作损耗量。

表6.2-5　　装置性材料操作损耗率表

序号	材料名称	损耗率/%
1	钢板（齐边） （1）压力钢管直管 （2）压力钢管弯管、叉管、渐变管	 5 15
2	钢板（毛边）压力钢管	17
3	型钢	5
4	管材及管件	3
5	电力电缆	1
6	控制电缆、高频电缆	1.5
7	绝缘导线	1.8
8	硬母线（包括铜、铝、钢质的带形、管形及槽形母线）	2.3
9	裸软导线（包括铜、铝、钢及钢芯铝绞线）	1.3
10	压接式线夹、螺栓、垫圈、铝端头、护线条及紧固件	2
11	金具	1
12	绝缘子	2
13	塑料制品（包括塑料槽板、塑料管、塑料板等）	5

注　1. 裸软导线的损耗率中，包括因弧垂及因杆位高低差而增加的长度；但变电站中的母线、引下线、跳线、设备连接线等因弯曲而增加的长度，均不应以弧垂看待，而应计入基本长度中。
2. 电力电缆及控制电缆的损耗中，未包括预留、备用段长度，敷设时因各种弯曲而增加的长度，以及为连接电气设备而预留的长度。这些长度均应计入设计长度。

6.2.3　《水利水电设备安装工程预算定额》使用方法及注意事项

（1）《水利水电设备安装工程预算定额》包括水轮机安装、调速系统安装、水轮发电机安装、大型水泵安装、进水阀安装、水力机械辅助设备安装、电气设备安装、变电站设备安装、通信设备安装、电气调整、起重设备安装、闸门安装、压力钢管制作及安装、设备工地运输共十四章及附录。

（2）该定额中未计价材料（如管路、电缆、母线、金具等）的用量，应根据施工图设计用量并计入规定的操作损耗量计算。

（3）该定额缺项者可参考套用《全国统一安装工程预算定额》及其他相关专业预算定额的相应项目。

【解决工作任务】

1. 梳理工作任务，找出需要计算的安装设备：电力电缆（ZR-YJV22-10-3×25）。

2. 根据条件查找定额子目：06013。

3. 人工单价、材料价格同前。

安装工程其他直接费费率为0.5%+0.7%+3%+2.5%+1.5%=8.2%，间

接费费率为 75%（计算基数为人工费），施工机械台时单价计算方法见任务 4.3。

4. 输入材料预算价格等已知信息，进行工程单价计算（表 6.2-6），特别注意材料价差的计算。装材用量参照《水利水电设备安装工程概算定额》“附录三 电缆装置性材料用量”。

表 6.2-6 安装工程单价表

定额编号	06013	项目名称	电力电缆安装	定额单位	km
规格型号	电缆 电力电缆 10kV 以下				
编号	名称及规格	单位	数量	单价/元	合价/元
一	直接费	元			24933.82
(一)	基本直接费	元			23044.20
1	人工费	元			12577.46
(1)	工长	工时	82.00	11.55	947.10
(2)	高级工	工时	410.00	10.67	4374.70
(3)	中级工	工时	683.00	8.90	6078.70
(4)	初级工	工时	192.00	6.13	1176.96
2	材料费	元			9867.36
(1)	裸铜线 $10mm^2$	m	64.00	4.40	281.60
(2)	镀锌螺栓 M10～12×75	套	554.00	4.42	2448.68
(3)	封铅	kg	28.00	27.50	770.00
(4)	丁晴橡胶管 ϕ13	m	119.00	7.20	856.80
(5)	黄漆布带（20×40）m	卷	64.00	10.00	640.00
(6)	环氧树脂	kg	32.00	32.50	1040.00
(7)	聚酰胺树脂 651[#]	kg	16.00	31.00	496.00
(8)	铝接线端子 ≤$120mm^2$	个	124.00	3.80	471.20
(9)	电缆卡子	个	300.00	1.00	300.00
(10)	电缆吊挂	套	65.00	4.40	286.00
(11)	其他材料费	%	30.00	7590.28	2277.08
3	机械费	元			599.38
(1)	汽车起重机 5t	台时	4.00	64.69	258.76
(2)	电焊机 交流 25kV·A	台时	3.00	12.84	38.52
(3)	载重汽车 5t	台时	4.00	50.55	202.20
(4)	其他机械费	%	20.00	499.48	99.90
(二)	其他直接费	元	8.20%	23044.20	1889.62
二	间接费	元	75.00%	12577.46	9433.10
三	企业利润	元	7.00%	34366.92	2405.68
四	价差				348.66
(1)	汽油	kg	52.000	6.705	348.66

续表

编号	名称及规格	单位	数量	单价/元	合价/元
五	装置性材料费	元			61088.76
(1)	电力电缆 ZR-YJV22-10-3×25	m	1010.00	55.18	55731.80
(2)	电缆管	kg	384.00	8.94	3432.96
(3)	铁构件	kg	370.00	5.20	1924.00
六	税金	元	9.00%	98210.02	8838.90
	合计	元			107048.92
	单价	元			107.05

汽油消耗量：4×5.8+4×7.2=52（kg/km）

电力电缆安装工程单价为：107.05元/m。

【课堂小练兵】

依据《水利工程营业税改征增值税计价依据调整办法》以费率形式（%）表示的现行水利水电工程设备安装工程定额，其人工费费率不变，材料费费率除以调整系数________，机械使用费费率除以调整系数________，装置性材料费费率除以调整系数________。计算基数不变，仍为含________的设备费。

【课后作业】

某灌溉工程泵站用的平板钢闸门6扇，总重量45t。编制闸门的安装工程单价，人工及材料价格按学校所在地住建厅发布的最新信息价格。

任务7 设计概算编制

【课程导航】

水利水电工程投资决策及设计阶段包括规划设计、项目建议书、可行性研究和初步设计阶段，对应的造价文件主要有：项目建议书、可行性研究阶段编制投资估算、初步设计阶段编制设计概算。

现行的水利工程投资决策及设计阶段的造价预测主要是依据《水利工程设计概（估）算编制规定》（水总〔2014〕429号）进行水利工程概（估）算编制。

工程投资估算与设计概算的区别：投资估算一经上级主管部门批准，即作为控制该建设项目设计概算静态总投资的最高限额，不得任意突破。水利工程投资估算与设计概算在组成内容、项目划分和费用构成上是基本相同的，但两者设计深度不同。投资估算是根据《水利水电工程可行性研究报告编制规程》（SL/T 618—2021）的有关规定，对第一部分初步设计概算编制规定中部分内容进行适当简化、合并或调整。

注：任务7和任务8建议采用造价软件编制，造价软件使用方法将在《水利工程造价综合实训工作手册》中详细阐述。

【知识目标】

1. 掌握设计概算的编制依据、方法、步骤。
2. 熟悉编制设计概算的相关文件、编制规定。

【岗位技能目标】

1. 能根据初步设计报告及初步设计图纸编制设计概算。
2. 能根据行业最新文件及时调整设计概算。

【素养目标】

党的二十大报告指出，我们对新时代党和国家事业发展作出科学完整的战略部署，提出实现中华民族伟大复兴的中国梦，以中国式现代化推进中华民族伟大复兴，统揽伟大斗争、伟大工程、伟大事业、伟大梦想，明确“五位一体”总体布局和“四个全面”战略布局。

【思政导引】

白鹤滩水电站是实施“西电东送”的国家重大工程。白鹤滩水电站为金沙江下游四个水电梯级——乌东德、白鹤滩、溪洛渡、向家坝中的第二个梯级，坝址位于四川省凉山州宁南县和云南省昭通市巧家县境内，具有以发电为主，兼有防洪、拦沙、改善下游航运条件和发展库区通航等综合效益。

白鹤滩水电站工程静态投资1430.7亿元，工程动态投资1778.9亿元。按设计规划工程总工期为12年（144个月）。白鹤滩水电站是世界在建规模最大、单机容量最大的水电站。白鹤滩水电站全面建成投产后，将成为仅次于三峡水电站的世界第二大水电站，年发电量能够满足约7500万人一年的生活用电需求，可替代标准煤约1968万t，减排二氧化碳约5200万t。截至2023年7月，白鹤滩水电站已累计发电超790亿度，为“西电东送”提供强大支撑。

白鹤滩水电站安装有16台中国自主研制、全球单机容量最大的水轮发电机组，总装机容量为1600万kW，多年年平均发电量624.43亿kW·h。水库正常蓄水位高程825m，总库容206.27亿m^3，防洪库容75亿m^3，是长江防洪体系的重要组成部分。

白鹤滩水电站工程规模巨大，地质条件复杂，工程地处金沙江干热河谷地带，综合技术难度位居世界第一，主要技术指标创6项世界第一。

（一）水轮发电机单机容量100万kW世界第一

白鹤滩水电站工程左右岸各安装8台百万千瓦的水轮发电机组。单台机组高50m，重达8000多t，重量与埃菲尔铁塔相当。每台机组运转1h发电一百万度，可满足一家人400年的用电。

（二）圆筒式尾式水调压室规模世界第一

白鹤滩水电站工程设计有8个圆筒式尾水调压室，直径42～49m，直墙高度为77～92m，为世界上已建水电工程中直径、高度最大的尾水调压室。

（三）地下溶洞群规模世界第一

地下洞室开挖量2500万m^3，体量足够建起10座胡夫金字塔。由400多条洞室组成，总长度达217km。

（四）300m级高坝抗震参数世界第一

白鹤滩混凝土结构抗裂安全系数超过2.0，大坝长期承受1650万t世界第二大水推力，相当于1.5万个“长征五号”运载火箭的推力。

（五）无压泄洪洞群规模世界第一

为了确保万年一遇特大洪水的安全要求，工程建造了3条世界规模最大的无压泄洪洞。泄洪洞群实现快速下泄洪水，好比为洪水修建3条高速公路，最高达到47m/s，相当于170km/h，15min就能灌满一个西湖。

（六）首次在300m特高拱坝全坝使用低热水泥混凝土

白鹤滩水电站大坝为混凝土双曲拱坝，“双曲”的意思是在横向和竖向都是曲线，顶部弧线长度709m，最大坝高达到了289m。白鹤滩水电站大坝全坝应用低热水泥混凝土，低热水泥混凝土总量达800多万m^3，是3座胡夫金字塔体量。

任务 7.1 编制项目一所述某水利枢纽工程设计概算

7.1 项目一设计概算

【工作任务】

编制项目一所述某水利枢纽工程的设计概算。

【解决工作任务】

本项目设计概算采用青山软件编制，成果扫码显示。

任务 7.2 概算文件组成内容

【工作任务】

编制项目一所述某水利枢纽工程设计概算的编制说明。

【知识专项】

7.2.1 概算文件编制依据

（1）国家及省（自治区、直辖市）颁发的有关法令法规、制度、规程。

（2）水利工程设计概（估）算编制规定。

（3）水利行业主管部门颁发的概算定额和有关行业主管部门颁发的定额。

（4）水利水电工程设计工程量计算规定。

（5）初步设计文件及图纸。

（6）有关合同协议及资金筹措方案。

（7）其他。

7.2.2 概算文件组成内容

概算文件包括设计概算报告（正件）、附件、投资对比分析报告。

7.2.2.1 概算正件组成内容

1. 编制说明

（1）工程概况。工程概况包括：流域、河系，兴建地点，工程规模，工程效益，工程布置形式，主体建筑工程量，主要材料用量，施工总工期等。

（2）投资主要指标。投资主要指标包括：工程总投资和静态总投资，年度价格指数，基本预备费费率，建设期融资额度、利率和利息等。

（3）编制原则和依据。

1）概算编制原则和依据。

2）人工预算单价，主要材料，施工用电、水、风，砂石料等基础单价的计算依据。

3）主要设备价格的编制依据。

4）建筑安装工程定额、施工机械台时费定额和有关指标的采用依据。

5）费用计算标准及依据。

6）工程资金筹措方案。

（4）概算编制中其他应说明的问题。

（5）主要技术经济指标表。主要技术经济指标表根据工程特性表编制，反映工程主要技术经济指标。

2. 工程概算总表

工程概算总表应汇总工程部分、建设征地移民补偿、环境保护工程、水土保持工程总概算表。

3. 工程部分概算表和概算附表

（1）概算表。

1）工程部分总概算表。

2）建筑工程概算表。

3）机电设备及安装工程概算表。

4）金属结构设备及安装工程概算表。

5）施工临时工程概算表。

6）独立费用概算表。

7）分年度投资表。

8）资金流量表（枢纽工程）。

（2）概算附表。

1）建筑工程单价汇总表。

2）安装工程单价汇总表。

3）主要材料预算价格汇总表。

4）次要材料预算价格汇总表。

5）施工机械台时费汇总表。

6）主要工程量汇总表。

7）主要材料量汇总表。

8）工时数量汇总表。

7.2.2.2 概算附件组成内容

（1）人工预算单价计算表。

（2）主要材料运输费用计算表。

（3）主要材料预算价格计算表。

（4）施工用电价格计算书（附计算说明）。

（5）施工用水价格计算书（附计算说明）。

（6）施工用风价格计算书（附计算说明）。

（7）补充定额计算书（附计算说明）。

（8）补充施工机械台时费计算书（附计算说明）。

（9）砂石料单价计算书（附计算说明）。

（10）混凝土材料单价计算表。

（11）建筑工程单价表。

（12）安装工程单价表。

（13）主要设备运杂费率计算书（附计算说明）。

（14）施工房屋建筑工程投资计算书（附计算说明）。

（15）独立费用计算书（勘测设计费可另附计算书）。

（16）分年度投资计算表。

（17）资金流量计算表。

（18）价差预备费计算表。

（19）建设期融资利息计算书（附计算说明）。

（20）计算人工、材料、设备预算价格和费用依据的有关文件、询价报价资料及其他。

7.2.2.3 投资对比分析报告

应从价格变动、项目及工程量调整、国家政策性变化等方面进行详细分析，说明初步设计阶段与可行性研究阶段（或可行性研究阶段与项目建议书阶段）相比较的投资变化原因和结论，编写投资对比分析报告。工程部分报告应包括以下附表：

（1）总投资对比表。

（2）主要工程量对比表。

（3）主要材料和设备价格对比表。

（4）其他相关表格。

投资对比分析报告应汇总工程部分、建设征地移民补偿、环境保护、水土保持各部分对比分析内容。

注：（1）设计概算报告（正件）、投资对比分析报告可单独成册，也可作为初步设计报告（设计概算章节）的相关内容。

（2）设计概算附件宜单独成册，并应随初步设计文件报审。

【解决工作任务】

项目一编制说明如下。

1. 概算编制原则和依据

（1）项目划分、费用构成、费率标准依据：《水利工程设计概（估）算编制规定》（水总〔2014〕429号）、水利部办公厅关于印发《水利工程营业税改征增值税计价依据调整办法》（办水总〔2016〕132号）、《水利部办公厅关于调整水利工程计价依据增值税计算标准的通知》（办财务函〔2019〕448号）、《水利部办公厅关于调整水利工程计价依据安全生产措施费计算标准的通知》（办水总函〔2023〕38号）。

（2）定额采用《（2002）水利建筑工程概算定额（上、下册）》《（2002）水利工程施工机械台时费定额》《（2002）水利水电设备安装工程概算定额》《（2005）水利工程概预算补充定额》。

2. 人工预算单价的计算依据

人工工资按《水利工程设计概（估）算编制规定》（水总〔2014〕429号）进行计算，本工程按枢纽工程一般地区确认人工预算单价，分别为：工长工资为

11.55元/工时，高级工为10.67元/工时，中级工为8.90元/工时，初级工为6.13元/工时。

3. 材料预算价格的计算依据

材料价格水平为2023年08月价格水平。

材料预算价格按赣州市2023年8月信息价除增值税进项税率后价格计算：42.5级水泥为479.00元/t，32.5级水泥为429.00元/t，汽油为9780元/t，柴油为7740元/t，块石为106.80元/ m^3。其中，钢筋以2560元/t，汽油以3075元/t，柴油以2990元/t，水泥以255元/t，块石以70元/ m^3 为基价进入工程单价，与预算价的差额作为材料补差计算税金后列入相应单价中。其中钢筋由南昌钢铁厂直供，其材料预算价格通过运杂费计算得到，其预算价为4304.32元/t。

砂、碎（砾）石单价：根据施工组织设计为现场天然砂石料开采，通过砂石料价格编制相关规定计算得到：砂为97.80元/m^3，碎（砾）石为102.02元/m^3。按照编制规定自采砂石料价格不计价差。

施工用风、水、电价格：根据施工组织设计提供的供风、供水、供电方式及设备配置进行计算得到：电为0.84元/(kW·h)（考虑2%的自发电，98%的网电），风为0.3元/m^3，水为0.66元/m^3。

4. 主要设备价格的计算依据

主要设备价格主要通过市场询价得到，其中主变压器由厂家直供，通过铁路、公路联运至项目所在地，其价格按设备运杂费相关计算得到，运杂采保综合费率为7.85%。

5. 工程单价费率的采用依据

依据《水利工程设计概（估）算编制规定》《水利工程营业税改征增值税计价依据调整办法》《水利工程计价依据安全生产措施费计算标准》。

其他直接费用：建筑工程为基本直接费的7.5%，安装工程为基本直接费的8.2%。

间接费：土方工程按直接费的8.5%，石方工程按直接费的12.5%，混凝土浇筑工程按直接费的9.5%，钢筋工程按直接费的5.5%，模板工程按直接费9.5%，钻孔灌浆工程按直接费的10.5%，其他工程按直接费10.5%，设备及安装工程按人工费的75%计算。

利润：建筑及安装工程均按直接费、间接费之和的7%计算。

税金：建筑及安装工程均按直接费、间接费、利润加材料补差之和的9%计算。

6. 施工临时工程投资计算依据

施工临时房屋建筑工程，办公、生活及文化福利建筑投资为：（建安工作量×人均建筑面积综合指标×单位造价指标）÷（施工年限×全员劳动生产率）×施工高峰人数调整系数×室外工程系数×单位造价指标调整系数，其中人均建筑面积综合按14%计取，单位造价指标采用赣州市地方主管部门公布的2023年上半年单位综合指标1264.14元/m^2确定，施工年限为3年，全员劳动生产率为100000元/(人·

年），施工高峰人数调整系数为1.1，室外工程系数为1.1，单位造价指标调整系数为0.4。

其他临时工程按建安工作量的3.0%计取。

7. 独立费用计算标准及依据

工程独立费用按《水利水电设计概（估）算编制规定》（水总〔2014〕429号）取费计算。其中初步设计、招标设计和施工图设计三个阶段勘测设计费参考原国家计委、原建设部发布的《工程勘察设计收费管理规定》（计价格〔2002〕10号）的通知计算。工程建设监理费执行《建设工程监理与相关服务收费管理规定》。

8. 预备费计算标准及依据

基本预备费：按概算第一至第五部分投资之和的5%计。

价差预备费：按总工期为3年，物价指数为8%计取。

9. 工程资金筹措方案

本项目资金来源分为两部分：资本金（35%）、融资借款（65%），融资利率为4.9%。

任务7.3 分部工程概算编制

【讨论与分析】

1. 分部工程概算指的是哪几部分？

2. 欣赏微课小视频。

7.2独立费用的组成和编制

【工作任务】

工作任务1：计算项目一混凝土重力坝细部结构费用。

工作任务2：计算项目一第四部分施工房屋建筑工程中办公、生活及文化福利建筑投资。

工作任务3：计算项目一第五部分独立费用中的生产准备费。

【知识专项】

7.3.1 第一部分 建筑工程

建筑工程按主体建筑工程、交通工程、房屋建筑工程、供电设施工程、其他建筑工程分别采用不同的方法编制。

1. 主体建筑工程

（1）主体建筑工程概算按设计工程量乘以工程单价进行编制。

（2）主体建筑工程量应遵照《水利水电工程设计工程量计算规定》，按项目划分要求，计算到三级项目。

（3）当设计对混凝土施工有温控要求时，应根据温控措施设计，计算温控措施费用，也可以经过分析确定指标后，按建筑物混凝土方量进行计算。

（4）细部结构工程。参照水工建筑工程细部结构指标表确定，见表7.3-1。

表 7.3-1　　水工建筑工程细部结构指标表

项目名称	混凝土重力坝、重力拱坝、宽缝重力坝、支墩坝	混凝土双曲拱坝	土坝、堆石坝	水闸	冲砂闸、泄洪闸	进水口、进水塔	溢洪道	隧洞
单位	元/m^3（坝体方）			元/m^3（混凝土）				
综合指标	16.2	17.2	1.15	48	42	19	18.1	15.3
项目名称	竖井、调压井	高压管道	电（泵）站地面厂房	电（泵）站地下厂房	船闸	倒虹吸、暗渠	渡槽	明渠（衬砌）
单位	元/m^3（混凝土）							
综合指标	19	4	37	57	30	17.7	54	8.45

注　1. 表中综合指标包括多孔混凝土排水管、廊道木模制作与安装、止水工程（面板坝除外）、伸缩缝工程、接缝灌浆管路、冷却水管路、栏杆、照明工程、爬梯、通气管道、排水工程、排水渗井钻孔及反滤料、坝坡踏步、孔洞钢盖板、厂房内上下水工程、防潮层、建筑钢材及其他细部结构工程。

2. 表中综合指标仅包括基本直接费内容。

3. 改扩建及加固工程根据设计确定细部结构工程的工程量。其他工程，如果工程设计能够确定细部结构工程的工程量，可按设计工程量乘以工程单价进行计算，不再按表中指标计算。

2. 交通工程

交通工程投资按设计工程量乘以单价进行计算，也可根据工程所在地区造价指标或有关实际资料，采用扩大单位指标编制。

3. 房屋建筑工程

（1）水利工程的永久房屋建筑。

1）用于生产、办公的房屋建筑面积，由设计单位按有关规定结合工程规模确定，单位造价指标根据当地相应建筑造价水平确定。

2）值班宿舍及文化福利建筑的投资按主体建筑工程投资的百分率计算。

枢纽工程	
投资≤50000 万元	1.0％～1.5％
50000 万元＜投资≤100000 万元	0.8％～1.0％
投资＞100000 万元	0.5％～0.8％
引水工程	0.4％～0.6％
河道工程	0.4％

注：投资小或工程位置偏远者取大值，反之取小值。

3）除险加固工程（含枢纽、引水、河道工程）、灌溉田间工程的永久房屋建筑面积由设计单位根据有关规定结合工程建设需要确定。

（2）室外工程投资，一般按房屋建筑工程投资的15％～20％计算。

4. 供电设施工程

供电设施工程根据设计的电压等级、线路架设长度及所需配备的变配电设施要求，采用工程所在地区造价指标或有关实际资料计算。

5. 其他建筑工程

(1) 安全监测设施工程，指属于建筑工程性质的内外部观测设施。安全监测工程项目投资应按设计资料计算。如无设计资料时，可根据坝型或其他工程形式，按照主体建筑工程投资的百分率计算。

当地材料坝　　0.9%～1.1%

混凝土坝　　1.1%～1.3%

引水式电站（引水建筑物）　　1.1%～1.3%

堤防工程　　0.2%～0.3%

(2) 照明线路、通信线路等三项工程投资按设计工程量乘以单价或采用扩大单位指标编制。

(3) 其余各项按设计要求分析计算。

7.3.2　第二部分　机电设备及安装工程

机电设备及安装工程投资由设备费和安装工程费两部分组成。

7.3.3　第三部分　金属结构设备及安装工程

编制方法同第二部分机电设备及安装工程。

7.3.4　第四部分　施工临时工程

1. 导流工程

导流工程按设计工程量乘以工程单价进行计算。

2. 施工交通工程

施工交通工程按设计工程量乘以工程单价进行计算，也可根据工程所在地区造价指标或有关实际资料，采用扩大单位指标编制。

3. 施工场外供电工程

根据设计的电压等级、线路架设长度及所需配备的变配电设施要求，采用工程所在地区造价指标或有关实际资料计算。

4. 施工房屋建筑工程

施工房屋建筑工程包括施工仓库和办公、生活及文化福利建筑两部分。施工仓库，指为工程施工而临时兴建的设备、材料、工器具等仓库；办公、生活及文化福利建筑，指施工单位、建设单位、监理单位及设计代表在工程建设期所需的办公用房、宿舍、招待所和其他文化福利设施等房屋建筑工程。

不包括列入临时设施和其他施工临时工程项目内的电、风、水，通信系统，砂石料系统，混凝土搅拌及浇筑系统，木工、钢筋、机修等辅助加工厂，混凝土预制构件厂，混凝土制冷、供热系统，施工排水等生产用房。

(1) 施工仓库。建筑面积由施工组织设计确定，单位造价指标根据当地相应建筑造价水平确定。

(2) 办公、生活及文化福利建筑。

1) 枢纽工程，按下列公式计算：

$$I=\frac{AUP}{NL}\cdot K_1K_2K_3 \tag{7.3-1}$$

式中 I——房屋建筑工程投资；

A——建安工作量，按工程一至四部分建安工作量（不包括办公用房、生活及文化福利建筑和其他施工临时工程）之和乘以（1+其他施工临时工程百分率）计算；

U——人均建筑面积综合指标，按 12～15m^2/人的标准计算；

P——单位造价指标，参考工程所在地区的永久房屋造价指标（元/m^2）计算；

N——施工年限，按施工组织设计确定的合理工期计算；

L——全员劳动生产率，一般按 80000～120000 元/（人·年）；施工机械化程度高取大值，反之取小值；采用掘进机施工为主的工程，全员劳动生产率应适当提高；

K_1——施工高峰人数调整系数，取 1.10；

K_2——室外工程系数，取 1.10～1.15，地形条件差的可取大值，反之取小值；

K_3——单位造价指标调整系数，按不同施工年限，采用表 7.3－2 中的调整系数。

表 7.3－2　单位造价指标调整系数表

工期	2 年以内	2～3 年	3～5 年	5～8 年	8～11 年
系数	0.25	0.40	0.55	0.70	0.80

2）引水工程按一至四部分建安工作量的百分率计算（表 7.3－3）。

表 7.3－3　引水工程施工房屋建筑工程费率表

工期	百分率	工期	百分率
≤3 年	1.5%～2.0%	>3 年	1.0%～1.5%

一般引水工程取中上限，大型引水工程取下限。

掘进机施工隧洞工程按表 7.3－3 中费率乘以调整系数 0.5。

3）河道工程按一至四部分建安工作量的百分率计算（表 7.3－4）。

表 7.3－4　河道工程施工房屋建筑工程费率表

工期	百分率	工期	百分率
≤3 年	1.5%～2.0%	>3 年	1.0%～1.5%

5. 其他施工临时工程

按工程一至四部分建安工作量（不包括其他施工临时工程）之和的百分率计算。

（1）枢纽工程为 3.0%～4.0%。

（2）引水工程为 2.5%～3.0%。一般引水工程取下限，隧洞、渡槽等大型建筑物较多的引水工程、施工条件复杂的引水工程取上限。

(3) 河道工程为 0.5%～1.5%。灌溉田间工程取下限，建筑物较多、施工排水量大或施工条件复杂的河道工程取上限。

7.3.5 第五部分 独立费用

1. 建设管理费

(1) 枢纽工程。枢纽工程建设管理费以一至四部分建安工作量为计算基数，按表 7.3-5 所列费率，以超额累进方法计算。

表 7.3-5 枢纽工程建设管理费费率表

一至四部分建安工作量/万元	费率/%	辅助参数/万元
50000 及以内	4.5	0
50000～100000	3.5	500
100000～200000	2.5	1500
200000～500000	1.8	2900
500000 以上	0.6	8900

简化计算公式为：一至四部分建安工作量×该档费率＋辅助参数（下同）。

(2) 引水工程。引水工程建设管理费以一至四部分建安工作量为计算基数，按表 7.3-6 所列费率，以超额累进方法计算。原则上应按整体工程投资统一计算，工程规模较大时可分段计算。

表 7.3-6 引水工程建设管理费费率表

一至四部分建安工作量/万元	费率/%	辅助参数/万元
50000 及以内	4.2	0
50000～100000	3.1	550
100000～200000	2.2	1450
200000～500000	1.6	2650
500000 以上	0.5	8150

(3) 河道工程。河道工程建设管理费以一至四部分建安工作量为计算基数，按表 7.3-7 所列费率，以超额累进方法计算。原则上应按整体工程投资统一计算，工程规模较大时可分段计算。

表 7.3-7 河道工程建设管理费费率表

一至四部分建安工作量/万元	费率/%	辅助参数/万元
10000 及以内	3.5	0
10000～50000	2.4	110
50000～100000	1.7	460
100000～200000	0.9	1260
200000～500000	0.4	2260
500000 以上	0.2	3260

2. 工程建设监理费

按照国家发展改革委颁发的《建设工程监理与相关服务收费管理规定》（发改价格〔2007〕670号）及其他相关规定执行。

3. 联合试运转费

联合试运转费用指标见表7.3-8。

表7.3-8　　联合试运转费用指标表

水电站工程	单机容量/万kW	≤1	≤2	≤3	≤4	≤5	≤6	≤10	≤20	≤30	≤40	>40
	费用/(万元/台)	6	8	10	12	14	16	18	22	24	32	44
泵站工程	电力泵站	50～60元/kW										

4. 生产准备费

（1）生产及管理单位提前进厂费。

1）枢纽工程按一至四部分建安工程量的0.15%～0.35%计算，大（1）型工程取小值，大（2）型工程取大值。

2）引水工程视工程规模参照枢纽工程计算。

3）河道工程、除险加固工程、田间工程原则上不计此项费用。若工程含有新建大型泵站、泄洪闸、船闸等建筑物时，按建筑物投资参照枢纽工程计算。

（2）生产职工培训费。按一至四部分建安工作量的0.35%～0.55%计算。枢纽工程、引水工程取中、上限，河道工程取下限。

（3）管理用具购置费

1）枢纽工程按一至四部分建安工作量的0.04%～0.06%计算，大（1）型工程取小值，大（2）型工程取大值。

2）引水工程按建安工作量的0.03%计算。

3）河道工程按建安工作量的0.02%计算。

（4）备品备件购置费。按占设备费的0.4%～0.6%计算。大（1）型工程取下限，其他工程取中、上限。

注：（1）设备费应包括机电设备、金属结构设备及运杂费等全部设备费。

（2）电站、泵站同容量、同型号机组超过一台时，只计算一台的设备费。

（5）工器具及生产家具购置费。按占设备费的0.1%～0.2%计算。枢纽工程取下限，其他工程取中、上限。

5. 科研勘测设计费

（1）工程科学研究试验费。按工程建安工作量的百分率计算。其中：枢纽和引水工程取0.7%；河道工程取0.3%。

灌溉田间工程一般不计此项费用。

（2）工程勘测设计费。项目建议书、可行性研究阶段的勘测设计费及报告编制费：执行国家发展改革委颁布的《水利、水电工程建设项目前期工作工程勘察收费标准》（发改价格〔2006〕1352号）和原国家计委颁布的《建设项目前期工作咨询收费暂行规定》（计价格〔1999〕1283号）。

初步设计、招标设计及施工图设计阶段的勘测设计费：执行原国家计委、建设部颁布的《工程勘察设计收费标准》（计价格〔2002〕10 号）。

应根据所完成的相应勘测设计工作阶段确定工程勘测设计费，未发生的工作阶段不计相应阶段勘测设计费。

6. 其他

（1）工程保险费。按工程一至四部分投资合计的 4.5‰～5.0‰计算，田间工程原则上不计此项费用。

（2）其他税费。按国家有关规定计取。

【解决工作任务】

解决工作任务 1：计算项目一混凝土重力坝细部结构费用。

细部结构费用＝工程量×工程单价

＝坝体方×细部结构综合指标×单价综合费率

（1）汇总项目一“混凝土重力坝”分项中混凝土总方量：81772.8m^3。

（2）查表 7.3－1 得知混凝土重力坝细部结构综合指标为 16.2 元/m^3（坝体方）。

（3）单价综合费率＝（1＋7.5%）×（1＋9.5%）×（1＋7%）×（1＋9%）

＝1.373。

（4）细部结构费用＝81772.8×16.2×1.373＝1818627.07（元）。

解决工作任务 2：计算项目一第四部分施工房屋建筑工程中办公、生活及文化福利建筑投资。

（1）汇总第一至第四部分建安费（不包括办公用房、生活及文化福利建筑和其他施工临时工程）合计：155879975.28 元。

（2）查式（7.3－1）及相关参数设定范围（表 7.3－9），取值如下：

$$I=\frac{AUP}{NL}\cdot K_1K_2K_3$$

A ＝建安工作量按工程一至四部分建安工作量（不包括办公用房、生活及文化福利建筑和其他施工临时工程）之和乘以（1＋其他施工临时工程百分率）＝155881727.01×（1＋3%）＝160558178.82（元）

表 7.3－9　　相关参数设定范围

参数名称	取值	参考范围	参数名称	取值	参考范围
人均建筑面积综合指标（U）	14	12～15m^2/人	单位造价指标（P）	1264.14	查当地住建部门公布的房屋建筑指标
施工年限（N）	3		全员劳动生产率（L）	100000	80000～120000 元/（人·年）
施工高峰期人员调整系数 K_1	1.1		室外工程系数 K_2	1.1	1.10～1.15
单位造价指标调整系数 K_3	0.4	工期 2～3 年，系数 0.4	其他施工临时工程百分率	3%	

办公、生活及文化福利建筑投资＝（160558178.82×14×1264.14×1.1×1.1×0.4）÷（3×100000）
＝4584370.93（元）

解决工作任务3：计算项目一第五部分独立费用中的生产准备费。

（1）汇总第一至第四部分建安费合计：165280034.30元；汇总第一至第四部分设备费合计：162028218.38元。

（2）按前述“生产准备费”计算方法，列表计算见表7.3-10。

表7.3-10　生产准备费计算

序号	工程或费用名称	单位	数量	单价/元	合计/元	取费基数
一	生产准备费				2555605.82	
1	生产及管理单位提前进厂费	元	0.35%	165280034.30	578480.12	建安工程量
2	生产职工培训费	元	0.45%	165280034.30	743760.15	建安工程量
3	管理用具购置费	元	0.06%	165280034.30	99168.02	建安工程量
4	备品备件购置费	元	0.60%	162028218.38	972169.31	设备费
5	工器具及生产家具购置费	元	0.10%	162028218.38	162028.22	设备费

任务7.4　分年度投资及资金流量

【工作任务】

根据项目一施工组织设计确定的施工进度简单编制分年度投资表。

【知识专项】

7.4.1　分年度投资

分年度投资是根据施工组织设计确定的施工进度和合理工期而计算出的工程各年度预计完成的投资额。

1. 建筑工程

（1）建筑工程分年度投资表应根据施工进度的安排，对主要工程按各单项工程分年度完成的工程量和相应的工程单价计算。对于次要的和其他工程，可根据施工进度，按各年所占完成投资的比例，摊入分年度投资表。

（2）建筑工程分年度投资的编制可视不同情况按项目划分列至一级项目或二级项目，分别反映各自的建筑工程量。

2. 设备及安装工程

设备及安装工程分年度投资应根据施工组织设计确定的设备安装进度计算各年预计完成的设备费和安装费。

3. 费用

根据费用的性质和费用发生的时段，按相应年度分别进行计算。

7.4.2　资金流量

资金流量是为满足工程项目在建设过程中各时段的资金需求，按工程建设所需资金投入时间计算的各年度使用的资金量。资金流量表的编制以分年度投资表为依据，按建筑安装工程、永久设备购置费和独立费用三种类型分别计算。本资金流量计算办法主要用于初步设计概算。

1. 建筑及安装工程资金流量

（1）建筑工程可根据分年度投资表的项目划分，以各年度建筑工作量作为计算资金流量的依据。

（2）资金流量是在原分年度投资的基础上，考虑预付款、预付款的扣回、保留金和保留金的偿还等编制出的分年度资金安排。

（3）预付款一般可划分为工程预付款和工程材料预付款两部分。

1）工程预付款按划分的单个工程项目的建安工作量的10%～20%计算，工期在3年以内的工程全部安排在第一年，工期在3年以上的可安排在前两年。工程预付款的扣回从完成建安工作量的30%起开始，按完成建安工作量的20%～30%扣回至预付款全部回收完毕为止。

对于需要购置特殊施工机械设备或施工难度较大的项目，工程预付款可取大值，其他项目取中值或小值。

2）工程材料预付款。水利工程一般规模较大，所需材料的种类及数量较多，提前备料所需资金较大，因此考虑向施工企业支付一定数量的材料预付款。可按分年度投资中次年完成建安工作量的20%在本年提前支付，并于次年扣回，以此类推，直至本项目竣工。

（4）保留金。水利工程的保留金，按建安工作量的2.5%计算。在计算概算资金流量时，按分项工程分年度完成建安工作量的5%扣留至该项工程全部建安工作量的2.5%时终止（即完成建安工作量的50%时），并将所扣的保留金100%计入该项工程终止后一年（如该年已超出总工期，则此项保留金计入工程的最后一年）的资金流量表内。

2. 永久设备购置费资金流量

永久设备购置费资金流量计算，划分为主要设备和一般设备两种类型分别计算。

（1）主要设备的资金流量计算。主要设备为水轮发电机组、大型水泵、大型电机、主阀、主变压器、桥机、门机、高压断路器或高压组合电器、金属结构闸门启闭设备等。按设备到货周期确定各年资金流量比例，具体比例见表7.4-1。

表7.4-1　　主要设备资金流量比例表

到货周期＼年份	第1年	第2年	第3年	第4年	第5年	第6年
1年	15%	75%①	10%			
2年	15%	25%	50%①	10%		
3年	15%	25%	10%	40%①	10%	
4年	15%	25%	10%	10%	30%①	10%

① 年份为设备到货年份。

（2）其他设备。其资金流量按到货前一年预付15%定金，到货年支付85%的剩余价款。

3. 独立费用资金流量

独立费用资金流量主要是勘测设计费的支付方式应考虑质量保证金的要求，其他项目则均按分年投资表中的资金安排计算。

（1）可行性研究和初步设计阶段的勘测设计费按合理工期分年平均计算。

（2）施工图设计阶段勘测设计费的95%按合理工期分年平均计算，其余5%的勘测设计费用作为设计保证金，计入最后一年的资金流量表内。

【解决工作任务】

（1）根据项目一施工组织设计得知本项目实施年限及各年度投资比例分配见表7.4－2。

表7.4－2　项目一实施年限及各年度投资比例分配

年份 工程部分	第1年	第2年	第3年
建筑工程	40%	40%	20%
机电设备及安装工程	20%	40%	40%
金属结构设备及安装工程	20%	40%	40%
施工临时工程	45%	45%	10%
独立费用	45%	45%	10%
建设征地移民补偿	70%	30%	
环境保护工程	40%	40%	20%
水土保持工程	30%	40%	30%

（2）根据分配比例各年度投资比例计算见表7.4－3。

表7.4－3　项目一分年度投资表　单位：万元

序号	项　目	合计	建设工期/年		
			1	2	3
Ⅰ	工程部分投资				
一	建筑工程	13932.14	5572.86	5572.86	2786.42
二	机电设备及安装工程	14929.19	2985.83	5971.68	5971.68
三	金属结构设备及安装工程	2503.16	500.63	1001.26	1001.26
四	施工临时工程	1366.34	614.85	614.85	136.64
五	独立费用	3890.76	1750.84	1750.84	389.08
	一至五项合计	36621.59	11425.01	14911.49	10285.09
	基本预备费	1831.08	571.25	745.57	514.25
	静态投资	38452.67	11996.26	15657.06	10799.34

续表

序号	项　　目	合计	建设工期/年		
			1	2	3
Ⅱ	建设征地移民补偿投资	13489.55	9442.68	4046.87	
Ⅲ	环境保护工程投资	654.02	261.61	261.61	130.80
Ⅳ	水土保持工程	982.83	294.85	393.13	294.85
Ⅴ	工程投资总计（Ⅰ～Ⅳ合计）				
	静态总投资	53579.06	21995.40	20358.67	11224.99

任务 7.5　总概算编制

【工作任务】

工作任务 1：项目一所述某水利枢纽工程年物价指数 $p=8\%$，计算本项目价差预备费。

工作任务 2：项目一所述某水利枢纽工程资本金比例为 35%，融资借款 65%，融资利率 4.9%，计算本工程建设期融资利息。

【知识专项】

7.5.1　预备费

1. 基本预备费

计算方法：根据工程规模、施工年限和地质条件等不同情况，按工程一至五部分投资合计（依据分年度投资表）的百分率计算。

初步设计阶段为 5.0%～8.0%。可行性研究投资估算基本预备费率取 10%～12%；项目建议书阶段基本预备费率取 15%～18%。

技术复杂、建设难度大的工程项目取大值，其他工程取中、小值。

2. 价差预备费

计算方法：根据施工年限，以资金流量表的静态投资为计算基数。

按有关部门适时发布的年物价指数计算。计算公式为

$$E=\sum_{n=1}^{N}F_n\left[(1+p)^n-1\right] \tag{7.5-1}$$

式中　E——价差预备费；

N——合理建设工期；

n——施工年度；

F_n——建设期间资金流量表内第 n 年的投资；

p——年物价指数。

7.5.2　建设期融资利息

计算公式为

$$S=\sum_{n=1}^{N}\left[\left(\sum_{m=1}^{n}F_m b_m-\frac{1}{2}F_n b_n\right)+\sum_{m=0}^{n-1}S_m\right]i \tag{7.5-2}$$

式中 S——建设期融资利息；

N——合理建设工期；

n——施工年度；

m——还息年度；

F_n、F_m——在建设期资金流量表内的第 n、m 年的投资；

b_n、b_m——各施工年份融资额占当年投资比例；

i——建设期融资利率；

S_m——第 m 年的付息额度。

7.5.3 静态总投资

一至五部分投资与基本预备费之和构成工程部分静态投资。编制工程部分总概算表时，在第五部分独立费用之后，应顺序计列以下项目：

（1）一至五部分投资合计。

（2）基本预备费。

（3）静态投资。

工程部分、建设征地移民补偿、环境保护工程、水土保持工程的静态投资之和构成静态总投资。

7.5.4 总投资

静态总投资、价差预备费、建设期融资利息之和构成总投资。

编制工程概算总表时，在工程投资总计中应顺序计列以下项目：

（1）静态总投资（汇总各部分静态投资）。

（2）价差预备费。

（3）建设期融资利息。

（4）总投资。

【解决工作任务】

解决工作任务1：假定项目一年物价指数 $p=8\%$，计算项目一价差预备费。

根据表7.4-3所示分年度投资表，代入价差预备费计算公式（式7.5-1），计算得项目一价差预备费见表7.5-1。

表7.5-1　　项目一价差预备费　　单位：万元

施工年度	工程静态总投资	计算公式	价差预备费
第1年	21995.40	$21995.40\times[(1+8\%)-1]$	1759.63
第2年	20358.67	$20358.67\times[(1+8\%)^2-1]$	3387.68
第3年	11224.99	$11224.99\times[(1+8\%)^3-1]$	2915.26
价差预备费合计			8062.58

解决工作任务2：融资借款65%，融资利率4.9%，计算项目一建设期融资利息。

第一步：按表7.4-3所示分年度投资表计算各年度投资，见表7.5-2。

表 7.5-2　　各 年 度 投 资 额　　单位：万元

施工年度	当年静态投资	价差预备费	年度投资额
第 1 年	21995.40	1759.63	23755.03
第 2 年	20358.67	3387.68	23746.35
第 3 年	11224.99	2915.26	14140.25

第二步：相关参数代入建设期融资利息计算公式［式（7.5-2）］，计算得项目一建设期融资利息，见表 7.5-3。

表 7.5-3　　建 设 期 融 资 利 息　　单位：万元

施工年度	年度投资	融资额	计 算 公 式	年度利息
	A	$B=A\times65\%$		
第 1 年	23755.03	15440.77	1/2×15440.77×4.9%	378.30
第 2 年	23746.35	15435.13	［（15440.77＋378.30）＋1/2×15435.13］×4.9%	1153.30
第 3 年	14140.25	9191.16	［（15440.77＋378.30＋15435.13＋1153.30）＋1/2×9191.16］×4.9%	1813.15
贷款利息合计				3344.75

任务 7.6　概　算　表　格

【工作任务】

通过青山造价软件导出项目一概算表格，并整理成册。

【知识专项】

水利建筑工程概算表格详见《水利工程设计概（估）算编制规定》。

7.6.1　工程概算总表

工程概算总表由工程部分的总概算表与建设征地移民补偿、环境保护工程、水土保持工程的总概算表汇总并计算而成。

7.6.2　工程部分概算表

工程部分概算表包括工程部分总概算表、建筑工程概算表、设备及安装工程概算表、分年度投资表、资金流量表。

7.6.3　其他说明

编制概算小数点后位数取定方法：

基础单价、工程单价单位为“元”，计算结果精确到小数点后两位。

一至五部分概算表、分年度概算表及总概算表单位为“万元”，计算结果精确到小数点后两位。

计量单位为“m^3”“m^2”“m”的工程量精确到整数位。

【解决工作任务】

项目一所述某水利枢纽工程设计概算表格，扫码可查看。

7.3 项目一概算表格

任务7.7 建设征地移民补偿总概（估）算编制

【工作任务】

列出项目二所述某中小河流河道治理工程建设征地移民补偿设计概算的主要编制依据：

1. 行业标准及有关部委的其他有关规定。

2. 江西省颁布的有关征地移民补偿的规定。

【知识专项】

7.7.1 编制依据

水利工程建设征地移民补偿概（估）算编制，按《水利工程设计概（估）算编制规定（建设征地移民补偿）》的规定进行编制。

(1) 国家有关法律法规主要包括：《中华人民共和国水法》《中华人民共和国土地管理法》《中华人民共和国森林法》《中华人民共和国草原法》《中华人民共和国文物保护法》和《大中型水利水电工程建设征地补偿和移民安置条例》等。

(2) 各省、自治区、直辖市 颁布的中华人民共和国土地管理法实施办法等有关规定。

(3)《水利水电工程建设征地移民安置规划设计规范》(SL 290—2009)。

(4) 行业标准及有关部委的其他有关规定。

(5) 有关征地移民实物调查和移民安置规划等设计成果。

(6) 有关协议和承诺文件。

7.7.2 项目组成

征地移民补偿投资概算包括：农村部分、城（集）镇部分、工业企业、专业项目、国有农（林、牧、渔）场；防护工程、库底清理、其他费用，以及预备费和有关税费。根据具体工程情况分别设置一级、二级、三级、四级和五级项目。

(1) 农村部分。农村部分包括征地补偿补助，房屋及附属建筑物补偿，居民点新址征地及基础设施建设，农副业设施补偿，小型水利水电设施补偿，农村工商企业补偿，文化、教育、医疗卫生等单位迁建补偿，搬迁补助，其他补偿补助，过渡期生活补助等。

(2) 城（集）镇部分。城（集）镇部分均应包括房屋及附属建筑物补偿、新址征地及基础设施建设、搬迁补助、工商企业补偿、机关事业单位迁建补偿、其他补偿补助等。

(3) 工业企业。工业企业迁建补偿包括用地补偿和场地平整、房屋及附属建筑物补偿、基础设施和生产设施补偿、设备搬迁补偿、搬迁补助、停产损失、零星林（果）木补偿等。

(4) 专业项目。专业项目恢复改建补偿包括铁路工程、公路工程、库周交通工程、航运工程、输变电工程、电信工程、广播电视工程、水利水电工程、国有农（林、牧、渔）场、文物古迹和其他项目等。

(5) 防护工程。防护工程包括建筑工程、机电设备及安装工程、金属结构设备及安装工程、临时工程、独立费用和基本预备费。

(6) 库底清理。库底清理包括建（构）筑物清理、林木清理、易漂浮物清理、卫生清理、固体废物清理等。

(7) 其他费用。其他费用包括前期工作费、综合勘测设计科研费、实施管理费、实施机构开办费、技术培训费、监督评估费等。

(8) 预备费。预备费包括基本预备费和价差预备费。

(9) 有关税费。有关税费包括与征地有关的国家规定的税费，如耕地占用税、耕地开垦费、森林植被恢复费和草原植被恢复费等。

7.7.3 征地移民补偿投资概（估）算表

概算表包括概算总表、概算分项汇总表、分项概算表和分年度投资计划表等。

概算总表分别列出各部分投资、总投资等。表格格式见表7.7-1。

表7.7-1 征地移民补偿投资概算总表

序号	项目	投资/万元	比重/%	备注
一	农村移民安置补偿费			
二	城（集）镇迁建补偿费			
三	工业企业迁建补偿费			
四	专业项目恢复改建补偿费			
五	防护工程费			
六	库底清理费			
	一至六项小计			
七	其他费用			
八	预备费			
	其中：基本预备费			
	价差预备费			
九	有关税费			
十	总投资			

【解决工作任务】

项目二所述某中小河流河道治理工程建设征地移民补偿设计概算主要编制依据如下。

1. 永久征地

根据《江西省人民政府关于调整全省新征地统一年产值标准和区片综合地价的通知》（赣府字〔2015〕81号）确定的项目区水田综合年产值标准，本镇统一年产值标准为2100元/亩，补偿倍数17.5倍，征地补偿标准为36750元/亩。

(1) 水田：针对本工程施工特点，本工程永久征收水田补偿补助费再加一季青苗补偿费，一季水田的青苗补偿费取水田年产值的0.5倍为1050元/亩，因此，征收水田补偿补助费合计为37800元/亩。

（2）旱地：永久征收旱地的补偿及安置费不低于征收水田补偿及安置补助费的0.67倍，本工程取修正系数为0.67。旱地补偿及安置补助费计算与水田补偿及安置补助费计算方法相同，并考虑一季青苗补偿费，一季旱地的青苗补偿费取水田年亩产值的0.335倍为703.5元/亩，征收旱地补偿补助费为25326.0元/亩。

（3）灌木林地：其补偿及安置费取水田补偿及安置费的0.35倍，林木附着物补偿1800元/亩。征收林地补偿补助费为14662.5元/亩。

（4）村庄用地：其补偿及安置费取水田补偿及安置费的0.67倍，村庄用地为24622.5元/亩。

2. 临时用地

根据施工组织设计，本工程施工总工期为12个月。

（1）水田：占用取水田年产值的1倍为2100元/亩，复垦费取9000元/亩，恢复期补助按1800元/亩，征地补偿费按1.5年计算，为13950元/亩。

（2）旱地：年产值取水田年产值的0.67倍为1407元/亩，复垦费为4500元/亩，恢复期补助按1280元/亩，征地补偿费按1.5年计算，为7890.5元/亩。

（3）灌木林地：年产值取水田年产值的0.35倍为735元/亩，林木补偿费为可取1800元/亩，征地补偿费按1.0年计算。为2535元/亩。

3. 房屋及附属建筑物迁建费执行市政府有关文件规定

略。

4. 其他费用费率

（1）前期工作费：

$$前期工作费=[农村部分+专业项目]\times 2.5\%$$

（2）综合勘测设计科研费：

$$综合勘测设计科研费=农村部分\times 4\%+专业项目\times 1\%$$

（3）实施管理费：实施管理费包括地方政府实施管理费和建设单位实施管理费。

$$地方政府实施管理费=农村部分\times 4\%+专业项目\times 2\%$$

$$建设单位实施管理费=[农村部分+专业项目]\times 1.2\%$$

（4）技术培训费（农村投资部分）：按农村部分的0.5%计列。

（5）监督评估费：

$$监督评估费=农村部分\times 2\%+专业项目\times 1\%$$

（6）实施机构开办费：按农村、城镇以及防护工程中的征地移民直接投资的2%计。

5. 预备费

基本预备费：

$$初设阶段基本预备费=[农村部分+其他费用]\times 5\%$$

6. 有关规费

（1）耕地占用税：根据《江西省耕地占用税实施办法》江西省人民政府令第239号所附的《各县（市、区）耕地占用税平均税额表》规定，工程项目区涉及的耕地占用税为 22.5 元/m^2，折合 15000 元/亩。

其他农用地占用税：其他农用地占用税按照耕地的 70%计列，其他农用地包括林地、农田水利设施用地、养殖水面等。

（2）耕地开垦费：根据《关于加大用地政策支持力度促进大中型水利水电工程建设的意见》（国土资规〔2016〕1 号）和《江西省实施〈中华人民共和国土地管理法〉的办法》（2010 年修正）第十五条（二）款"经批准占用基本农田以外耕地的，按被占用耕地前 3 年平均年产值的 8 至 10 倍缴纳"的规定，耕地开垦费按耕地年亩产值的 8 倍计列。

（3）森林植被恢复费：根据《江西省财政厅 江西省林业厅关于调整森林植被恢复费征收标准引导节约集约利用林地的通知》（赣财非税〔2016〕3 号）中"（一）郁闭度 0.2 以上的乔木林地（含采伐迹地、火烧迹地）、竹林地、苗圃地，每平方米 10 元；灌木林地、疏林地、未成林造林地，每平方米 6 元；宜林地，每平方米 3 元""（二）国家和省级公益林林地，按照第（一）款规定征收标准的 2 倍征收"，本工程征收灌木林地的森林植被恢复费取 6 元/m^2。

（4）基本养老保险资金：根据《关于调整全省征地统一年产值标准和区片综合地价的通知》（赣府字〔2015〕81 号）文件规定："在组织用地报批时，以征地土地面积计算，按每亩不低于 6000 元的标准提取被征地农民基本养老保险缴费补贴资金"，本工程按照农用地面积计列基本养老保险资金。

任务 7.8 环境保护工程总概（估）算编制

【工作任务】

简述项目一所述某水利枢纽工程的环境保护工程设计概算的主要编制原则。

【知识专项】

7.8.1 编制依据

环境保护工程总概（估）算按《水利水电工程环境保护设计概估算编制规程》（SL 359—2006）的规定进行编制。其主要依据如下：

（1）国家及行业主管部门和省、自治区、直辖市主管部门颁发的有关法律法规制度、规程、规定、办法和标准。

（2）《水利水电工程环境保护设计概估算编制规程》（SL 359—2006）。

（3）水利水电工程及开发建设项目水土保持方案概（估）算编制规定和定额、施工机械台时费定额，有关行业主管部门颁发的定额。

（4）初步设计阶段环境保护设计文件及图纸。

（5）有关合同协议及资金筹措方案。

（6）其他。

7.8.2 项目组成

环境保护工程概（估）算由环境保护措施、环境监测措施、环境保护仪器设备及安装、环境保护临时措施、环境保护独立费用五部分，以及环境保护预备费和建设期融资利息组成。

（1）环境保护措施。环境保护措施是指防止、减免或减缓工程对环境不利影响和满足工程环境功能要求而兴建的环境保护措施，包括水环境（水质、水温）保护、土壤环境保护、陆生植物保护、陆生动物保护、水生生物保护、景观保护及绿化、人群健康保护、生态需水以及其他等。估算按类似工程的项目估列，概算按具体的工程措施项目，进行单价分析计算。

（2）环境监测措施。施工期环境监测措施包括水质监测、大气监测、噪声监测、卫生防疫监测、生态监测等。运行期环境监测措施包括监测站（点）等环境监测设施，不包括环境监测费用。概算按站房的面积，单位平方米的造价计算，监测点按每点每次所需花费的费用计算。

（3）环境保护仪器设备及安装。环境保护仪器设备及安装是指为了保护环境和开展监测工作所需的仪器设备及其安装，包括环境保护设备和环境监测仪器设备。环境保护设备包括污水处理、噪声防治、粉尘防治、垃圾收集处理及卫生防疫等设备；环境监测仪器包括水环境监测、大气监测、噪声监测、卫生防疫监测、生态监测等仪器设备。概（估）算按不同设备数量每台套所需的费用计算。

（4）环境保护临时措施。环境保护临时措施是指工程施工过程中为保护施工区及其周围环境和人群健康所采取的临时措施，如废（污）水处理、噪声防治、固体废物处置、环境空气质量控制、人群健康保护等临时措施。概（估）算按具体措施项目，进行单价分析计算。

（5）环境保护独立费用。环境保护独立费用包括建设管理费、环境监理费、科研勘测设计咨询费和工程质量监督费等。

7.8.3 环境保护工程投资概（估）算表

环境保护工程投资概（估）算表见表7.8-1。

表7.8-1　环境保护工程投资概（估）算表

工程和费用名称	建筑工程措施费	植物工程措施费	仪器设备及安装费	非工程措施费	独立费用	合计	所占比例/%
第一部分 环境保护措施							
×××（一级项目）							
第二部分 环境监测措施							
×××（一级项目）							
第三部分 环境保护仪器设备及安装							
×××（一级项目）							
第四部分 环境保护临时措施							
×××（一级项目）							
第五部分 环境保护独立费用							
×××（一级项目）							

续表

工程和费用名称	建筑工程措施费	植物工程措施费	仪器设备及安装费	非工程措施费	独立费用	合计	所占比例/%
一至五部分合计							
基本预备费							
价差预备费							
建设期融资利息							
静态总投资							
环境保护总投资							

【解决工作任务】

本水利枢纽工程环境保护工程设计概算的主要编制原则如下。

1.“谁污染，谁负责，谁开发，谁保护”的原则

对于既保护环境又为主体工程服务，以及为减轻或消除因工程兴建而对环境造成的不利影响，采取的环境保护措施、环境监测和环境管理等所需的投资，在主体工程中未列其投资的，列入工程环境保护专项投资中。

2.“突出重点”的原则

对受工程建设影响较大、公众关注、保护级别较高的环境敏感问题，应进行重点保护，所需保护经费应给予保证。

3.“功能恢复”的原则

因工程兴建对环境造成的不利影响，以恢复其原有功能进行投资概算；凡结合迁、改建提高标准或扩大规模所需增加的投资，由受益者自己承担。

4.“一次性补偿”原则

对工程所造成的难以恢复、改建的环境影响对象和生态与环境损失，可采取替代补偿和生态恢复措施，或按有关补偿标准给予一次性合理补偿。

主体工程本身具有环境保护功能措施的费用，应列入主体工程投资，本概算不再重复计列。

5. 其他

以现有环境影响评价、环境保护措施设计为基础，根据已颁发的《水利水电工程环境保护概估算编制规程》确定项目划分。

基础单价与主体工程单价保持一致。

任务 7.9 水土保持工程总概（估）算编制

【工作任务】

简述项目一所述某水利枢纽工程水土保持工程设计概算的编制原则、依据和方法。

【知识专项】

7.9.1 编制依据

水土保持概（估）算编制依据有单独的编制办法和配套定额，见《关于颁发〈水土保持工程概（估）算编制规定和定额〉的通知》（水总〔2003〕67号），包括《水土保持工程概算定额》《开发建设项目水土保持工程概（估）算编制规定》《水土保持生态建设工程概（估）算编制规定》。

7.9.2 项目组成

1. 开发建设项目水土保持工程

开发建设项目水土保持工程由工程措施、植物措施、施工临时工程和独立费用组成。

（1）工程措施。工程措施是指为减轻或避免因开发建设造成植被破坏和水土流失而兴建的永久性水土保持工程。通常包括拦渣工程、护坡工程、土地整治工程、防洪工程、机械固沙工程、泥石流防治工程、设备及安装工程等。

（2）植物措施。植物措施是指为防治水土流失而采取的植物防护工程、植物恢复工程及绿化美化工程等。

（3）施工临时工程。施工临时工程包括临时防护工程和其他临时工程。

1）临时防护工程是指为防止施工期水土流失而采取的各项临时防护措施。

2）其他临时工程是指施工期的临时仓库、生活用房、架设输电线路、施工道路等。

（4）独立费用。独立费用包括建设管理费、工程建设监理费、科研勘测设计费、水土流失监测费和工程质量监督费。

2. 水土保持生态建设工程

水土保持生态建设工程由工程措施、林草措施、封育治理措施和独立费用组成。

（1）工程措施。工程措施包括梯田工程，谷坊、水害、蓄水池工程，小型蓄排、引水工程，治沟骨干工程，机械固沙工程，设备及安装工程，其他工程共7项。

（2）林草措施。林草措施包括水土保持造林工程、水土保持种草工程、苗圃共3项。

（3）封育治理措施。封育治理措施包括拦护设施、补植补种共2项。

（4）独立费用。独立费用包括建设管理费、工程建设监理费、科研勘测设计费、征地及淹没补偿费、水土流失监测费、工程质量监督费共6项。

7.9.3 水土保持工程投资概（估）算表

水土保持生态建设工程总概（估）算表见表7.9-1。

表7.9-1 水土保持生态建设工程总概（估）算表

工程和费用名称	建筑工程措施费	植物工程措施费	仪器设备及安装费	非工程措施费	独立费用	合计	所占比例/%
第一部分 环境保护措施							

续表

工程和费用名称	建筑工程措施费	植物工程措施费	仪器设备及安装费	非工程措施费	独立费用	合计	所占比例/%
×××（一级项目）							
第二部分 环境监测措施							
×××（一级项目）							
第三部分 环境保护仪器设备及安装							
×××（一级项目）							
第四部分 环境保护临时措施							
×××（一级项目）							
第五部分 环境保护独立费用							
×××（一级项目）							
一至五部分合计							
基本预备费							
价差预备费							
建设期融资利息							
静态总投资							
环境保护总投资							

【解决工作任务】

项目一所述某水利枢纽工程水土保持工程设计概算的编制原则、依据和方法：

1. 编制原则、依据

（1）水土保持工程设计概算编制的价格编制水平年与主体工程相一致。

（2）《开发建设项目水土保持概（估）算编制规定》（水总〔2003〕67 号）。

（3）《水土保持工程概算定额》（水总〔2003〕67 号）。

（4）《工程勘察设计收费管理规定》（原国家发展计划委员会、原建设部）（计价格〔2002〕10 号）。

（5）《建设工程监理与相关服务收费管理规定》（发改价格〔2007〕670 号）。

（6）《江西省水土保持设施补偿费、水土流失防治费的收费标准和使用管理办法》（江西省物价局赣价费字〔1995〕37 号、江西省财政厅赣财综字〔1995〕69 号、江西省水利厅赣水水保字〔1995〕008 号）。

（7）水土保持工程设计报告及其图纸。

2. 编制方法

（1）项目划分：本工程水土保持工程划分为工程措施、植物措施、临时措施、独立费用四部分。

（2）工程措施费按设计工程量乘以工程单价进行编制。

（3）植物措施费由种苗、草、种子等材料费及种植费组成，其中植物措施材料费按种苗、草、种子的预算价格乘以数量进行编制。

（4）施工临时措施包括临时防护工程和其他临时工程两部分，其中临时防护工程费按设计工程量乘以单价进行编制，其他临时工程按工程措施费、植物措施费的比例计算。

（5）独立费用由建设管理费、工程建设监理费、科研勘察设计费、水土保持监测费和水土保持设施竣工验收技术评估报告编制费组成。

任务7.10　工　料　分　析

【工作任务】

试分析项目二所述某中小河流河道治理工程第一部分建筑工程水泥用量。

【知识专项】

7.10.1　工料分析认知

工料分析就是对工程建设项目所需的人工及主要材料数量进行分析计算，进而统计出单位工程及分部分项工程所需的人工数量和主要材料用量。主要材料一般包括钢筋、钢材、木材、水泥、汽油、柴油、炸药、粉煤灰、沥青等。主要材料的品种应根据工程的具体特点进行取舍。进行工料分析的主要目的是为施工企业调配劳动力、备料及组织材料供应、合理安排施工及进行工程成本核算提供依据。工料分析是工程概算的一项基本内容，也是施工组织设计中安排施工进度不可缺少的重要工作。

7.10.2　工料分析计算

工料分析计算就是按照概算项目内容中所列的工程数量乘以相应单价中所需的定额人工数量及定额材料用量，计算出每一工程项目所需的工时、材料用量，然后按照概算编制步骤逐级向上合并汇总。工时、材料计算表见表7.10－1。

表7.10－1　　工时、材料计算表

<table>
<tr><th rowspan="2">序号</th><th rowspan="2">单价编号</th><th rowspan="2">工程项目名称</th><th rowspan="2">单位</th><th rowspan="2">工程量</th><th colspan="2">工时/个</th><th colspan="3">汽油/kg</th><th colspan="3">柴油/kg</th><th colspan="2">水泥/kg</th><th colspan="2">木材/m³</th><th colspan="2">钢筋/t</th></tr>
<tr><th>定额用工</th><th>合计</th><th>定额台时用量</th><th>台时用油</th><th>合计</th><th>定额台时用量</th><th>台时用油</th><th>合计</th><th>定额用量</th><th>合计</th><th>定额用量</th><th>合计</th><th>定额用量</th><th>合计</th></tr>
<tr><td></td><td></td><td></td><td></td><td></td><td></td><td></td><td></td><td></td><td></td><td></td><td></td><td></td><td></td><td></td><td></td><td></td><td></td><td></td></tr>
</table>

计算步骤及填写说明如下：

（1）填写工程项目名称及工程量。按照概算项目分级顺序逐项填写表格中的工程项目名称及工程量，对应填写所采用的单价编号。工程项目名称的填写范围为枢纽工程（主体建筑物）和施工导流工程。

（2）填写单位定额用工、材料用量。按照各工程项目对应的单价编号，查找该单价所需的单位定额用工数量及单位定额材料用量、单位定额机械台时用量，逐项填写。对于汽油、柴油用量计算，除填写单位定额机械台时用量外，还要填写不同施工机械的台时用油数量（查施工机械台时费定额）。计算单位定额用工数量时注意，要考虑施工机械的用工数量不能漏算。

（3）计算工时及材料数量。表 7.10－1 中的定额用量是指单位定额用量，工时用量及水泥、钢筋、木材、炸药等材料用量，按照单位定额工时、材料用量分别乘以本项工程数量求得；汽油、柴油材料用量，按照单位定额台时用量乘以台时耗油量，再乘以本项工程数量求得。

（4）按照上述计算方法逐项计算，然后再逐项向上合并汇总，即得所需计算的工时材料用量。

（5）按照概算表格要求填写主体工程工时数量汇总表及主体工程主要材料用量汇总表。

【解决工作任务】

查表 9.0－1 得知：项目二所述某中小河流河道治理工程第一部分建筑工程中只有 C15 混凝土固脚含有水泥，工程量为 $3000m^3$，查 C15 混凝土固脚单价分析表可知：每 $100m^3$ C15 混凝土固脚含有水泥 29337.90kg，则第一部分建筑工程中水泥用量为：30×29337.90＝880137(kg)。

任务8 工程投资估算编制

【知识目标】

1. 掌握工程投资估算的编制依据、方法、步骤。

2. 熟悉编制工程投资估算的相关文件、编规。

【岗位技能目标】

1. 能根据可行性研究报告及可研图纸编制工程投资估算。

2. 人能根据行业最新文件及时调整工程投资估算。

【素养目标】

造价工程师维护的是国家和社会的公共利益，并且他们的工作直接涉及业主和承包商的经济利益，所以造价工程师必须具备良好的职业道德和品行。中国建设工程造价管理协会制订和颁布了《造价工程师职业道德行为准则》，作为造价工程师共同遵守的行为准则。

【工作任务】

编制项目一所述某水利枢纽工程（图8.0-1）的工程投资估算。

图8.0-1 某水利枢纽工程

【知识专项】

8.0.1 投资估算编制方法

投资估算是项目建议书和可行性研究报告的重要组成部分。

1. 编制方法及计算标准

(1) 基础单价。基础单价编制与设计概算相同。

(2) 建筑安装工程单价。建筑安装工程单价编制与设计概算相同，一般采用概算定额，但考虑投资估算工作深度和精度，应乘以扩大系数。建筑安装工程单价扩大系数见表 8.0-1。

2. 分部工程估算编制

(1) 建筑工程。主体建筑工程、交通工程、房屋建筑工程投资估算编制方法与设计概算基本相同。其他建筑工程可视工程具体情况和规模按主体建筑工程投资的3%～5%计算。

表 8.0-1 建筑安装工程单价扩大系数表

序号	工程类别	单价扩大系数/%
一	建筑工程	
1	土方工程	10
2	石方工程	10
3	砂石备料工程（自采）	0
4	模板工程	5
5	混凝土浇筑工程	10
6	钢筋制作安装工程	5
7	钻孔灌浆及锚固工程	10
8	疏浚工程	10
9	掘进机施工隧洞工程	10
10	其他工程	10
二	机电、金属结构设备及安装工程	
1	水力机械设备、通信设备、起重设备及闸门等设备安装工程	10
2	电气设备、变电站设备安装工程及钢管制作安装工程	10

(2) 机电设备及安装工程。主要机电设备及安装工程投资估算编制方法基本与设计概算相同。其他机电设备及安装工程原则上根据工程项目计算投资，若设计深度不满足要求，可根据装机规模按占主要机电设备费的百分率或单位千瓦指标计算。

(3) 金属结构设备及安装工程。投资估算编制方法基本与设计概算相同。

(4) 施工临时工程。投资估算编制方法及计算标准与设计概算相同。

(5) 独立费用。投资估算编制方法及计算标准与设计概算相同。

3. 分年度投资及资金流量

投资估算由于工作深度仅计算分年度投资而不计算资金流量。

8.1 项目一投资估算

4. 预备费、建设期融资利息、静态总投资、总投资

可行性研究投资估算基本预备费率取10%～12%，项目建议书阶段基本预备费费率取15%～18%。价差预备费费率同设计概算。

8.0.2 投资估算表格及其他

参照概算格式。

【解决工作任务】

项目一所述某水利枢纽工程投资估算采用青山软件编制，成果扫码查看。

任务9 施工图预算编制

【知识目标】

1. 熟悉施工图预算的编制依据、作用与步骤。

2. 掌握施工图预算的编制方法。

【岗位技能目标】

1. 能根据工程项目施工图纸编制施工图预算。

2. 能根据施工图纸情况复核初步设计报告中的料场、弃渣场的工地实际情况并及时作出调整。

【素养目标】

党的二十大报告指出，中国式现代化是人与自然和谐共生的现代化。人与自然是生命共同体，无止境地向自然索取甚至破坏自然必然会遭到大自然的报复。

【讨论与分析】

1. 施工图预算是计划行为还是市场行为？其编制依据是什么？

2. 施工图预算编制的步骤有哪些？

【工作任务】

项目二所述某中小河流河道治理工程，建设内容包括：河道清淤疏浚15km、岸坡整治工程10km。采用江西省九江市最新材料信息价编制本项目施工图预算。

施工图典型剖面图如图9.0-1所示。

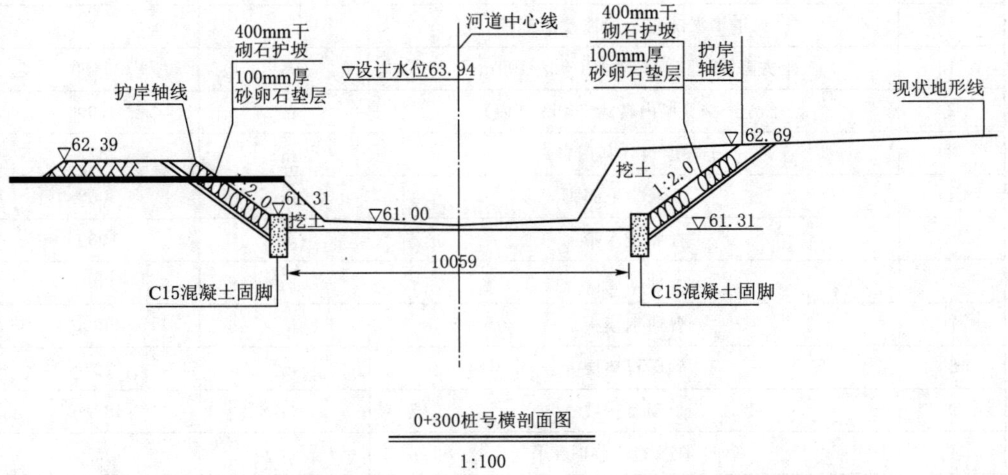

图9.0-1 河道治理横剖面图（部分截图）（高程单位：m，其他单位：mm）

项目二主体工程施工方法：

1. 土方开挖

主要为清基开挖、削坡开挖和齿槽开挖。清基、削坡采用 $2m^3$ 反铲挖掘机开挖，少量人工辅助，清基料由10t自卸汽车运输弃渣，平均运距为10km。

2. 堤身填筑

堤身填土用量不多，利用削坡料。自卸汽车运土至填土工作面，人工配合推土机摊铺平料，采用小型设备夯实。

3. 现浇混凝土

混凝土骨料外购进场，现场采用移动式 $0.4m^3$ 搅拌机就近拌制混凝土，1t机械翻斗车运送混凝土（平均运距为0.5km）入仓，用振捣器捣实。入仓浇筑前，必须将仓内杂物和积水清除干净，并按设计要求进行浇筑，浇筑完成后及时养护。混凝土的振捣时间以混凝土不再显著下沉、不出现气泡，并开始起浆为准。已浇筑好的混凝土，其抗压强度未达到规定要求，不得进行下一步工作。

4. 干砌石、砂砾石垫层

块石料外购进场，现场人工抬运块石至工作面，人工砌筑。砌石所用块石的材质、块径、厚度应满足有关技术要求，砌石时应尽量利用块石自然形态相互咬合，砌体层间应错缝搭接，砌筑要密实，表面应平整。

砂石料外购进场，人工摊铺，材质、粒径、厚度等均应满足有关技术要求。

5. 模板

外购标准钢模，载重汽车运输进场，人工安装拆除。

依据施工图纸计算工程数量见表9.0-1。

表9.0-1　施工图预算工程量

序号	工程或费用名称	单位	工程数量
	第一部分 建筑工程		
一	河道清淤疏浚、岸坡整治工程		
1	土方开挖（清淤疏浚）（弃渣10km）	m^3	35600
2	土方开挖（场内转运500m以内）	m^3	8700
3	土方填筑（利用料）	m^3	2372
4	C15混凝土固脚	m^3	3000
5	橡胶止水带	m	1000
6	伸缩缝	m^2	300
7	普通钢模板	m^2	20000
8	砂砾石垫层	m^3	12050
9	干砌石护坡	m^3	48200
	第四部分 施工临时工程		
一	导流工程		
(一)	围堰工程		

续表

序号	工程或费用名称	单位	工程数量
1	袋装土围堰填筑及拆除	m^3	5000
2	袋装土围堰运渣（运10km）	m^3	5000
二	施工交通工程		
1	临时道路	km	1
三	施工房屋建筑工程		
1	施工仓库	m^2	200

【知识专项】

9.0.1 施工图预算概述

施工图预算是以施工图设计文件为依据，在工程施工前对工程项目的投资进行预测与计算。施工图预算的成果文件称为施工图预算书，简称“施工图预算”。

施工图预算是工程招标投标前或招标投标时，基于施工图纸，按照预算定额、取费标准、各类工程计价信息等计算得到的计划或预期价格。投资估算、设计概算、施工图预算均是建设项目决策和设计阶段对工程造价的预测，均属于计划行为，采用定额计价。施工图预算与设计概算编制方法大体相同，不同的是依据的图纸与定额不同。

施工图预算是设计阶段控制工程造价的重要环节，是控制施工图设计不突破设计概算的重要措施。施工图预算可以作为确定合同价款、拨付工程进度款及办理工程结算的基础，是建筑施工企业投标报价的基础。

对于工程造价管理部门而言，施工图预算是编制工程造价指标指数、构建建设数据库的数据资源，也是合理确定工程造价、审定工程最高投标限价的依据。

9.0.2 施工图预算的编制依据

（1）国家、行业和地方有关规定。

（2）预算定额。

（3）施工图设计文件及相关标准图集和规范。

（4）项目相关文件、合同、协议等。

（5）工程所在地的人工、材料、设备、施工机具单价、工程造价指标指数等。

（6）施工组织设计和施工方案。

（7）项目的管理模式、发包模式及施工条件。

（8）其他应提供的资料。

9.0.3 施工图预算的编制原则

（1）施工图预算的编制应保证编制依据的适用性和时效性。

（2）完整、准确地反映设计内容的原则。编制施工图预算时，要认真了解设计意图，根据设计文件、图纸准确计算工程量，避免重复和漏算。

（3）坚持结合拟建工程的实际，反映工程所在地当时价格水平的原则。编制施工图预算时，要实事求是的对工程所在地的建设条件、可能影响造价的各种因素进行认真调查研究。按照现行工程造价的构成，考虑建设期的价格变化因素，使施工图预算尽可能地反映设计内容、实际施工条件和实际价格。

9.0.4 施工图预算的编制程序

首先应熟悉设计图纸及预算定额，对施工单位的人力、材料、施工机械及施工技术等有大致的了解；清楚工程的现场情况、方法；了解施工定额的内容、所包括的范围。在计算工程量时所采用的计量单位要与定额的计量单位相适应。具备施工预算所需的资料，熟悉基础资料和预算定额内容后，按照以下步骤编制施工图预算。

1. 计算工程量

工程量的计算是编制施工图预算的基本工作，计算时要认真、细致、准确，不得错算、漏算和重复计算。凡是能够利用施工图预算的工程量，其工程项目、名称和单位一定要与定额一致。仔细核对无误后，再根据定额的内容和要求，按工程项目的划分逐项汇总。

2. 按施工图纸内容进行分项工程计算

套用的预算定额必须与施工图纸的内容相一致。分项工程的名称、规格、计量单位必须与预算定额所列的内容相一致，逐项计算分部分项工程所需的人工、材料、机械台时使用量。

3. 工料分析和汇总

工程量确定后，按照工程的分项名称顺序，套用预算定额的单位人工、材料和机械台时消耗量，逐一计算出各工程项目的人工、材料和机械台时的用工用料量，最后同类项目工料相加汇总，形成一个完整的分部分项工程工料汇总表。

4. 编写编制说明

编制说明的内容包括编制依据、采用的图纸名称及编号、采用的定额、施工组织设计或施工方案、暂估项目的原因和存在的问题及处理方法等。

9.1 项目二施工图预算

【解决工作任务】

项目二所述某中小河流河道治理工程施工图预算采用青山软件编制，成果扫码查看。

任务 10　发承包阶段造价文件编制

【课程导航】

水利工程项目在工程招标设计之前的计价行为，属于计划行为，一般执行概（估）算编制规定，采用定额计价；而在招标设计之后的计价行为，属于市场行为，一般执行水利工程工程量清单计价规范，采用工程量清单计价。

工程量清单的应用过程如图 10.0-1 所示。

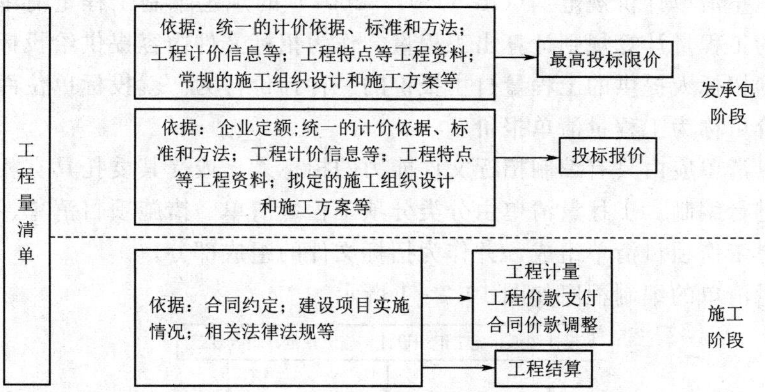

图 10.0-1　工程量清单的应用过程

【知识目标】

1. 掌握招标工程量清单编制方法。
2. 掌握招标控制价编制方法。
3. 掌握投标报价编制方法。

【岗位技能目标】

1. 能根据项目招标文件，编制出切实可行的招标工程量清单。
2. 能根据招标文件及招标工程量清单进行投标报价，并能在整个投标过程中提出合理化建议。

【素养目标】

党的二十大报告指出，中国式现代化的本质要求是：坚持中国共产党领导，坚持中国特色社会主义，实现高质量发展，发展全过程人民民主，丰富人民精神世界，实现全体人民共同富裕，促进人与自然和谐共生，推动构建人类命运共同体，创造人类文明新形态。

任务 10.1　招标工程量清单与最高投标限价编制

【讨论与分析】

措施项目清单包含哪些内容？

【工作任务】

编制项目二所述某中小河流河道治理工程招标工程量清单，以及部分工程单价最高投标限价（控制单价）。

【知识专项】

10.1.1　工程量清单计价的定义

工程量清单是表现招标工程的分类分项工程项目、措施项目和其他项目的名称和相应数量的明细清单。工程量清单计价是指在水利工程招标时，由招标人按《水利工程工程量清单计价规范》（GB 50501—2007）的规定编制工程量清单，并按该规范规定的工程量计算规则计算出工程量，作为招标文件内容提供给投标人，再由投标人根据招标人提供的工程量自主报价的一种计价行为。就投标单位而言，工程量清单计价可称为工程量清单报价。

工程量清单应由具有编制招标文件能力的招标人，或受其委托具有相应资质的中介机构进行编制。工程量清单由分类分项工程量清单、措施项目清单、其他项目清单和零星工作项目清单组成，并作为招标文件的组成部分。

工程量清单的编制程序如图 10.1－1 所示。

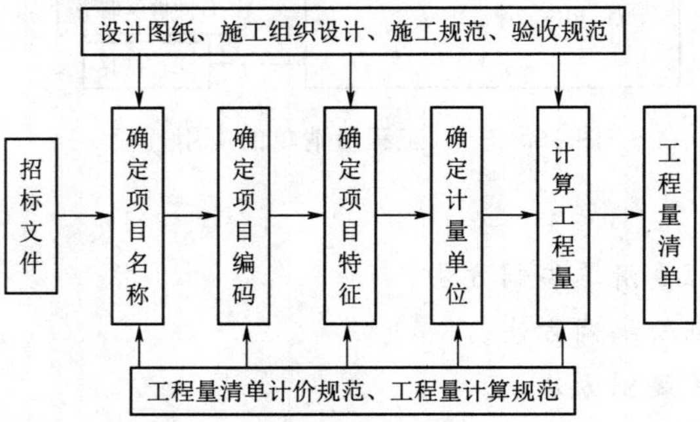

图 10.1－1　工程量清单的编制程序

10.1.2　《水利工程工程量清单计价规范》(GB 50501—2007）概述

10.1.2.1　规范内容

《水利工程工程量清单计价规范》共分为五章和两个附录，包括总则、术语、工程量清单编制、工程量清单计价、工程量清单及其计价格式、附录 A 水利建筑工程工程量清单项目及计算规则、附录 B 水利安装工程工程量清单项目及计算规则和规范用词说明等内容。

10.1.2.2　规范术语

1. 工程量清单

表现招标工程的分类分项工程项目、措施项目、其他项目的名称和相应数量的明细清单。

2. 项目编码

采用十二位阿拉伯数字表示（由左至右计位）。一至九位为统一编码，其中，一、二位为水利工程顺序码，三、四位为专业工程顺序码，五、六位为分类工程顺序码，七、八、九位为分项工程顺序码，十至十二位为清单项目名称顺序码。

工程量清单项目编码含义图如图 10.1－2 所示。

项目编码：	5 0	0 1	0 3	0 0 9	0 0 1
编码位数：	（1、2）	（3、4）	（5、6）	（7～9）	（10～12）
编码含义：	水利工程顺序码	专业工程顺序码	分类工程顺序码	分项工程顺序码	清单项目名称顺序码

图 10.1－2　工程量清单项目编码含义图

3. 工程单价

完成工程量清单中一个质量合格的规定计量单位项目所需的直接费（包括人工费、材料费、机械使用费，以及因季节、夜间、高原、风沙等而增加的直接费）、施工管理费、企业利润和税金，并考虑风险因素。

4. 措施项目

为完成工程项目施工，发生于该工程施工前和施工过程中，招标人不要求列示工程量的施工措施项目。

5. 其他项目

为完成工程项目施工，发生于该工程施工过程中招标人要求计列的费用项目。

6. 零星工作项目（或称“计日工”，下同）

完成招标人提出的零星工作项目所需的人工、材料和机械单价。

7. 预留金（或称“暂定金额”，下同）

招标人为暂定项目和可能发生的合同变更而预留的金额。

8. 企业定额

施工企业根据本企业的施工技术、生产效率和管理水平制定的，供本企业使用的，生产一个质量合格的规定计量单位项目所需的人工、材料和机械台时（班）消耗量。

10.1.2.3　工程量清单编制

1. 一般规定

工程量清单作为招标文件的组成部分，由具有编制招标文件能力的招标人，或受其委托具有相应资质的中介机构进行编制。

工程量清单格式内容由封面、总说明、分类分项工程量清单、措施项目清单、其他项目清单、零星工作项目清单、其他辅助表格（招标人供应材料价格表、招标人提供施工设备表、招标人提供施工设施表）等组成。

2. 总说明填写规定

总说明填写的内容包括：①招标工程概况；②工程招标范围；③招标人供应的

材料、施工设备、施工设施简要说明；④其他需要说明的问题。

3. 分类分项工程量清单填写规定

(1) 项目编码：按《水利工程工程量清单计价规范》(GB 50501—2007) 规定填写，《水利工程工程量清单计价规范》(GB 50501—2007) 附录 A 和附录 B 中项目编码以×××表示的十至十二位由编制人自 001 起顺序编码。

(2) 项目名称：根据招标项目规模和范围，《水利工程工程量清单计价规范》(GB 50501—2007) 附录 A 和附录 B 的项目名称，参照行业有关规定，并结合工程实际情况设置。

(3) 计量单位的选用和工程量的计算：应符合《水利工程工程量清单计价规范》(GB 50501—2007) 附录 A 和附录 B 的规定。

(4) 主要技术条款编码：按照招标文件中相应技术条款的编码填写。

4. 措施项目清单填写规定

按照招标文件确定的措施项目名称填写。凡能列出工程数量的措施项目，均应列入分类分项工程量清单。

5. 其他项目清单填写规定

按照招标文件确定的其他项目名称、金额填写。

6. 零星工作项目清单填写规定

(1) 名称及型号规格：人工按工种，材料按名称和型号规格，机械按名称和型号规格，分别填写。

(2) 计量单位：人工以工日或工时，材料以 t、m^3 等，机械以台时或台班，分别填写。

10.1.2.4 工程量清单计价

实行工程量清单计价招标投标的水利工程，其招标标底、投标报价的编制，合同价款的确定与调整，以及工程价款的结算，均应按《水利工程工程量清单计价规范》(GB 50501—2007) 执行。

工程量清单计价应包括按招标文件规定完成工程量清单所列项目的全部费用，包括分类分项工程费、措施项目费和其他项目费。

分类分项工程量清单计价应采用工程单价计价。分类分项工程量清单的工程单价，应根据《水利工程工程量清单计价规范》(GB 50501—2007) 规定的工程单价组成内容，按照招标设计文件、图纸、《水利工程工程量清单计价规范》(GB 50501—2007) 附录 A 和附录 B 中的"主要工作内容"确定，除另有规定外，对有效工程量以外的超挖、超填工程量，施工附加量，加工、运输损耗量等，所消耗的人工、材料和机械费用，均应摊入相应有效工程量的工程单价之内。

措施项目清单的金额应根据招标文件的要求，以及工程的施工方案，以每一项措施项目为单位，按项计价。其他项目清单由招标人按估算金额确定。零星工作项目清单的单价由投标人确定。

投标报价应根据招标文件中的工程量清单和有关要求，施工现场情况，以及拟定的施工方案，依据企业定额，按市场价格进行编制。

工程量清单的合同结算工程量，除另有约定外，应按《水利工程工程量清单计价规范》(GB 50501—2007）及合同文件约定的有效工程量进行计算。合同履行过程中需要变更工程单价时，按《水利工程工程量清单计价规范》(GB 50501—2007）和合同约定的变更处理程序办理。

10.1.3 最高投标限价编制

《招标投标法实施条例》规定，招标人可以自行决定是否编制标底，一个招标项目只能有一个标底，标底必须保密。同时规定，招标人设有最高投标限价的，应当在招标文件中明确最高投标限价(或者最高投标限价的计算方法)，招标人不得规定最低投标限价。

最高投标限价是指根据国家或省级建设行政主管部门颁发的有关计价依据和办法，依据拟订的招标文件和招标工程量清单，结合工程具体情况发布的招标工程的最高投标限价。根据住房和城乡建设部颁布的《建筑工程施工发包与承包计价管理办法》(住建部令第 16 号）的规定,国有资金投资的建筑工程招标的，应当设有最高投标限价，非国有资金投资的建筑工程招标的，可以设有最高投标限价或者招标标底。

在水利工程招投标实施中，为防止投标单位采用不平衡报价法导致最终结算的总投资无法控制，常常会在工程量清单中列出“控制单价”的最高投标限价，如选取一些可能因工程地质情况不够明朗，导致工程量变化较大的“土石方开挖、填筑”“混凝土回填”等工程单价作为“控制单价”。

【解决工作任务】

分类分项工程量清单

合同编号：

工程名称：某中小河流河道治理工程　　　　第 1 页　共 2 页

序号	项目编码	项目名称	项目主要特征	计量单位	工程数量	主要技术条款编码	备注（控制单价）/元
1		河道清淤疏浚、岸坡整治工程					
1.1	500101003001	土方开挖（清淤疏浚清）（弃渣 10km）	1. 土壤类别：Ⅰ、Ⅱ类土 2. 弃土运距：10km 3. 2m^3 反铲挖掘机 4. 10t 自卸汽车运输	m^3	35600	9.1	32.27
1.2	500101002002	土方开挖（场内转运 500m 以内）	1. 土壤类别：Ⅲ类土 2. 场内转运：0.5km 3. 2m^3 反铲挖掘机 4. 10t 自卸汽车运输	m^3	8700	9.1	11.09

续表

序号	项目编码	项目名称	项目主要特征	计量单位	工程数量	主要技术条款编码	备注（控制单价）/元
1.3	500103001003	土方填筑（利用料）	1. 回填土来源：利用削坡料 2. 摊铺机械：推土机 74kW 3. 压实机械：蛙式打夯机	m^3	2372	9.2	20.74
1.4	500109011004	C15 混凝土固脚	1. 混凝土强度二级配：C15，32.5 水泥，中砂，碎石 2. 拌制：0.4m^3 移动式拌和机 3. 运输：1t 机械翻斗车送混凝土（平均运距 0.5km）	m^3	3000	9.4	
1.5	500109011005	橡胶止水带	材质：橡胶止水	m	1000	9.4	
1.6	500109011006	伸缩缝	1. 材质：沥青木板 2. 每 6 米布置	m^2	300	9.4	
1.8	500110001005	普通钢模板	类型：外购标准钢模	m^2	20000	9.5	
1.9	500105011006	砂砾石垫层	1. 材质：外购砂卵石 2. 厚度：100mm 3. 人工摊铺	m^3	12050	9.6	226.78
1.10	500105001007	干砌石护坡	1. 材质：块石 2. 厚度：400mm 3. 人工摊铺	m^3	48200	9.6	186.39

分类分项工程量清单

合同编号：

工程名称：某中小河流河道治理工程　　　　第 2 页　共 2 页

序号	项目编码	项目名称	项目主要特征	计量单位	工程数量	主要技术条款编码	备注（控制单价）/元
2		导流工程					
2.1		围堰工程					
2.1.1	500103013008	袋装土围堰填筑及拆除	1. 土质：Ⅲ类，利用开挖料 2. 编织袋 3. 人工填筑及拆除	m^3	5000	10.1	65.33

续表

序号	项目编码	项目名称	项目主要特征	计量单位	工程数量	主要技术条款编码	备注（控制单价）/元
2.1.2	500101010009	袋装土围堰运渣（运 10km）	1. $1m^3$ 装载机装渣 2. 10t 自卸汽车运：10km	m^3	5000	10.1	32.27
2.2		施工交通工程					
2.2.1	500114002010	临时道路		km	1	10.2	总价承包
2.3		施工房屋建筑工程					
2.3.1	500114002011	施工仓库		m^2	200	10.3	总价承包
2.3.2	500114002012	办公生活及文化福利建筑		项	1	10.3	
2.4	500114002013	其他施工临时工程		项	1	10.3	

任务 10.2 投标报价编制

【讨论与分析】

投标报价编制前，为什么要勘察工程现场？主要勘察哪些内容？

【工作任务】

编制项目二所述某中小河流河道治理工程投标报价。招标工程量清单及控制单价见任务 10.1，招标文件目录如下（部分）：

【知识专项】

投标报价是投标人响应招标文件要求所报出的，在已标价工程量清单中标明的总价，它是依据招标工程量清单所提供的工程数量，计算综合单价与合价后所形成的。为使投标报价更加合理并具有竞争性，通常投标报价的编制应遵循一定的程序，如图 10.2-1 所示。

10.2.1 投标报价前期工作

1. 研究招标文件

投标人取得招标文件后，为保证工程量清单报价的合理性，应对投标人须知、合同条件、技术规范、图纸和工程量清单等重点内容进行分析，深刻而正确地理解招标文件的要求和招标人的意图。

(1) 投标人须知。投标人须知反映了招标人对投标的要求，特别要注意项目的资金来源、投标书的编制和递交、投标保证金、是否允许递交备选方案、评标方法等，重点在于防止投标被否决。

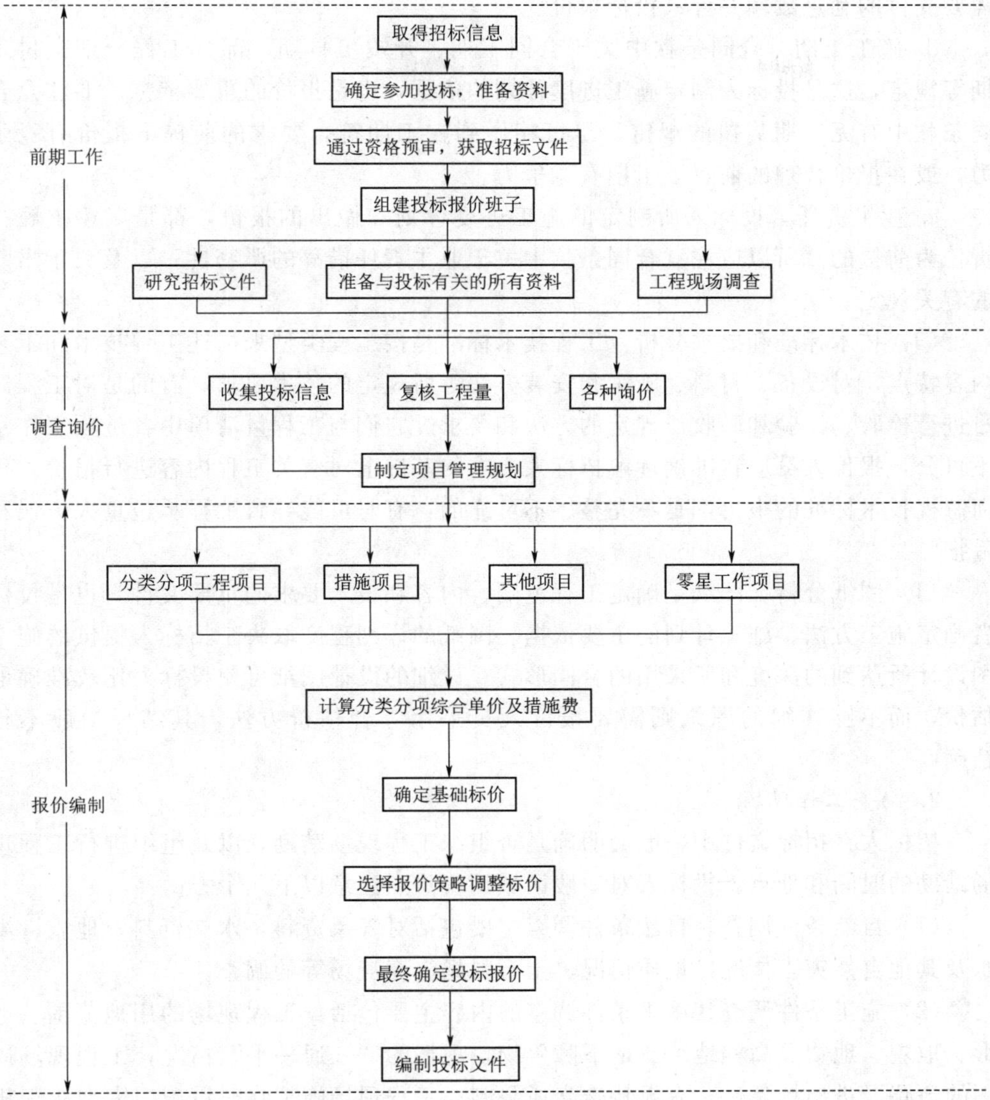

图 10.2-1 投标报价编制流程图

(2) 合同分析。

1) 合同背景分析。投标人有必要了解与拟承包工程有关的合同背景，了解监理方式，了解合同的法律依据，为报价和合同实施及索赔提供依据。

2) 合同形式分析，主要分析承包方式（如分项承包、施工承包、设计与施工总承包等）、计价方式（如单价方式、总价方式、成本加酬金方式等）。

3) 合同条款分析，主要包括：

a. 承包人的任务、工作范围和责任。

b. 工程变更及相应的合同价款调整。

c. 付款方式、时间。应注意合同条款中关于工程预付款、材料预付款的规定。根据这些规定和预计的施工进度计划，计算出占用资金的数额和时间，从而计算出需要支付的利息数额并计入投标报价。

d. 施工工期。合同条款中关于合同工期、开竣工日期、部分工程分期交付工期等规定，这是投标人制定施工进度计划的依据，也是报价的重要依据。要注意合同条款中有无工期奖罚的规定，尽可能做到在工期符合要求的前提下报价有竞争力，或在报价合理的前提下工期有竞争力。

e. 业主责任。投标人所制定的施工进度计划和做出的报价，都是以业主履行责任为前提的。所以应注意合同条款中关于业主责任措辞的严密性，以及关于索赔的有关规定。

（3）技术标准和要求分析。工程技术标准是按工程类型来描述工程技术和工艺内容特点，对设备、材料、施工和安装方法等所规定的技术要求，有的是对工程质量进行检验、试验和验收所规定的方法和要求。它们与工程量清单中各子项工作密不可分，报价人员应在准确理解招标人要求的基础上对有关工程内容进行报价。任何忽视技术标准的报价都是不完整、不可靠的，有时可能导致工程承包重大失误和亏损。

（4）图纸分析。图纸是确定工程范围、内容和技术要求的重要文件，也是投标者确定施工方法、施工计划的主要依据。图纸的详细程度取决于招标人提供的施工图设计所达到的深度和所采用的合同形式。详细的设计图纸可使投标人比较准确地估价，而不够详细的图纸则需要报价人员采用综合估价方法，其结果一般不很精确。

2. 勘查工程现场

招标人在招标文件中一般会明确是否组织工程现场踏勘，以及组织进行工程现场踏勘的时间和地点。投标人对一般区域调查重点注意以下几个方面：

（1）自然条件调查。自然条件调查主要包括对气象资料，水文资料，地震、洪水及其他自然灾害情况，地质情况、土石料场、弃渣场等的调查。

（2）施工条件调查。施工条件调查的内容主要包括：工程现场的用地范围、地形、地貌、地物、高程地上或地下障碍物，现场的“三通一平”情况；工程现场周围的道路、进出场条件、有无特殊交通限制；工程现场施工临时设施、大型施工机具、材料堆放场地安排的可能性、是否需要二次搬运；工程现场邻近建筑物与招标工程的间距、结构形式、基础埋深、新旧程度、高度；市政给水及污水、雨水排放管线位置、高程、管径、压力、废水、污水处理方式，市政、消防供水管道管径、压力、位置等；当地供电方式、方位、距离、电压等；当地煤气供应能力、管线位置、高程等：工程现场通信线路的连接和铺设，当地政府有关部门对施工现场管理的一般要求、特殊要求及规定，是否允许节假日和夜间施工等。

（3）其他条件调查。其他条件的调查主要包括各种构件、半成品及商品混凝土的供应能力和价格，以及现场附近的生活设施、治安环境等情况的调查。

10.2.2 询价与工程量复核

1. 询价

询价是投标报价中的一个重要环节。工程投标活动中，投标人不仅要考虑投标报价能否中标，还应考虑中标后所承担的风险。因此，在报价前必须通过各种渠道，采用各种方式对所需人工、材料、施工机具等要素进行系统的调查，掌握各要素的价格、质量、供付时间、供应数量等数据。这个过程称为询价。询价除需要了解生产要素价格外，还应了解影响价格的各种因素，这样才能够为报价提供可靠的依据。询价时要特别注意两个问题：一是产品质量必须可靠，并满足招标文件的有关规定；二是供货方式、时间、地点，有无附加条件和费用。

（1）询价的渠道。

1）直接与生产厂商联系。

2）了解生产厂商的代理人或从事该项业务的经纪人。

3）了解经营该项产品的销售商。

4）向咨询公司进行询价。通过咨询公司所得到的询价资料比较可靠，但需要支付一定的咨询费用，也可向同行了解。

5）通过互联网查询。

6）自行进行市场调查或信函询价。

（2）生产要素询价。

1）材料询价。材料询价的内容包括调查对比材料价格、供应数量、运输方式、保险和有效期、不同买卖条件下的支付方式等。询价人员在施工方案初步确定后立即发出材料询价单，并催促材料供应商及时报价。收回询价单后，询价人员应将从各种渠道所询得的材料报价及其他有关资料汇总整理。对同种材料从不同经销部门所得到的所有资料进行比较分析，选择合适、可靠的材料供应商的报价，提供给工程报价人员使用。

2）施工机具询价。在外地施工需用的施工机具，有时在当地租赁或采购可能更为有利，因此，事前有必要进行施工机具的询价。必须采购的施工机具，可向供应厂商询价。对于租赁的施工机具，可向专门从事租赁业务的机构询价，并应详细了解其计价方法。例如，各种施工机具每台班的租赁费、最低计费起点、施工机具停滞时租赁费及进出场费的计算，燃料费及机上人员工资是否在台班租赁费之内，如需另行计算，这些费用项目的具体数额为多少等。

3）劳务询价。如果承包人准备在工程所在地招募工人，则劳务询价是必不可少的。劳务询价主要有两种情况：一种是成建制的劳务公司，相当于劳务分包，一般费用较高但素质较可靠，工效较高，承包人的管理工作较轻；另一种是劳务市场招募零散劳动力，这种方式虽然劳务价格低廉，但有时素质达不到要求或工效较低，且承包人的管理工作较繁重。投标人应在对劳务市场充分了解的基础上决定采用哪种方式，并以此为依据进行投标报价。

（3）分包询价。承包人可以确定拟分包的项目范围，将拟分包的专业工程施工图纸和技术说明送交预先选定的分包单位，请他们在约定的时间内报价，以便进行比较选择，最终选择合适的分包人。对分包人询价应注意以下几点：分包标函是否完整，分包工程单价所包含的内容，分包人的工程质量、信誉及可信赖程度，质量保证措施，分包报价等。

2. 复核工程量

工程量清单作为招标文件的组成部分，是招标人提供的。工程量的大小是投标报价最直接的依据。复核工程量的准确程度，将影响承包人的经营行为：一是根据复核后的工程量与招标文件提供的工程量之间的差距，从而考虑相应的投标策略，决定报价裕度；二是根据工程量的大小采取合适的施工方法，选择适用、经济的施工机具设备、投入使用相应的劳动力数量等。复核 工程量应注意以下几方面；

（1）投标人应认真根据招标说明、图纸、地质资料等招标文件资料，计算主要清单工程量，复核工程量清单。其中特别注意，按一定顺序进行，避免漏算或重算；正确划分分部分项工程项目，与《水利工程工程量清单计价规范》保持一致。

（2）复核工程量的目的不是修改工程量清单，即使有误，投标人也不能修改招标工程量清单中的工程量。因为修改了清单，将导致在评标时认为投标文件未响应招标文件而被否决。

（3）针对招标工程量清单中工程量的遗漏或错误，是否向招标人提出修改意见取决于投标策略。投标人可以向招标人提出，由招标人统一修改并把修改情况通知所有投标人；也可以运用一些报价的技巧提高报价的质量，争取在中标后能获得更大的收益。

（4）通过工程量计算复核还能准确地确定订货及采购物资的数量，防止由于超量或少购等带来的浪费、积压或停工待料。在核算完全部招标工程量清单中的细目后，投标人应按大项分类汇总主要工程总量，以便把握整个工程的施工规模，并据此研究采用合适的施工方法，选择适用的施工设备等。

10.2.3 投标报价的编制原则与依据

投标报价是投标人希望达成工程承包交易的期望价格，在不高于最高投标限价的前提下，既保证有合理的利润空间，又使之具有一定的竞争性。作为投标报价计算的必要条件，应预先确定施工方案和施工进度，此外，投标报价计算还必须与采用的合同形式相协调。

1. 投标报价的编制原则

报价是投标的关键性工作，报价是否合理不仅直接关系到投标的成败，还关系到中标后企业的盈亏。投标报价的编制原则如下：

（1）自主报价原则。投标报价由投标人自主确定，但必须执行《水利工程工程量清单计价规范》（GB 50501—2007）的强制性规定。投标报价应由投标人或受其委托的工程造价咨询人编制。

（2）不低于成本原则。《中华人民共和国招标投标法》第四十一条规定：“（二）能够满足招标文件的实质性要求，并且经评审的投标价格最低，但是投标价格低于成本的除外。”《评标委员会和评标方法暂行规定》（七部委第 12 号令）第二十一条规定：“在评标过程中，评标委员会发现投标人的报价明显低于其他投标报价或者在设有标底时明显低于标底的，使得其投标报价可能低于其个别成本的，应当要求该投标人做出书面说明并提供相关证明材料。投标人不能合理说明或者不能提供相关证明材料的，由评标委员会认定该投标人以低于成本报价竞标，其投标应作废标处理”。根据上述法律、规章的规定，特别要求投标人的投标报价不得低于工程成本。

（3）风险分担原则。投标报价要以招标文件中设定的发承包双方责任划分，作为考虑投标报价费用项目和费用计算的基础；发承包双方的责任划分不同，会导致合同风险不同的分摊，从而导致投标人选择不同的报价；根据工程发承包模式考虑投标报价的费用内容和计算深度。

（4）发挥自身优势原则。以施工方案、技术措施等作为投标报价计算的基本条件；反映企业技术和管理水平的企业定额作为计算人工、材料和机具台班消耗量的基本依据；充分利用现场考察、调研成果、市场价格信息和行情资料，编制基础标价。

（5）科学严谨原则。报价计算方法要科学严谨，简明适用。

2. 投标报价的编制依据

水利工程投标报价应根据下列依据编制：

（1）《水利工程工程量清单计价规范》（GB 50501—2007）。

（2）《水利水电工程设计工程量计算规定》（SL 328—2005）。

（3）企业定额或预算定额、行业建设主管部门颁发的计价依据、标准和办法。

（4）招标文件、工程量清单及其补充通知、答疑纪要。

（5）工程设计文件、图纸及相关资料。

（6）施工现场情况、工程特点及投标时拟定的施工组织设计或施工方案。

（7）与项目相关的标准、规范等技术资料。

（8）市场价格信息或工程造价管理机构发布的工程造价信息。

（9）其他相关资料。

10.2.4 投标报价的编制方法和内容

1. 水利工程工程量清单报价表

水利工程工程量清单报价表应由下列内容组成：

（1）封面。

（2）投标总价。

（3）工程项目总价表。

（4）分类分项工程量清单计价表。

（5）措施项目清单计价表。

（6）其他项目清单计价表。

（7）零星工作项目计价表。

（8）工程单价汇总表。

（9）工程单价费（税）率汇总表。

（10）投标人生产电、风、水、砂石基础单价汇总表。

（11）投标人生产混凝土配合比材料费表。

（12）招标人供应材料价格汇总表。

（13）投标人自行采购主要材料预算价格汇总表。

(14) 招标人提供施工机械台时(班)费汇总表。

(15) 投标人自备施工机械台时(班)费汇总表。

(16) 总价项目分类分项工程分解表,表式同分类分项工程量清单计价表。

(17) 工程单价计算表。

2. 工程量清单报价表的编制——确定基础报价

(1) 分类分项工程工程量清单报价。

分类分项工程单价是指完成工程量清单中一个质量合格的规定计量单位项目所需的直接费(包括人工费、材料费、机械使用费和季节、夜间、高原、风沙等原因增加的直接费)、施工管理费、企业利润和税金,并考虑风险因素。

一般情况下投标人应按照招标文件的规定,根据招标项目涵盖的内容,编制人工费单价,主要材料预算价格,电、水、风单价,砂石料单价,块石、料石单价,混凝土配合比材料费,施工机械台时(班)费等基础单价,作为编制分类分项工程单价的依据。

以《水利工程工程量清单计价规范》(GB 50501—2007)附录 A 和附录 B 中规定的工程量计算规则和相关条款说明计算的有效工程量作为工程量清单计价的依据。对于分类分项工程量清单的工程单价,应根据《水利工程工程量清单计价规范》(GB 50501—2007)规定的工程单价组成内容,按招标设计文件、图纸、《水利工程工程量清单计价规范》(GB 50501—2007)附录 A 和附录 B 中的“主要工作内容”确定。

分类分项工程量清单项目的工程单价是有效工程量的单价,除另有规定外,计算工程单价时,要将完成该工程量清单项目的有效工程量所需的全部费用,包括有效工程量以外的超挖、超填工程量,施工附加量,加工、运输损耗量等,所消耗的人工、材料和机械费用,均应摊入相应有效工程量的工程单价之内。无论是采用定额法计价还是实物量法计价,都必须如此。

分类分项工程量清单项目的工程单价计算,可用下式表达:

$$\text{工程单价}=\frac{\sum \text{组价项目工程量}\times(\text{组价项目单位工程量直接费}+\text{施工管理费}+\text{企业利润}+\text{税金})}{\text{清单项目工程量}} \tag{10.2-1}$$

式(10.2-1)中的所谓组价项目,是指完成清单项目过程中消耗资源的工作分项。

如果采用定额法计价,一个清单项目可能包括几个定额项目的工作内容,其中每一个定额项目就是一个组价项目。例如,河道船舶疏浚清单项目,包括挖泥船挖泥、排泥管拆卸安装、开工展布和收工集合 4 个定额项目的工作,同样,其工程单价也包含上述 4 个组价项目。将按定额的消耗量计算出的 4 个组价项目的直接费,按定额的工程量计算规则计算出的 4 个组价项目的施工工程量,以及施工管理费费率、企业利润率和税率,代入式(10.2-1)。计算式(10.2-1)中分子所表示的清单项目的总费用,然后摊销到清单项目的工程量中,得到清单项目的工程单价。这些组价项目的单位都有可能与清单项目的单位不同,如河道船舶疏浚清单项目的单位是"m^3"，而其组价项目中的排泥管拆卸单位是"m"，开工展布和收工集合的单位是"次"。组价项目的工程量也可能与清单项目的工程量不同，如挖泥船挖泥这个组价项目的工程量就比河道船舶疏清单项目的工程量多了超挖量和施工回淤量。

如果采用实物量法计价，清单项目的组价项目可能是几组要消耗的实际资源。如某山坡土方开挖清单项目，根据施工场地条件、工期要求和施工组织设计，需要4组资源：2台挖掘机、20台自卸汽车、1台推土机、3名现场施工人员。这4组资源就是这个清单项目的4个组价项目。根据经验计算需要各种机械的台时数量和人工工时数量，就是各组价项目的工程量，各种机械的台时费和人工工时费就是各组价项目的单位工程量直接费。将这些机械台时费、人工工时费、机械台时数、人工工时数，以及管理费费率、利润率和税率代入式（10.2－1）。计算式（10.2－1）中分子所表示的清单项目的总费用，然后摊销到清单项目的工程量中，得到清单项目的工程单价。

（2）措施项目清单报价。

措施项目清单中所列的措施项目均以每一项为单位，以"项"列示，投标报价时，应根据招标文件的要求，详细分析各措施项目所包含的工程内容和施工难度，编制合理的施工方案，据以确定其价格。

投标人在报价时不得增删招标人提出的措施项目清单项目，投标人若有疑问，必须在招标文件规定的时间内向招标人进行书面澄清。

（3）其他项目清单报价。

其他项目清单是指为保证工程项目施工，在该工程施工过程中难以量化，又可能发生的工程和费用，按招标人要求的计算方法或估算金额计列的费用项目。

（4）零星工作项目清单报价。

零星工作项目清单中的人工、材料、机械台时（班）单价由投标人根据招标文件要求分析确定。其单价的内涵不仅包含基础单价，还有辅助性消耗的费用，如工人所用的工器具使用费、工人需进行的辅助性工作、相应要消耗的零星材料、相配合要消耗的辅助机械等。另外，对零星工作按预计准备的用量可能与将来实际发生的有较大的差异，准备多了有闲置，准备少了要追加，有引起成本增加的风险。所以，相同工种的人工、相同规格的材料和机械，零星工作项目的单价应高于基础单价，但不应违背工作实际和有意过分放大风险程度。

（5）确定综合单价时的注意事项。

1）以项目特征描述为依据。项目特征是确定综合单价的重要依据之一，投标人投标报价时应依据招标文件中清单项目的特征描述确定综合单价。在招标投标过程中，当出现招标工程量清单特征描述与设计图纸不符时，投标人应以招标工程量清单的项目特征描述为准，确定投标报价的综合单价。当施工中施工图纸或设计变更与招标工程量清单项目特征描述不一致时，发承包双方应按实际施工的项目特征，依据合同约定重新确定综合单价。

2）材料、工程设备暂估价的处理。招标文件的其他项目清单中提供了暂估单价的材料和工程设备，其中的材料应按其暂估的单价计入清单项目的综合单价中。

3）考虑合理的风险。招标文件中要求投标人承担的风险费用，投标人应考虑进入综合单价。在施工过程中，当出现的风险内容及其范围（幅度）在招标文件规定的范围（幅度）内时，综合单价不得变动，合同价款不做调整。根据国际惯例并结合我国工程建设的特点，发承包双方对工程施工阶段的风险宜采用如下分摊原则：

a. 对于主要由市场价格波动导致的价格风险，如工程造价中的建筑材料、燃料等价格风险，发承包双方应当在招标文件中或在合同中对此类风险的范围和幅度予以明确约定，进行合理分摊。根据工程特点和工期要求，一般采取的方式是承包人承担 5%以内的材料、工程设备价格风险，10%以内的施工机具使用费风险。

b. 对于法律法规、规章或有关政策出台导致工程税金、规费、人工费发生变化，并由省级、行业建设行政主管部门或其授权的工程造价管理机构根据上述变化发布的政策性调整，以及由政府定价或政府指导价管理的原材料等价格进行了调整，承包人不应承担此类风险，应按照有关调整规定执行。

c. 对于承包人根据自身技术水平、管理、经营状况能够自主控制的风险，如承包人的管理费、利润的风险，承包人应结合市场情况，根据企业自身的实际合理确定，利用企业定额自主报价，该部分风险由承包人全部承担。

3. 选择报价策略——确定最终报价

（1）确定单价，计算合价。在投标报价中，复核或计算各个分类分项工程的工程量后，就需要确定每一个分类分项工程的单价，并按照工程量清单报价的格式填写，并计算出合价。按照工程量清单报价的要求，单价应是包含人工费、材料费、机械费、企业管理费、利润、税金及风险费的综合单价。人工、材料、机械费用应该是根据分类分项工程的人工、材料、机械消耗量及其相应的市场价格计算而得。企业管理费是投标人进行组织工程施工的全部管理费用，企业管理费采用能够反映自身企业管理水平的费率（即企业管理费费率）来计算。企业管理费费率可以参照现行《水利工程设计概（估）算编制规定》的间接费费率标准，并结合自身企业的管理水平来确定。利润是投标人的预期利润，确定利润取值的目标时考虑既可以获得最大的可能利润，又要保证投标价格具有一定的竞争性。投标人应根据市场竞争情况确定在该工程上的利润率。风险费对投标人来说是个未知数。如果预计的风险没有全部发生，则可能预计的风险费有剩余，这部分剩余和利润加在一起就是盈余，如果风险费估计不足，则由利润来补贴。在投标时，应该根据工程规模及工程所在地的实际情况，由有经验的专业人员对可能的风险因素进行逐项分析后确定一个比较合理的费用比率。一般来说，企业应建立自己的标准价格数据库，并据此计算工程的投标价格。在应用单价数据库针对某一具体工程进行投标报价时，需要对选用的单价进行审核评价与调整，使之符合拟投标工程的实际情况，反映市场价格的变化。

（2）确定分包工程费。来自分包人的分包工程费是投标价格的一个重要组成部分，有时总承包人投标价格中的相当部分来自分包工程费。因此，在编制投标价格时需要有一个合适的价格来衡量分包人的价格，需要熟悉分包工程的范围，对分包人的能力进行评估。

（3）确定投标价格。将分类分项工程的合价、措施项目费等汇总后就可以得到工程的总价，但计算出来的工程总价还不能作为投标价格。因为计算出来的价格可能存在重复计算或漏算，也有可能某些费用的预估有偏差，因此需要对计算出来的工程总价进行某些必要的调整。在对工程进行盈亏分析的基础上，找出计算中的问题，并分析降低成本的措施，结合企业的投标决策最后确定投标报价。

（4）具体的报价策略已在“水利工程招投标”课程详细阐述，这里不再赘述。

【解决工作任务】

项目二所述某中小河流治理工程的投标报价采用青山软件编制，成果扫码查看。

10.1 项目二投标报价

任务 11　施工阶段合同价款的调整与结算

【课程导航】

在工程施工阶段，由于项目实际情况的变化，发承包双方在施工合同中约定的合同价款可能会出现变动。为合理分配双方的合同价款变动风险，有效地控制工程造价，发承包双方应当在施工合同中明确约定合同价款的调整事件、调整方法及调整程序。

发承包双方按照合同约定调整合同价款的若干事项，可以分为五类：一是法规变化类，主要包括法律法规变化事件；二是工程变更类，主要包括工程变更、项目特征不符、工程量清单缺项、工程量偏差、计日工等事件；三是物价变化类，主要包括物价波动、暂估价事件；四是工程索赔类，主要包括不可抗力、提前竣工（赶工补偿)、误期赔偿、索赔等事件；五是其他类，主要包括现场签证及发承包双方约定的其他调整事项。现场签证根据签证内容，有的可归于工程变更类，有的可归于索赔类，有的可能不涉及合同价款调整。经发承包双方确认调整的合同价款，作为追加（减）合同价款，应与工程进度款或结算款同期支付。

【知识目标】

1. 了解合同价与中标价的关系。
2. 熟悉合同价款的规定和内容。
3. 掌握工程价款的调整和结算方法。

【岗位技能目标】

1. 中标后，能协助企业签订无后顾之忧的合同。
2. 能根据变更进行索赔及对合同价款进行调整。

【素养目标】

党的二十大报告指出，全面落实粮食安全党政同责，牢牢守住十八亿亩耕地红线，逐步把永久基本农田全部建成高标准农田，深入实施种业振兴行动，强化农业科技和装备支撑。

【思政导引】

党中央、国务院高度重视高标准农田建设。习近平总书记多次作出重要指示，强调要突出抓好耕地保护和地力提升，加快推进高标准农田建设，切实提高建设标准和质量，真正实现旱涝保收、高产稳产。

高标准农田土地平整、集中连片、设施完善、农田配套、土壤肥沃、生态良好、抗灾能力强，与现代农业生产和经营方式相适应的旱涝保收、高产稳产，划定为永久基本农田的耕地。

2021 年 9 月 20 日，《全国高标准农田建设规划（2021—2030 年）》公布，提出到 2030 年，中国要建成 12 亿亩高标准农田，以此稳定保障 1.2 万亿斤以上粮食产能。建设高标准农田是巩固和提高粮食生产能力，保障国家粮食安全的关键举措。截至 2023 年 4 月，我国已累计完成高标准农田建设超过 10 亿亩。

目前，江西省高标准农田项目造价文件普遍采用《江西省农村水利工程定额》（赣水建管字〔2011〕234 号），该定额由《江西省农村水利工程设计概（估）算编制规定》《江西省农村水利建筑安装工程预算定额》和《江西省农村水利施工机械台时费定额》组成。

任务 11.1 合同价款的调整

【讨论与分析】

工程变更导致工程数量变化不足 15%时，一般如何处理？

【工作任务】

项目二所述某中小河流河道治理工程新增单价编制。在施工时，出现了设计变更，将“部分干砌石护坡”改成“CBS 植被混凝土护坡”（表 11.1－1），那么合同价款应如何调整呢？

表 11.1－1　　工程现场签证表　　编号：QZB－008

<table>
<tr><td>工程名称</td><td colspan="2">某中小河流河道治理工程</td></tr>
<tr><td>建设单位</td><td colspan="2"></td></tr>
<tr><td>施工单位</td><td colspan="2"></td></tr>
<tr><td>施工部位</td><td colspan="2">0＋000～0＋1000 段护坡</td></tr>
<tr><td colspan="3">签证原因：由于设计变更：0＋000～0＋1000 段护坡形式由“干砌石护坡”改成“CBS 植被混凝土护坡”，导致合同价款调整。</td></tr>
<tr><td colspan="3">签证内容：（附件）
1. 设计变更通知单及附图
2. 新增工程单价分析表</td></tr>
<tr><td>建设单位
（签字）

日期：</td><td>监理单位
（签字）

日期：</td><td>施工单位
（签字）

日期：</td></tr>
</table>

【知识专项】

11.1.1 法规变化类合同价款调整方法

因国家法律法规、规章和政策发生变化影响合同价款的风险，发承包双方应在合同中约定由发包人承担。

1. 基准日的确定

为了合理划分发承包双方的合同风险，施工合同中应当约定一个基准日。对于基准日之后发生的、作为一个有经验的承包人在招标投标阶段不可能合理预见的风险，应当由发包人承担。对于实行招标的建设工程，一般以施工招标文件中规定的提交投标文件的截止时间前的第 28 天作为基准日；对于不实行招标的建设工程，一般以建设工程施工合同签订前的第 28 天作为基准日。

2. 合同价款的调整方法

施工合同履行期间，国家颁布的法律法规、规章和有关政策在合同工程基准日之后发生变化，且因执行相应的法律法规、规章和政策引起工程造价发生增减变化的，合同双方当事人应当依据法律法规、规章和有关政策的规定调整合同价款。但是，如果有关价格（如人工、材料和工程设备等价格）的变化已经包含在物价波动事件的调价公式中，则不再予以考虑。

3. 工期延误期间的特殊处理

如果由于承包人原因导致的工期延误，按不利于承包人的原则调整合同价款。在工程延误期间，国家的法律、行政法规和相关政策发生变化引起工程造价变化的，造成合同价款增加的，合同价款不予调整；造成合同价款减少的，合同价款应予以调整。

11.1.2 工程变更类合同价款调整方法

11.1.2.1 工程变更

工程变更是合同实施过程中由发包人提出或由承包人提出，经发包人批准的对合同约定的工作内容、工程数量、质量要求、施工顺序与时间、施工条件、施工工艺或其他特征及合同条件等进行的改变。工程变更指令发出后，应当迅速落实指令，全面修改相关的各种文件。承包人也应当抓紧落实，如果承包人不能全面落实变更指令，则扩大的损失应当由承包人承担。

1. 工程变更的范围

在不同的合同文本中规定的工程变更的范围可能会有所不同。

2. 工程变更的价款调整方法

(1) 分部分项工程费的调整。工程变更引起分部分项工程项目发生变化的，应按照下列规定进行调整：

1）已标价工程量清单中有适用于变更工程项目的，且工程变更导致的该清单项目的工程数量变化不足 15%时，采用已标价工程量清单中的单价。直接采用适用的项目单价的前提是，其采用的材料、施工工艺和施工方法相同，也不会因此而增加关键线路上工程的施工时间。

2）已标价工程量清单中没有适用、但有类似于变更工程项目的，可在合理范围内参照类似项目的单价或总价调整。采用类似的项目单价的前提是，其采用的材料、施工工艺和施工方法基本相似，也不会因此而增加关键线路上工程的施工时间，可仅就其变更后的差异部分，参考类似的项目单价，由发承包双方协商新的项目单价。

3）已标价工程量清单中没有适用、也没有类似于变更工程项目的，由承包人根据变更工程资料、计量规则和计价办法、合同约定的新增项目单价编制方法编制，报发包人确认后调整。

（2）措施项目费的调整。工程变更引起措施项目发生变化的，承包人提出调整措施项目费的，应事先将拟实施的方案提交发包人确认。并详细说明与原方案措施项目相比的变化情况。拟实施的方案经发承包双方确认后执行。并应按照下列规定调整措施项目费：

1）安全文明施工费，按照实际发生变化的措施项目调整，不得浮动。

2）采用单价计算的措施项目费，按照实际发生变化的措施项目按前述分部分项工程费的调整方法确定单价。

3）按总价（或系数）计算的措施项目费，除安全文明施工费外，按照实际发生变化的措施项目调整，但应考虑总承包人报价浮动因素。

如果承包人未事先将拟实施的方案提交给发包人确认，则视为工程变更不引起措施项目费的调整或承包人放弃调整措施项目费的权利。

（3）删减工程或工作的补偿。如果发包人提出的工程变更，因非承包人原因删减了合同中的某项原定工作或工程，致使承包人发生的费用或（和）得到的收益不能被包括在其他已支付或应支付的项目中，也未被包含在任何替代的工作或工程中，则承包人有权提出，并应得到合理的费用及利润补偿。

11.1.2.2 项目特征不符

1. 项目特征描述

项目特征描述是确定综合单价的重要依据之一，承包人在投标报价时应依据发包人提供的招标工程量清单中的项目特征描述，确定其清单项目的综合单价。发包人在招标工程量清单中对项目特征的描述，应被认为是准确的、全面的，并且与实际施工要求相符合。承包人应按照发包人提供的招标工程量清单，根据其项目特征描述的内容及有关要求，实施合同工程，直到其被改变为止。

2. 合同价款的调整方法

承包人应按照发包人提供的设计图纸实施合同工程，若在合同履行期间，出现设计图纸（含设计变更）与招标工程量清单任一项目的特征描述不符，且该变化引起该项目的工程造价增减变化的，发承包双方应当按照实际施工的项目特征，重新确定相应工程量清单项目的综合单价，调整合同价款。

11.1.2.3 工程量清单缺项

1. 清单缺项的责任

招标工程量清单必须作为招标文件的组成部分，其准确性和完整性由招标人负责。因此，招标工程量清单是否准确、完整，其责任应当由提供工程量清单的发包人负责，作为投标人的承包人不应承担因工程量清单的缺项、漏项及计算错误带来的风险和损失。

2. 合同价款的调整方法

（1）分部分项工程费的调整。施工合同履行期间，由于招标工程量清单中分部分项工程出现缺项、漏项，造成新增工程清单项目的，应按照工程变更事件中关于分部分项工程费的调整方法，调整合同价款。

（2）措施项目费的调整。新增分部分项工程项目清单项目后，引起措施项目发生变化的，应当按照工程变更事件中关于措施项目费的调整方法，在承包人提交的实施方案被发包人批准后，调整合同价款；由于招标工程量清单中措施项目缺项，承包人应将新增措施项目实施方案提交发包人批准后，按照工程变更事件中的有关规定调整合同价款。

11.1.2.4 工程量偏差

1. 工程量偏差的概念

工程量偏差是指承包人根据发包人提供的图纸（包括由承包人提供、经发包人批准的图纸）进行施工，按照现行国家工程量计算规范规定的工程量计算规则，计算得到的完成合同工程项目应予计量的工程量，与相应的招标工程量清单项目列出的工程量之间出现的量差。

2. 合同价款的调整方法

（1）施工合同履行期间，若应予计量的实际工程量与招标工程量清单列出的工程量出现偏差，或者因工程变更等非承包人原因导致工程量偏差，该偏差对工程量清单项目的综合单价将产生影响，是否调整综合单价及如何调整，发承包双方应当在施工合同中约定。

（2）总价措施项目费的调整。当应予计量的实际工程量与招标工程量清单列出的工程量出现偏差（包括因工程变更等原因导致的工程量偏差）超过 15%，且该变化引起措施项目相应发生变化，如该措施项目是按系数或单一总价方式计价的，对措施项目费的调整原则为：工程量增加的，措施项目费调增；工程量减少的，措施项目费调减。至于具体的调整方法，则应由双方当事人在合同专用条款中约定。

11.1.2.5 计日工

1. 计日工费用的产生

发包人通知承包人以计日工方式实施的零星工作，承包人应予以执行。采用计日工计价的任何一项变更工作，承包人应在该项变更的实施过程中，按照合同约定提交以下报表和有关凭证送发包人复核：

（1）工作名称、内容和数量。

（2）投入该工作所有人员的姓名、工种、级别和耗用工时。

（3）投入该工作的材料名称、类别和数量。

（4）投入该工作的施工设备型号、台数和耗用台时。

（5）发包人要求提交的其他资料和凭证。

2. 计日工费用的确认和支付

任一计日工项目实施结束，承包人应按照确认的计日工现场签证报告核实该类项目的工程数量，并根据核实的工程数量和承包人已标价工程量清单中的计日工单价计算，提出应付价款；已标价工程量清单中没有该类计日工单价的，由发承包双方按工程变更的有关规定商定。

每个支付期末，承包人应与进度款同期向发包人提交本支付期间所有计日工记录的签证汇总表，以说明本支付期间自己认为有权得到的计日工金额，调整合同价款，列入进度款支付。

11.1.3 物价变化类合同价款调整事项

施工合同履行期间，因人工、材料、工程设备和施工机具台班等价格波动影响合同价款时，发承包双方可以根据合同约定的调整方法，对合同价款进行调整。因物价波动引起的合同价款调整方法有两种：一种是采用价格指数调整价格差额；另一种是采用造价信息调整价格差额。承包人采购材料和工程设备的，应在合同中约定主要材料、工程设备价格变化的范围或幅度，若没有约定的，则材料、工程设备单价变化超过5%时，超过部分的价格按上述两种方法之一进行调整。

11.1.4 工程索赔类合同价款调整事项

11.1.4.1 不可抗力

1. 不可抗力的范围

不可抗力是指在合同履行过程中出现的不能预见、不能避免并且不能克服的客观情况。不可抗力的范围一般包括因战争、敌对行动（无论是否宣战）、入侵、外敌行为、军事政变、恐怖主义、骚动、暴动、空中飞行物坠落或其他非合同双方当事人责任或原因造成的罢工、停工、爆炸、火灾等，以及当地气象、地震、卫生等部门规定的情形。发承包双方应当在施工合同中明确约定不可抗力的范围以及具体的判断标准。

2. 不可抗力造成损失的承担

（1）费用损失的承担原则。因不可抗力事件导致的人员伤亡、财产损失及其费用增加，发承包双方应按照施工合同的约定进行分担，并调整合同价款和工期。施工合同没有约定或者约定不明的，应当根据《建设工程工程量清单计价规范》（GB 50500—2013）规定的下列原则进行分担：

1）合同工程本身的损害、因工程损害导致第三方人员伤亡和财产损失，以及运至施工场地用于施工的材料和待安装设备的损害，由发包人承担。

2）发包人、承包人人员伤亡由其所在单位负责，并承担相应费用。

3）承包人的施工机械设备损坏及停工损失，由承包人承担。

4）停工期间，承包人应发包人要求留在施工场地的必要管理人员及保卫人员的费用，由发包人承担。

5）工程所需清理、修复费用，由发包人承担。

（2）工期的处理。因发生不可抗力事件导致工期延误的，工期应相应顺延。发包人要求赶工的，承包人应采取赶工措施，赶工费用由发包人承担。

11.1.4.2 提前竣工（赶工补偿）与误期赔偿

1. 提前竣工（赶工补偿）

（1）赶工费用。发包人应当依据相关工程的工期定额合理计算工期，压缩的工期天数不得超过定额工期的20%，超过的，应在招标文件中明示增加赶工费用。

（2）提前竣工奖励。发承包双方可以在合同中约定提前竣工的奖励条款，明确每日历天应奖励额度。约定提前竣工奖励的，如果承包人的实际竣工日期早于计划竣工日期，承包人有权向发包人提出并得到提前竣工天数和合同约定的每日历天应奖励额度的乘积计算的提前竣工奖励。

2. 误期赔偿

承包人未按照合同约定施工，导致实际进度迟于计划进度的，承包人应当按照合同约定向发包人支付误期赔偿费。发承包双方应在合同中约定误期赔偿费，明确每日历天应赔偿额度。

索赔金额计算将在“水利工程合同管理”课程详细阐述，这里不再赘述。

11.1.5 其他类合同价款调整事项

其他类合同价款调整事项主要指现场签证。现场签证是指发包人或其授权现场代表，包括工程监理人、工程造价咨询人与承包人或其授权现场代表，就施工过程中涉及的责任事件所作的签认证明。施工合同履行期间出现现场签证事件的，发承包双方应调整合同价款。

1. 现场签证的提出

承包人应发包人要求完成合同以外的零星项目、非承包人责任事件等工作的，发包人应及时以书面形式向承包人发出指令，提供所需的相关资料，承包人在收到指令后，应及时向发包人提出现场签证要求。

承包人在施工过程中，若发现合同工程内容因场地条件、地质水文、发包人要求等不一致时，应提供所需的相关资料，提交发包人签证认可，作为合同价款调整的依据。

2. 现场签证的价款计算

（1）现场签证的工作如果已有相应的计日工单价，则现场签证报告中仅列明完成该签证工作所需的人工、材料、工程设备和施工机具台班的数量。

（2）如果现场签证的工作没有相应的计日工单价，则应当在现场签证报告中列明完成该签证工作所需的人工、材料、工程设备和施工机具台班的数量及其单价。

承包人应按照现场签证内容计算价款，报送发包人确认后，作为增加合同价款，与进度款同期支付。

3. 现场签证的限制

合同工程发生现场签证事项，未经发包人签证确认，承包人便擅自实施相关工作的，除非征得发包人书面同意，否则发生的费用由承包人承担。

【解决工作任务】

解析：在合同履行期间，出现设计图纸（含设计变更）与招标工程量清单任一项目的特征描述不符，且该变化引起该项目的工程造价增减变化的，发承包双方应当按照实际施工的项目特征，重新确定相应工程量清单项目的综合单价，调整合同价款。

（1）新增工程单价分析表（表 11.1-2）。

表 11.1-2　　CBS 植被混凝土边坡绿化技术单价分析表

工作内容：简单清坡、挂网、锚杆制安、干粉土制备、喷植，并包含 2 个月强制养护费用，喷植厚度基层：8～10cm；面层：2cm，分两次喷播。

定额单位：$100m^2$　　　　单价：158.64 元/m^2

序号	工程费用或名称	单位	数量	单价/元	合价/元	备注
一	直接工程费				11321.65	
（1）	人工费				2264.40	
	综合工时	工时	306	7.40	2264.40	
（2）	材料费				8349.84	
	水泥 42.5	kg	1000	0.255	255	
	种植土	m^3	12	55	660	
	腐殖质（酒糟）	m^3	2	2.30	4.6	
	CBS 植被混凝土绿化添加剂 ab 菌	kg	500	9.6	4800	
	镀锌铁丝网	m^2	102	6.6	673.2	
	混合植物种子	kg	1.9	67	127.3	
	无纺布	m^2	110	1.2	132	
	锚钉	kg	181	4.8	868.8	
	燃料费	m^2	30	8.91	712.8	
	其他材料费	%	12	967.80	116.136	
（3）	机械使用费				707.41	
	喷浆机	台时	6.8	15.07	102.476	
	搅拌机	台时	5.2	23.00	119.6	
	空压机	台时	6.8	35.6	242.08	
	农用车	台时	6.8	10.64	72.352	
	水车	台时	6.8	25.13	170.90	
二	施工管理费	%	11321.65	13.00	1471.81	
三	企业利润	%	12793.46	3.00	383.80	
四	材差				1377.25	
	水泥 42.5	kg	1000.00	0.15	145.00	
	柴油	kg	265.00	4.65	1232.25	
五	税金	%	14554.51	9.00	1309.91	
六	合计				15864.42	

（2）调整合同价款。中标价为合同价（表 11.1－3），以合同、设计变更通知单、现场签证的工程量调整合同价款（表 11.1－4）。

表 11.1－3　　工程量清单报价表（合同价）

编号	工程项目及名称	单位	数量	单价/元	合价/元	备注
	第一部分　建筑工程					
一	河道清淤疏浚、岸坡整治工程				15284833.84	
500101003001	土方开挖（清淤疏浚）（弃渣 10km）	m^3	35600	31.69	1128164	
500101002001	土方开挖（场内转运 500m 以内）	m^3	8700	10.88	94656	
500103001001	土方填筑（利用料）	m^3	2372	20.22	47961.84	
500109011001	C15 混凝土固脚	m^3	3000	561.15	1683450	
500109011002	橡胶止水带	m	1000	41.86	41860	
500109011003	伸缩缝	m^2	300	113.44	34032	
500110001001	普通钢模板	m^2	20000	45.06	901200	
500105011001	砂砾石垫层	m^3	12050	221.52	2669316	
500105001001	干砌石护坡	m^3	48200	180.17	8684194	
	第四部分 施工临时工程					
一	导流工程				876507.76	
（一）	围堰工程				475250	
500103013001	袋装土围堰填筑及拆除	m^3	5000	63.36	316800	
500103013002	袋装土围堰运渣（运 10km）	m^3	5000	31.69	158450	
	施工交通工程				58493.77	总价承包
500103013003	临时道路	km	1	58493.77	58493.77	
	施工房屋建筑工程				262359.31	总价承包
500114002001	施工仓库	m^2	200	123.55	24710	
500114002002	办公生活及文化福利建筑	%	1.5	15843287.61	237649.31	
500103013003	其他施工临时工程	%	0.5	16080936.92	80404.68	
合　计					16161341.6	

投标人：＿＿＿＿＿＿＿＿

法定代表人（委托代理人）：＿＿＿＿＿＿＿＿

表 11.1-4 **工程现场签证表** 编号：QZB-010

工程名称	项目二某中小河流河道治理工程
建设单位	
施工单位	
施工部位	0+000～0+1000 段护坡

签证原因：由于设计变更：0+000～0+1000 段护坡形式由“干砌石护坡”改成“CBS植被混凝土护坡”，导致合同价款调整。

签证内容：(设计变更通知单及附图、合同、工程量清单、新增工程单价分析表)

合同价款调整：

桩号	合同					实施阶段（现场签证）					合同价款增减/元（+，-）
	工程项目及名称	单位	数量	单价/元	合价/元	工程项目及名称	单位	数量	单价/元	合价/元	
0+000～0+1000	干砌石护坡	m^3	4820	180.17	868419.4	CBS植被混凝土护坡	m^3	12050	158.64	1911612	1043192.6

建设单位 （签字） 日期：	监理单位 （签字） 日期：	施工单位 （签字） 日期：

任务 11.2 工程合同价款支付与结算

【工作任务】

工程结算主要包括哪些内容?

【知识专项】

工程结算是发承包双方根据国家有关法律法规规定和合同约定，对合同工程实施中、终止时，对已完工后的工程项目进行的合同价款计算、调整和确认，包括工程预付款、进度款、竣工结算、最终结清等活动。

11.2.1 预付款及期中支付

11.2.1.1 预付款

工程预付款是由发包人按照合同约定，在正式开工前由发包人预先支付给承包人，用于购买工程施工所需的材料和组织施工机械、人员进场的价款。

1. 预付款支付

工程预付款额度，各地区、各部门的规定不完全相同，主要是保证施工所需材料和构件的正常储备。工程预付款额度一般是根据施工工期、建筑安装工作量、主要材料和构件费用占建筑安装工程费用的比例，以及材料储备周期等因素经测算来确定。

(1) 百分比法。发包人根据工程的特点、工期长短、市场行情、供求规律等因素，招标时在合同条件中约定工程预付款的百分比。包工包料工程预付款的支付比例不得低于签约合同价（扣除暂列金额）的 10%，不宜高于签约合同价（扣除暂列金额）的 30%。

(2) 公式计算法。公式计算法是根据主要材料（含结构件等）占年度承包工程总价的比重、材料储备定额天数和年度施工天数等因素，通过公式计算预付款额度的一种方法。其计算公式为

$$\text{工程预付款数额}=\frac{\text{年度承包工程总价}\times\text{材料比例}(\%)}{\text{年度施工天数}}\times\text{材料储备定额天数}$$

式中，年度施工天数按 365 天日历天计算；材料储备定额天数由当地材料供应的在途天数、加工天数、整理天数、供应间隔天数、保险天数等因素决定。

2. 预付款扣回

发包人支付给承包人的工程预付款属于预支性质，随着工程的逐步实施，原已支付的预付款应以充抵工程价款的方式陆续扣回，抵扣方式应当由双方当事人在合同中明确约定。抵扣的方式主要有以下两种：

(1) 按合同约定扣款。预付款的扣款方式由发包人和承包人通过洽商后在合同中予以确定，一般是在承包人完成金额累计达到合同总价的一定比例后，由承包人开始向发包人还款，发包人从每次应付给承包人的金额中扣回工程预付款，发包人至少应在合同规定的完工期前将工程预付款的总金额逐次扣回。

(2) 起扣点计算法。从未施工工程尚需的主要材料及构件的价值相当于工程预

付款数额时起扣，此后每次结算工程价款时，按材料所占比重扣减工程价款，至工程竣工前全部扣清。起扣点的计算公式如下：

$$T=P-\frac{M}{N}$$

式中 T——起扣点（即工程预付款开始扣回时）的累计完成工程金额；

P——承包工程合同总额；

M——工程预付款总额；

N——主要材料及构件所占比重。

该方法对承包人比较有利，最大限度地占用了发包人的流动资金，但是，显然不利于发包人资金使用。

3. 预付款担保

（1）预付款担保的概念及作用。预付款担保是指承包人与发包人签订合同后领取预付款前，承包人为正确、合理使用发包人支付的预付款而提供的担保。其主要作用是保证承包人能够按合同规定的要求使用预付款，并及时偿还发包人已支付的全部预付金额。如果承包人中途毁约，中止工程，使发包人不能在规定期限内从应付工程款中扣除全部预付款，则发包人有权从该项担保金额中获得补偿。

（2）预付款担保的形式、预付款担保的主要形式为银行保函。预付款担保的担保金额与发包人的预付款是等值的。预付款一般逐月从工程进度数中扣除。预付款担保的担保金额也相应逐月减少，承包人的预付款保函的担保金额根据预付款相应扣减，但在预付款全部扣回之前一直保持有效预付款担保。也可以采用发承包双方约定的其他形式，如由担保公司提供担保，或采取抵押等担保形式。

4. 安全文明施工费

发包人应在工程开工后的 28d 内预付不低于当年施工进度计划的安全文明施工费总额的 60%，其余部分按照提前安排的原则进行分解，与进度款同期支付。发包人没有按时支付安全文明施工费的，承包人可催告发包人支付，发包人在付款期满后的 7d 内仍未支付的，若发生安全事故，发包人应承担连带责任。

11.2.1.2 施工过程结算

《工程造价改革工作方案》（建办标〔2020〕38 号）指出，应“加强工程施工合同履行和价款支付监管，引导发承包双方严格按照合同约定开展工程款支付和结算。全面推行施工过程价款结算和支付”。施工过程价款结算主要针对当年开工但当年不能竣工的新开工项目，是指发承包双方通过合同约定，将施工过程按时间或进度节点划分施工周期，对周期内已完成且无争议的工程量（含变更、索赔等）进行工程进度款计算、确认和支付，支付金额不得超出已完工部分对应的批复概（预）算。经双方确认过的结算文件作为竣工结算文件的组成部分，竣工后原则上不再重复审核。

施工过程价款结算更加强调了对已完工程量要及时进行工程进度款的确认和支付，并应将已经确认的过程结算文件作为竣工结算的依据，以减少工程实践中在竣工时进行全面的竣工结算工作量，其本质上与各合同范本中约定的期中结算的主要目的是一致的。

1. 工程进度款的计算

（1）已完工程的结算价款。已标价工程量清单中的单价项目，承包人应按工程计量确认的工程量与综合单价计算。如综合单价发生调整的，以发承包双方确认调整的综合单价计算工程进度款。

已标价工程量清单中的总价项目，承包人应按合同中约定的支付分解方法，分别列入进度款支付申请中的安全文明施工费和本周期应支付的总价项目的金额中。

（2）结算价款的调整。承包人现场签证和得到发包人确认的索赔金额列入本周期应增加的金额中。由发包人提供的材料、工程设备金额，应按照发包人签约提供的单价和数量从工程进度款中扣除，列入本周期应扣减的金额中。

（3）工程进度款的支付比例。政府机关、事业单位、国有企业建设工程进度款支付应不低于已完成工程价款的 80%，同时，在确保不超出工程总概算以及工程决（结）算工作顺利开展的前提下，除按合同约定保留不超过工程价款总额 3% 的质量保证金外，进度款支付比例可由发承包双方根据项目实际情况自行确定。在结算过程中，若发生进度款支付超出实际已完成工程价款的情况，承包人应按规定在结算后 30 日内向发包单位返还多收到的工程进度款。

2. 工程进度款支付的文件

施工过程结算的资料包括但不限于施工合同、补充协议、中标通知书、施工图纸、工程招标投标文件、施工方案、工程量及其单价，以及各项费用计算、经确认的工程变更、现场签证、工程索赔等资料。

（1）工程进度款支付申请。承包人应在每个计量周期到期后向发包人提交已完工程进度款支付申请表一式四份，详细说明此周期认为有权得到的款额，包括分包人已完工程的价款。支付申请表的内容包括以下几项：

1）累计已完成的合同价款。

2）累计已实际支付的合同价款。

3）本周期合计完成的合同价款，其中包括：本周期已完成单价项目的金额，本周期应支付的总价项目的金额，本周期已完成的计日工价款，本周期应支付的安全文明施工费，本周期应增加的金额。

4）本周期合计应扣减的金额，其中包括：本周期应扣回的预付款，本周期应扣减的金额。

5）本周期实际应支付的合同价款。

（2）工程进度款支付证书。发包人应在收到承包人工程进度款支付申请后，根据计量结果和合同约定对申请内容予以核实，确认后向承包人出具进度款支付证书。若发承包双方对个别清单项目的计量结果出现争议，发包人应对无争议部分的工程计量结果向承包人出具工程进度款支付证书。

（3）工程进度款支付证书的修正。发现已签发的任何工程进度款支付证书有错或重复的数额，发包人有权予以修正，承包人也有权提出修正申请。经发承包双方复核同意修正的，应在本次到期的工程进度款中支付或扣除。

11.2.2 竣工结算

工程竣工结算是指工程项目完工并经竣工验收合格后，发承包双方按照施工合同的约定，对所完成的工程项目进行的合同价款的计算、调整和确认。《建设工程价款结算暂行办法》规定，工程完工后，发承包双方应按照约定的合同价款、合同价款调整内容及索赔事项，进行工程竣工结算。工程竣工结算可分为单位工程竣工结算、单项工程竣工结算和建设项目竣工总结算。

1. 竣工结算文件的编制

工程完工后，承包方应当在工程完工后的约定期限内提交竣工结算文件。未在规定期限内完成的且无法提出正当理由延期的，承包人经发包人催告后仍未提交竣工结算文件或没有明确答复的，发包人有权根据已有资料编制竣工结算文件作为办理竣工结算和支付结算款的依据，承包人应予以认可。

2. 竣工结算文件编制的依据

工程竣工结算文件编制的主要依据包括以下几个方面：

(1) 与工程结算有关的法律法规和标准。

(2) 工程合同。

(3) 发承包双方已确认的过程结算资料。

(4) 发承包双方未确认应调整款项的资料。

(5) 设计文件及相关资料。

(6) 投标文件。

(7) 其他依据。

3. 编制竣工结算文件的计价原则

在采用工程量清单计价的方式下，工程竣工结算的编制应当遵循下列计价原则：

(1) 分类分项工程和措施项目中的单价项目，应依据双方确认的工程量与已标价工程量清单的综合单价计算；如发生调整的，以发承包双方确认调整的综合单价计算。

(2) 措施项目中的总价项目，应依据合同约定的项目和金额计算；如发生调整的，以发承包双方确认调整的金额计算，其中安全文明施工费必须按照国家或省级、行业建设主管部门的规定计算。

(3) 其他项目应按下列规定计价：

1) 计日工应按发包人实际签证确认的事项计算。

2) 暂估价应按《建设工程工程量清单计价规范》(GB 50500—2013) 的相关规定计算。

3) 总承包服务费应依据合同约定金额计算，如发生调整的，以发承包双方确认调整的金额计算。

4) 施工索赔费用应依据发承包双方确认的索赔事项和金额计算。

5) 现场签证费用应依据发承包双方签证资料确认的金额计算。

6) 暂列金额应减去工程价款调整(包括索赔、现场签证)金额计算，如有余额应归还给发包人。

(4) 规费和税金应按照国家或省级、行业建设主管部门的规定计算。

(5) 其他原则。采用总价合同的，应在合同总价基础上，对合同约定能调整的内容及超过合同约定范围的风险因素进行调整；采用单价合同的，在合同约定风险范围内的综合单价应固定不变，并应按合同约定进行计量，且应按实际完成的工程量进行计量。此外，发承包双方在合同工程实施过程中已经确认的工程计量结果和合同价款，在竣工结算办理中应直接进入结算。

【解决工作任务】

工程结算是发承包双方根据国家有关法律法规规定和合同约定，对合同工程实施中、终止时，对已完工后的工程项目进行的合同价款计算、调整和确认，包括工程预付款、进度款、竣工结算、最终结清等活动。

任务12 水利工程竣工财务决算的编制

【讨论与分析】

竣工财务决算由哪几部分组成？

【工作任务】

如编制项目一所述某水利枢纽工程的竣工财务决算，需要编制哪些决算报表。

【知识专项】

12.0.1 概述

项目竣工决算是指所有项目竣工后，项目建设单位按照国家有关规定在项目竣工验收阶段编制的竣工决算报告。竣工决算是以实物数量和货币指标为计量单位，综合反映竣工建设项目全部建设费用、建设成果和财务状况的总结性文件，是竣工验收报告的重要组成部分。竣工决算是正确核定新增固定资产价值，考核分析投资效果，建立健全经济责任制的依据，是反映建设项目实际造价和投资效果的文件。竣工决算是建设工程经济效益的全面反映，是项目法人核定各类新增资产价值、办理其交付使用的依据。

通过竣工决算与概算、预算的对比分析，考核投资控制的工作成效，为工程建设提供重要的技术经济方面的基础资料，提高未来工程建设的投资效益。

项目竣工时，应编制建设项目竣工财务决算。编制竣工财务决算应具备下列条件：经批准的初步设计、项目任务书所确定的内容已完成；建设资金全部到位；完工结算已完成；未完工程投资和预留费用不超过规定的比例；涉及法律诉讼、工程质量、移民安置的事项已处理完毕；其他影响竣工财务决算编制的重大问题已解决。

水利工程竣工财务决算编制依据：《水利基本建设项目竣工财务决算编制规程》(SL 19—2014)。

12.0.2 编制要求

(1) 建设项目完成并满足竣工财务决算编制条件后，项目法人应在规定的期限内完成竣工财务决算的编制工作。大中型项目的期限为3个月，小型项目的期限为1个月。

如有特殊情况不能在规定期限内完成编制工作的，报经竣工验收主持单位同意后可适当延期。

(2) 建设项目应按规定的内容、格式编制竣工财务决算。

非工程类项目可根据项目实际情况和有关规定适当简化。

(3) 项目法人应从项目筹建起，指定专人负责竣工财务决算的编制工作，并应明确财务、计划、工程技术等部门的相应职责。

竣工财务决算的编制人员应保持相对稳定。

(4) 竣工财务决算应区分大中型、小型项目，按项目规模分别编制。

项目规模以批复的设计文件为准。设计文件未明确的，非经营性项目投资额在3000万元（含3000万元）以上、经营性项目投资额在5000万元（含5000万元）以上的为大中型项目；其他项目为小型项目。

(5) 建设项目包括两个或两个以上独立概算的单项工程的，单项工程竣工时，可编制单项工程竣工财务决算。建设项目全部竣工后，应编制该项目的竣工财务总决算。

建设项目是大中型项目而单项工程是小型项目的，应按大中型项目的编制要求编制单项工程竣工财务决算。

(6) 未完工程投资及预留费用可预计纳入竣工财务决算。大中型项目应控制在总概算的3%以内，小型项目应控制在5%以内。

12.0.3 编制内容

(1) 竣工财务决算反映项目从筹建到竣工验收的全部费用。

(2) 竣工财务决算由下列4部分组成：竣工财务决算封面及目录、竣工工程的平面示意图及主体工程照片、竣工财务决算说明书、竣工财务决算报表。

(3) 竣工财务决算说明书应反映下列主要内容：项目基本情况；财务管理情况；年度投资计划和预算（资金）下达及资金到位情况；概（预）算执行情况；招（投）标及政府采购情况；合同（协议）履行情况；征地补偿和移民安置情况；重大设计变更预备费动用情况；未完工程投资及预留费用情况；审计、稽查、财务检查等发现问题及整改落实情况；其他需说明的事项、报表编制说明。

(4) 竣工财务决算报表应包括下列8张表格：

1) 水利基本建设项目概况表，反映竣工项目主要特性，建设过程和建设成果等基本情况。

2) 水利基本建设项目财务决算表，反映竣工项目的财务收支状况。

3) 水利基本建设项目投资分析表，反映竣工项目概（预）算执行情况。

4) 水利基本建设项目未完工程投资及预留费用表，反映预计纳入竣工财务决算的未完工程投资及预留费用的明细情况。

5) 水利基本建设项目成本表，反映竣工项目成本构成情况。

6) 水利基本建设项目交付使用资产表，反映竣工项目向不同资产接收单位交付使用资产情况。

7) 水利基本建设项目待核销基建支出表，反映竣工项目发生的待核销基建支出明细情况。

8) 水利基本建设项目转出投资表，反映竣工项目发生的转出投资明细情况。

12.0.4 编制方法

(1) 竣工财务决算编制宜遵循下列程序：

1) 制定竣工财务决算编制方案。

2) 收集整理与竣工财务决算相关的项目资料。

3）确定竣工财务决算基准日期。

4）竣工财务清理。

5）编制竣工财务决算报表。

6）编写竣工财务决算说明书。

（2）竣工财务清理应主要包括下列内容：

1）合同（协议）清理。

2）债权债务清理。

3）结余资金清理。

4）应移交的资产清理。

（3）概（预）算与核算的口径差异，应依据项目概（预）算口径，通过辅助核算调整会计核算指标，并应按概（预）算口径形成对应关系。

（4）与项目建设成本、资产价值相关联的会计业务应在竣工财务决算基准日之前入账。

（5）未完工程投资和预留费用应满足项目实施和管理的需要，以项目概（预）算、合同等为依据合理计列。

已签订合同（协议）的，应按相关条款的约定进行测算；尚未签订合同（协议）的，未完工程投资不应突破相应的概（预）算标准。

（6）待摊投资应由受益的各项交付使用资产共同负担。其中，能够确定由某项资产负担的待摊投资，应直接计入该资产成本；不能确定负担对象的待摊投资，应分摊计入受益的各项资产成本。

（7）待摊投资的分摊对象应为以下几项内容：

1）房屋、建筑物。

2）水、电专用设备。

3）需要安装的通用设备。

4）其他分摊对象。

（8）应根据项目特点采用合理的方法分摊待摊投资。

1）按实际数的比例分摊，可按式（12-1）和式（12-2）计算：

$$D_F = J_S F_S \tag{12-1}$$

$$F_S = \frac{D_S}{DX_S} \times 100\% \tag{12-2}$$

式中 D_F——某资产应分摊的待摊投资；

J_S——某资产应负担待摊投资部分的实际价值；

F_S——实际分配率；

D_S——上期结转和本期发生的待摊投资合计（扣除可直接计入的待摊投资）；

DX_S——上期结转和本期发生的建筑安装工程投资、安装设备投资和其他投资中应负担待摊费用的合计。

2）按概算数的比例分摊，可按式（12-3）和式（12-4）计算：

$$D_F = J_S F_Y \tag{12-3}$$

$$F_Y = \frac{D_Y}{DX_Y} \times 100\% \tag{12-4}$$

式中 F_Y——预定分配率；

D_Y——概算中各项待摊投资项目的合计（扣除可直接计入的待摊投资）；

DX_Y——概算中建筑安装工程投资、安装设备投资和其他投资中应负担待摊投资的合计。

（9）交付使用资产应以具有独立使用价值的固定资产、流动资产、无形资产和递延资产作为计算和交付对象，并与接受单位资产核算和管理的需要相衔接。

独立使用价值的确定依据应是具有较完整的使用功能，能够按照设计要求，独立地发挥作用。

（10）具有防洪、发电、灌溉、供水等多种效益的项目，应根据项目实际情况，合理选择分摊建设成本的方法：

1）按各功能占用水量的比例分摊。

2）按各功能占用库容的比例分摊。

3）按各功能可获得效益现值的比例分摊。

（11）编制竣工财务总决算应做好下列工作：

1）明确汇编单位和人员。

2）审核各项目法人的竣工财务决算。

3）确定竣工财务总决算项目划分的口径和级次。

4）统一基准日期并调整各项目法人的竣工财务决算。

5）具体指标的分析汇总。

【解决工作任务】

表 12-1　　水利基本建设项目概况表

<table>
<tr><td>项目名称</td><td></td><td>项目法人</td><td></td><td colspan="2">建设地址及所在河流</td><td colspan="2"></td></tr>
<tr><td>建设性质</td><td></td><td>主要设计单位</td><td></td><td colspan="2">主要施工企业</td><td colspan="2"></td></tr>
<tr><td>主管部门</td><td></td><td>主要监理单位</td><td></td><td colspan="2">质量监督单位</td><td colspan="2"></td></tr>
<tr><td colspan="2">概算批准文件</td><td colspan="6"></td></tr>
<tr><td colspan="2">项目主要特征</td><td rowspan="7">项目投资/元</td><td colspan="3">投资来源</td><td colspan="2">实际投资</td></tr>
<tr><td></td><td></td><td>项目</td><td>概算数</td><td>实际数</td><td>1. 律筑安装工程</td><td></td></tr>
<tr><td></td><td></td><td>1.</td><td></td><td></td><td>2. 设备、器具、工具</td><td></td></tr>
<tr><td></td><td></td><td>2.</td><td></td><td></td><td>3. 其他投资</td><td></td></tr>
<tr><td></td><td></td><td>3.</td><td></td><td></td><td>4. 待摊投资</td><td></td></tr>
<tr><td></td><td></td><td></td><td></td><td></td><td>5. 待核销基建支出</td><td></td></tr>
<tr><td></td><td></td><td>合计</td><td></td><td></td><td>6. 非经营项目转出投资</td><td></td></tr>
</table>

续表

项目名称		项目法人		建设地址及所在河流	
		建设成本/元	项目	总成本	单位成本
			1.		
			2.		
			3.		
			合计		

项目效益		工程主要建设情况				
		开工日期				
		竣工日期				
		主要工程量	1. 土方/万 m^3		征地补偿和移民安置	1. 总补偿费/元	
			2. 石方/万 m^3			2. 永久征地/亩	
			3. 混凝土/m^3			其中：耕地/亩	
			4. 金属结构制作安装/t			林地/亩	
						3. 临时占地/亩	
质量总体评价：		主要材料消耗	1. 钢材/t			4. 迁移人口/人	
			2. 木材/m^3			5. 土地补偿标准/(元/亩)	
			3. 水泥/t			6. 安置补助标准/(元/人)	
			4. 油料/t				

表 12-2　水利基本建设项目财务决算表　　单位：元

资金来源	金　额	资金占用	金　额
一、基建拨款		一、基本建设支出	
		1. 交付使用资产	
		2. 在建工程	
		3. 待核销基建支出	
二、项目资本		4. 转出投资	
		二、应收生产单位投资借款	
		三、拨付所属投资借款	
		四、器材	
三、项目资本公积		其中：待处理器材损失	
四、基建投资借款		五、货币资金	
五、上级拨入投资借款		六、财政应返还额度	
六、企业债券资金		七、预付及应收款	

续表

资金来源	金　额	资金占用	金　额
七、待冲基建支出		八、有价证券	
八、其他借款		九、固定资产	
九、应付款		固定资产原价	
十、未交款		减：累计折旧	
		固定资产净值	
		固定资产清理	
十一、上级拨入资金		待处理固定资产损失	
十二、留成收入			
合　计		合　计	

补充资料：基建投资借款期末余额：

应收生产单位投资借款期末数：

基建结余资金：

表 12－3　　水利基本建设项目投资分析表　　单位：元

项　目	概（预）算价值					实际价值					实际较概算增减	
	建筑工程	安装工程	设备价值	其他费用	合计	建筑工程	安装工程	设备价值	其他费用	合计	增减额	增减率/%
投资合计												
减：待核销基建支出												
减：转出投资												
建设成本												

表 12－4　　水利基本建设竣工项目未完工程投资及预留费用表　　单位：元

项　目	工　程　量				价　值						
	计量单位	设计	已完	未完	概算	已完	未　完				
							建筑	安装	设备	其他	合计
未完工程											
预留费用											
合计											

表 12－5　　水利基本建设项目成本表　　单位：元

项目	建筑安装工程投资	设备投资	其他投资	待摊投资			建设成本
				直接计入	间接计入	小　计	
合　计							

表 12-6　　水利基本建设项目交付使用资产表

接收单位：　　　　　　　　　　第　页　共　页　单位：元

资产项目名称	结构、规格、型号、特征	坐落位置	计量单位	单位价值	数量	资产金额/元	备注
一、固定资产							
1. 建筑物							
2. 房屋							
3. 设备							
4. 其他							
二、流动资产							
三、无形资产							
四、递延资产							
合计							

表 12-7　　水利基本建设项目待核销基建支出表　　单位：元

年　度	项　目							
								合计

续表

年度	项目						
							合计
合计							

表 12-8 **水利基本建设项目转出投资表** 单位：元

年度	项目						
							合计
合计							

参 考 文 献

[1] 中华人民共和国水利部．水利工程设计概（估）算编制规定［S］．北京：中国水利水电出版社，2014.

[2] 中华人民共和国水利部．水利建筑工程概算定额（上、下册）［M］．郑州：黄河水利出版社，2002.

[3] 中华人民共和国水利部．水利建筑工程预算定额（上、下册）［M］．郑州：黄河水利出版社，2002.

[4] 中华人民共和国水利部．水利水电设备安装工程预算定额［M］．郑州：黄河水利出版社，2002.

[5] 中华人民共和国水利部．水利水电设备安装工程概算定额［M］．郑州：黄河水利出版社，2002.

[6] 中华人民共和国水利部．水利工程施工机械台时费定额［M］．郑州：黄河水利出版社，2002.

[7] 中华人民共和国水利部．水利工程概预算补充定额：掘进机施工隧洞工程［M］．郑州：黄河水利出版社，2005.

[8] 中华人民共和国水利部．水利工程概预算补充定额：水文设施工程专项［M］．郑州：黄河水利出版社，2006.

[9] 中华人民共和国水利部．水利工程概预算补充定额［M］．郑州：黄河水利出版社，2010.

[10] 中华人民共和国水利部．水利水电工程标准施工招标文件技术标准和要求：合同技术条款［M］．2009年版．北京：中国水利水电出版社，2009.

[11] 中华人民共和国水利部．水利水电工程标准施工招标文件［M］．2009年版．北京：中国水利水电出版社，2009.

[12] GB 50501—2007 水利工程工程量清单计价规范［S］

[13] 中国水利工程协会．水利工程计价［M］．北京：中国水利水电出版社，2019.

[14] 全国造价工程师职业资格考试培训教材编审委员会·建设工程计价［M］．北京：中国计划出版社，2023.

[15] SL 19—2008 水利基本建设项目竣工财务决算编制规程［S］